数学建模基础理论

高隆昌　杨　元　著

科学出版社
北　京

内 容 简 介

本书揭示了数学模型与其相应客观系统间空间实质的差异，建模中从非量到量的映射实质和空间转换；论证了模型的近似性与精确性的实质及其关系，数学模型的非唯一性及其一般原理；给出了数学建模中公理化理论及公理化方法，数学模型的系统论本质认识；最后，在上述理论的基础上，进一步给出了一套建模过程的步骤以及每一步的分析方法.

本书适合数学专业本科生、研究生和数学建模竞赛的参赛队员、教练员阅读参考.

图书在版编目(CIP)数据

数学建模基础理论/高隆昌，杨元著. —北京：科学出版社，2007
ISBN 978-7-03-019196-0

Ⅰ. 数…　Ⅱ. ①高…②杨…　Ⅲ. 数学建模－基础理论　Ⅳ. 022-0

中国版本图书馆 CIP 数据核字(2007)第 091701 号

责任编辑：张　扬　王日臣/责任校对：郑金红
责任印制：徐晓晨/封面设计：陈　敬

科学出版社出版
北京东黄城根北街 16 号
邮政编码：100717
http://www.sciencep.com

北京虎彩文化传播有限公司印刷
科学出版社发行　各地新华书店经销
*
2007 年 7 月第　一　版　开本：B5(720×1000)
2018 年 7 月第二次印刷　印张：15
字数：293 000

定价：89.00 元

(如有印装质量问题，我社负责调换)

前　言

数学模型和数学建模在应用数学或一般的数学应用中(特别在自然科学中)是一直都有的一个重要形式和重要步骤,但作为一门学科分支来对待,还是从20世纪70年代开始的。数学建模一经提出,立即引起了大家的重视,发展迅速。早在20世纪80年代初,在中国应用数学学会的积极倡导和支持下,一些大学开设了这门课程,以后很快普及几乎所有大学,并于80年代中期开始举行校际的大学生数学建模竞赛,进而在20世纪90年代初和21世纪初先后发展成全国性的、每年一度的大学生数学建模竞赛和研究生数学建模竞赛。目前国内外关于数学建模的学科教程和建模比赛培训教材、参考书籍等已不少,它们一般都是针对大学本专科生教学和临时培训来写的,其共同特征是着力于搜集、整理既有的数学模型类型和建模方法,并编选出建模范例,很好地满足了高效培训和应赛的需求,收到了很好的效果,贡献不小。

相对而言,本书的宗旨则不同。首先,本书的读者对象主要是已学过或参与过数学建模活动,至少对数学建模有过一定的体会或了解的人士,因此本书是为参与数学建模培训的教师、参赛人员以及各类有关研究生等写的一本参考读物。我们将致力于提高读者的建模素质,具体地说是为了培养读者的分析问题和描述问题的能力。为此,我们侧重于加强读者对模型、模型原象系统乃至建模过程的深层认识和理解。重在使读者掌握模型的有关理论和建模的基本规律,培养一种独立建模的、也就是独立创造的能力。

科学发展到今天,即使物质对象(如运筹系统)的分析也不能仅依赖工具度量去完成了。同时,由定量分析从而建模的活动领域越来越广泛,问题也越来越活,随时需要针对性地去作建模分析。这些都要求研究者人人都要具备较强的建模能力。

这些年来,在对研究生特别是博士生公共课的教学、答疑和咨询中,我们逐步感觉到,一方面他们普遍对数学建模有很高的热情,并且随着形势发展其热情也越来越高,但另一方面他们却又畏惧数学模型(包括文献阅读中遇到的数学模型和自己的数学建模实践),形成了一个既爱又怕的尴尬窘态。同时发现尽管他们对数学建模自认为并不生疏,但仍然存在一些模糊认识,也包括一些有待澄清的观念。所有这些感受的逐渐积累,终于在不久前使我们萌生了撰写这样一本《数学建模基础理论》的想法,并拟作为在既有的《数学模型》、《数学建模》基础上进一步的读物来写。

再者,公认建模是一项灵活多变的创造性活动,依靠的是"艺术＋科学",它没有直接的培养路径。但是,除了当前流行的致力于对基本模型的见识、建构和启示的施教方式外,我们认为还有一种则是对数学模型有关理论的认识和理解。本书致力于后者。显然,它也是直接服务于从事数学建模教学和参与数学建模活动的广大读者的。

本书将讨论和回答数学建模中一系列理论性问题,诸如数学模型与其客观系统的同构性认识,定性分析与定量分析的本质联系,数学模型的精确性认识,数学模型的系统论理解、空间实质理解,自然科学模型与社会科学模型的本质差异认识和正确的建模分析过程等,并且通过理论研究向读者揭示一些建模的技巧、规律和有利于建模的思维方式。希望通过对这些内容的研读,读者能够从根本上去掌握既有的建模方法,增强建模信心,最终增长独立建模能力。

本书主要由第一作者完成,第二作者配合完成。本书是我们师生在数学建模这一学科上的共同探讨与充分合作的成果。

作者感谢北京航空航天大学李心灿教授的热心帮助,感谢江苏大学理学院田立新教授、美国龙脉集团公司邓作栋博士的合作交流,感谢四川大学数学学院张世清教授、广东工业大学工商管理学院郭开仲教授、西南财经大学数学系李伟博士的协助,感谢西南交通大学数学建模教研室袁俭教授及所有同仁的支持与帮助,感谢学生胡元飞、毛利贞和毛力的帮忙,特别感谢“211”办公室出版基金的资助出版。

目　录

第一章　绪　　论

§1.1　从应用数学及其"二难"处境谈起

一、数学按其纯粹性的分布图

如图 1.1 所示，我们把数学按它的纯粹性由强变弱的递减趋势标示于[0,1]区间上，用 a 曲线来标示它，a 曲线叫做数学的纯粹性曲线；相应地 b 曲线叫做应用性曲线．这时看到，分布于[0,1]区间最左端的应该是典型的纯粹数学，比如数理逻辑学．分布于[0,1]区间右端点的是典型的应用数学中的弱势部分叫做"数学应用"．这是很难界定的，因为一般社会生活也少不了数学的运用，即使当年被马克思列为"没有数学"的生物学，如今也充分用上数学了，现在更不敢预言哪个领域会用不上数学．不过从目前看来，也许某些文学艺术类用的数学很少，可作为[0,1]区间的右端．

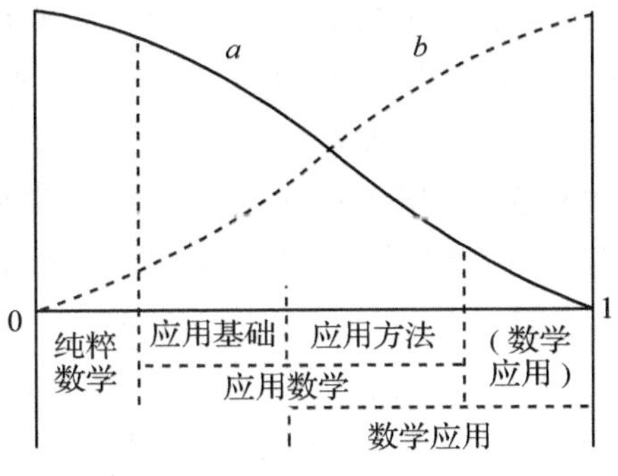

图 1.1

总之，在[0,1]区间上，除了两个极端的情形外，全都分布于区间内．意即皆非典型状态，是同时含有数学及其应用背景的情形．只是存在两者涵量（或含量）的权重大小不同而已．一般将其特征性地分作三个分布段．

（1）如图 1.1 左段叫做纯粹数学段，简称纯数学，又叫基础数学，它的任务是为数学自身学科分支的完善，解决自身内部提出的问题，而这些学科分支本身往往也来自数学自身（内部）提出的问题．诸如解析数论是由哥德巴赫猜想产生的，微分拓扑是由庞加莱猜想导致米尔诺七维怪球引起的，甚至比如群、环、域、抽象代数以及拓扑泛函等等都产生自数学内部．所有这些都归入纯粹数学．原则上纯粹数学家可以不必关心客观世界的应用，只需潜心构造他的"象牙塔"．但

20 世纪后半叶以来，纯粹数学家也逐步关心和重视起应用来，数学中分化出的“应用数学”也开始走红了.

(2) 图 1.1 中第二分布段是应用数学段. 如今应用数学占据数学中的“半边天”，与纯粹数学二分天下. 应用数学在数学中是 19 世纪末形成的，是随着当初(数学爆炸性发展) 纯粹数学的发生而分化出来的. 在此之前数学就是数学，没有纯粹与应用之分. 二战以前的应用数学在数学中是受歧视、被排斥的. 由于二战中应用数学显出的神威和二战后经济发展的形势需要，应用数学的地位才得以凸显、提高.

在应用数学内又分成应用基础和应用方法两大分支. 前者多偏重于数学理论，具有较为明显的纯数学特征，只是它们学科的产生或分析的问题总是具有较强的实际应用背景而已. 比如概率论和数理统计、常微分方程与动力系统论、偏微分方程(又叫数理方程) 以及数值分析、计算数学等就是如此. 另一分支(应用方法) 则较侧重于应用，表现为它们的理论是紧紧围绕着一个个实际问题来建立的，而且直接为应用服务，方法性很强，诸如运筹学(包括) 规划论、排队论、储运论和控制论、信息论、博弈论等以及计算方法、有限元法等. 在这些领域做研究的人虽然多是数学家，但也有很多来自应用界，比如系统科学工作者、管理科学工作者和控制技术工作者.

(3) 图 1.1 中第三分布段叫做数学应用段. 这是指非数学界(也称应用界) 对数学的应用领域，相对于数学内部原有的“应用数学” 专业来，把这样的应用叫做数学应用. 在“数学应用” 领域涉及的数学，一个突出特点是强调方法及方法的应用性、技术性、可操作性和普及性，因此这类定量方法也简单易学. 比如常见的有层次分析法(AHP 法)、粗糙集方法、模糊方法(类)、灰色预测法、可拓分析法、群度量法、系统动力学方法、投入 - 产出分析法、系列计算方法(如神经网络算法、遗传算法、自组织算法及仿真算法等)，项目管理中的统筹法、优选法、实验设计等以及数据包络分析(DEA)、时序分析等. 显然这里无法枚举出那些更细的、专业性更强、针对性更强的实用方法. 数学应用界虽然多数是非数学界的工作者，但也有应用数学家的参与. 比如有些应用方法就是由应用数学家提出的，只是并不多，主要的还是应用界工作者创立的.

需要强调的是，随着时代的进步和科技的发展，应用数学与数学应用的“边界”越来越模糊，甚至不再是“边界”而是一个融合带、融会域了. 从(2)、(3) 条的叙述也可以看到如今在应用数学中既有越来越多的非数学界人士参与，也有越来越多的数学家参与. 这应该是科学发展的必然，是好事. 这也是图 1.1 中特别把应用数学的“应用方法” 段也标入“数学应用” 的用意. 今后从应用角度来谈时，常用数学应用这一术语.

此外还可看到，不仅在“应用数学” 段右端有向右(数学应用) 渗透的现象，在“纯粹数学”段的右端也有向右(应用数学)渗透的迹象.不过这也仍然免除不了应用数学所处的“二难”处境.

二、应用数学的“二难”处境

1. 应用数学面临的基本矛盾

应用数学的基本使命是把纯数学获得的成果和方法应用于实践,具体地说是应用于科技和社会,以最终服务于人类,真正为人类社会的进步做出贡献.但是,纯粹数学是量化的、符号化的、抽象化的东西,而客观世界不是以量的形式存在的,不是直接以逻辑符号形式存在的,即使抽象(无形)事物也不是以数学语言反映在人们脑子里的,这就决定了纯数学与纯实践之间虽然有着“逻辑”把它们联系起来,但形式上看除此之外,似乎两者都是矛盾的.应用数学的任务就是要把这一对“矛盾”的、完全不同的对象结合起来,而且是逻辑地结合,要求逻辑的严密性和逻辑地推理运作.这一点谈何容易,这就是应用数学(也是数学应用)面临的“二难”问题.

既然是一对基本矛盾,那就是难以彻底解决的,因此说应用数学(自然也包括数学应用)应该要有处理好这对基本矛盾的长期准备.

特别地,数学模型和数学建模正好是应用数学处理这对矛盾的铰链、关键,更应该具备处理这对基本矛盾的艺术.

2. 应用数学家面临的“二难”处境

正是由于上述“基本矛盾”,在应用数学中,应用者常常受到同时来自数学界和实践界的批评.前者批评的是数学严谨性不够,数学味道不浓、理论性不够、太过简单;后者批评的是模型太理想化、丢掉的东西太多,离实际太远也太复杂,不便接受、不好操作,等等.比如起自19世纪下半叶的经济学上一般均衡理论就是因为数学味太浓而“离实际太远”一直受到实践界的批评,但另一方面在该领域又不断产生着诺贝尔奖得主,一般均衡理论直至20世纪中叶才被完全解决.此外模糊数学也是一方面受到数学界的批评,另一方面又较受应用界欢迎的一个例子.

特别要提到的是在这一“二难”处境下,就在这支应用队伍中也分化成了两支,或可说是潜存的“两派”.其中一“派”是站在数学端来搞数学应用,另一“派”则站在实用端来搞数学应用.前者多继续呆在数学(具体说是应用数学)机构、数学组织中,他们的成果也多是在数学(应用数学)领域内的刊物上发表,真正应用界的人很少关心;后者多是直接的实践领域的人,他们的成果多在实践专业的杂志上发表.

例如,突变论是系统科学中,具体说是系统论中十分漂亮的"新三论"(耗散、协同、突变)之一.如今耗散论、协同论在应用中已很红火,系统论中其他诸论都在应用中十分走红.比较起来,突变论可算是生气最差的了,为什么呢?不能不看到当初来自纯数学界的激烈批评使之过于谨慎、过分强调数学味,是其原因之一,可见数学与应用,走哪一个极端,都是不利的.

显然,应用数学和数学应用中存在这样两"派"的现象本身不利于该项事业发展.不过也应该看到它的存在是有其历史必然性的.随着科学发展、应用界数学修养的迅速提高和数学界迅速向应用界的渗透,两"派"现象是会很快走向融合的.为了促进这种融合,两"派"双方对此有个正面的认识很重要.在此基础上再来说加强组织上、机构上的人员组合以及科研政策上的相互支持就会容易一些.

总之,我们不仅需要数学应用队伍的壮大,更需要数学应用队伍内部的融通、一致.尽管有着上述"基本矛盾"的基本困难,但随着时代的发展,这一基本矛盾也正在转化着.人们一旦意识到这一点,加以人为地促进,这一转化是会更快的.不过在这一"人为意识"中,还应该注意到如下的意识(见"3").

3. 关于"二难"性及处理"二难"问题的挑战性

"二难"问题."既要马儿跑得好,又要马儿不吃草"这种愿望在科技中、生活中、社会中比比皆是.归结起来"二难"问题可分作三种情形:一个是0、1两点问题(简称0、1问题,记作:{0,1});另一个是0、1区间问题(记作[0,1]),再一个是特殊的"空"问题(记作{∅}).现分述如下:

(1) 属于{0,1}问题者即问题的解能且只能在"二难"问题的一端实现,不可有中庸者.比如一件奖品即使对于两个或两队势力非常接近,都应该获奖者,也只能奖给其中一个或一队,否则就失去颁奖意义了.又如一个投资者对同一项目有两个备选地区,甲地有优厚的政策条件,乙地有很好的地域条件,预测其投资回报不相上下,且两边在人情上都很好,割舍不得,这也属于{0,1}型二难问题.当然如有更多个的可谓"多难"的问题也是常见的,这是"二难"的复合情形,亦即多重"二难"问题的叠合,不必细说了.

(2) [0,1]"二难"问题.在实践中(包括科技、社会、生活)遇到更多的也许还是[0,1]"二难"问题,典型的可归为"成本、效益"型二难问题,既希望成本低、又希望效益好,这是个双目标优化问题.同时,在社会科学、人类生活中,在价值论意义下更不乏多目标优化问题.如果其中遇到相互矛盾的目标,甚至是两两矛盾的目标组,这都是[0,1]型二难问题或以二难问题为基础的"复合"的二难问题.解决的思路皆基于双目标二难问题,那就是"中庸".亦即这样问题的解常常不在[0,1]两端,而在其间.

可以说为了判定其解是否在其间是容易的，只要用所谓“极端思维法”即可. 具体说当问题是连续变动的，且凭经验判断取两端或两极端皆“坏”时，最优解必在其中. 例如一个企业，在既定条件下人才少了固然不行，但人才太多又怎么样?由于人才的薪酬高，且人才多了用不好也非好事，可见人才有个“适度”量. 又，一个企业没有货款不利发展，但财务理论表明货款过多积压也不行，可见货款因素也有个“适度”. 但是这里遇到的是另一个更为严峻的挑战性问题.

我们知道在$[0,1]$中有$[0,1]=\{0,1\}\cup(0,1)$，且有测度(取算子)$m[0,1]=m\{0,1\}+m(0,1)=0+1=1$，可见集合$(0,1)$上的点比集合$\{0,1\}$上的点多到不可比拟的程度了. 那么上面只得出问题的解在$(0,1)$中，更要问它具体在哪一点. 这是没有一个一般定式的，完全因事而异. 同时即使对于同一对象，也往往因时而异，亦即最优点往往是在$(0,1)$中游动着的. 比如一个企业管理者对于其(产品)质量的管理和市场营销二者来说，他不可能只抓其一，必须两方面都抓，同时他也知道必须以主要精力抓市场营销，即赋予市场营销的权重更大. 比如设这段时间的生产∶市场$=\alpha:\beta=0.3:0.7$，试问他能死守这一权重比吗?不能，当哪一天产品质量出了问题，退货频生时他还能保持“$0.3:0.7$”吗?又，在自己的市场环境内新加入一个竞争者时，他还只能保持0.7权重吗?显然最迂腐的管理者所执行的也不会是一套死的“权重比”. 这就是一般$[0,1]$二难问题之最优解(点)在$(0,1)$中的状态.

所以说，看起来似乎$[0,1]$二难问题不难，容易求解，但那只是静态的考虑，是瞬刻解，它不像$\{0,1\}$解那样本身即是静态的. 在时变意义下的$[0,1]$二难问题才真正显示出了它的“二难”性，才是对管理者、当事者真正的挑战和考验. 且不说保持“$\alpha:\beta$”在时间意义上的最优状态，只要能保持个“最佳”或较优、过得去就算不错了，只要能这样坚持下去，即会使其管理的系统走向兴旺了.

这里顺便举一个大家关心的城市交通管理中的“单行道”问题，显然从减少交叉口塞车现象来看，利用“拓扑学”原理增设单行道，增加“右转弯”的措施是正确的，但这样一来必然增加车辆的油耗，增加车辆在路上的时间(相当于增加了城市车辆数)，同时增加了环境污染，增加了人们消耗在路上的时间，等等. 因此“单行道”并非愈多愈好，但从另一方面，当立交桥、公路不是充分多时，“单行道”法也不失为一种解决问题的辅助方法，那么根据“极端思维法”，单行道多了少了都是不好的，则其中必然存在一个“适量”的单行道措施. 但这还不够，紧接着的问题是，这个“适量”的量是多少?首先应回答当前应该多少?由于已谈到的$[0,1]$中的权重最优点是游动的，那么还需要找出这个游动规律，亦即要问这个游动的“适量”怎样随着时间(也就是随着时变条件)变动而变动. 这些都是需要专门建模分析的定量分析问题.

再举一个较为隐讳的例子. 我们都知道一个地区人口过多不利于经济发展，

那么是否人口愈稀愈利于经济发展?为此用极端思考,比如假设减少到一个或一对、几对男女能发展起来吗?种群生态理论表明这是不行的,一个种群起码得在一定的临界数量之上才能兴旺得了.可见一个种群密度过稀、过密都不行,人口密度对于经济发展亦当如此.或者说任一种群包括人,为要更好发展都应该存在一个“适度”的密度.那么“度”在哪里,仍需建模解决.

(3){∅}问题,这就是所考虑的可存在解的区间(范畴)内实际上都不存在解的问题,亦即解既不在该区间内,也不在该区间端点,这就是常说的“悖论”问题.有时叫做“怪圈”问题.可以说这是绝对的“二难”问题.因为这时在形式逻辑范畴内都不可能有解,比如可谓家喻户晓的“理发师悖论”和“克里特岛人撒谎”悖论(见 §3.2 节)皆属这类“左右皆不成的”矛盾问题.

由此可见“二难”问题类原来是与悖论问题接近的.的确,比如社会学、经济学上,乃至哲学、艺术学上都不乏悖论、怪圈等(数量经济学导论.成都:四川教育出版社,1996),其内在原因也是与“二难”问题的广泛存在性不无关系的.但需说明通常见到的社会、经济上的“悖论”,好些并不像“理发师悖论”那样典型,在一定条件下也可能转化为上述{0,1}型“二难”问题.

§1.2　问题解决途径与数学应用全过程谈

一、实践中问题解决途径宏观考

首先,从宏观上来看,客观世界(也就是实践中、实际中)提出的问题可归为两大类:一类属于理论问题,一类属于技术问题.它们的跨度都很大.比如理论问题,大到建立科学、学科领域的理论探讨问题,小到企业诊断、市场预测、人的行为特征认识以及生产中技术难关的认识等,皆属理论探讨认识问题.至于技术类问题,大到各种工程总体设计规划,小到一般机械故障的处理皆如此.但可以看到,从总体来讲不管哪类问题的解决方式、解决途径皆可归为三类,如图 1.2 中所示.

图 1.2 是说,解决一个问题可以有定性、定量和经验三条途径.凭经验(和直觉)去解决问题的情形是最频繁、最基本的,小至日常杂务,大到创造、发明等.之所以把创造发明归于此类是因为创造发明需要来自潜意识的灵感顿悟等直觉,而不属于逻辑思维范畴.同时即使在用定性分析、定量分析时,这种经验加直觉的手段也在不经意中起着作用,所以它很基本、很重要;而且人的这一能力也直接与知识修养关系密切,不能小看它.不过一般严肃的问题,大的、深刻的、疑难性问题,需要缜密的逻辑思维的问题往往不是经验、直觉所能解决的.这时需采用另外两种途径.

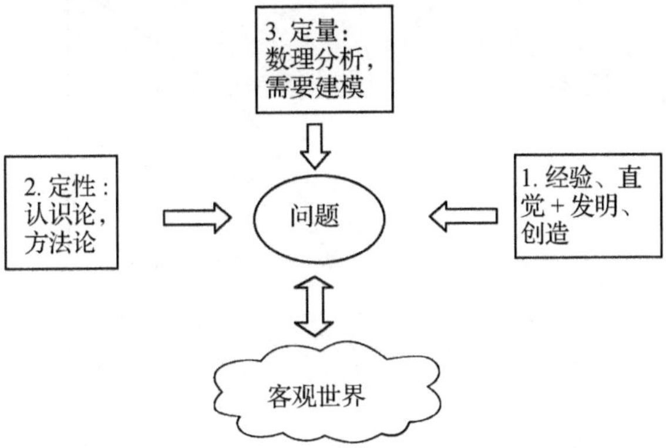

图 1.2

一般说人文社科性强的问题采用纯定性的分析时候较多(图 1.2 中 2),这种分析中最直接的就是认识论,仅凭细分、剖析和直观. 当然,前面已谈到,处理这类问题时人们还自觉不自觉地用上了经验和直觉. 因此说在定性分析中实际上也同时用上了"经验、直觉" 手段. 但更要上升到意识的是在作定性分析时必须注意和重视采用甚至发掘方法论,以作为分析工具和武器,否则容易陷入就事论事、难以深入的窘境. 甚至根据问题需要,有时还要采用价值论、本原论(或叫本体论) 等. 总之应该注意用高级的分析武器来武装自己.

第三种途径是定量分析(图 1.2 中 3),对于大的理论问题来说也叫数理分析. 数理分析中一般是兼有数学建模推导的、狭义的定量分析,以及运用定义、定理作逻辑论证式的、广义的定量分析两种,规模较大. 总之在定量分析中不管问题大小,皆涉及建模分析,特别从广义的意义讲,定量分析本身即意味着建模,意味着建模分析. 要特别提到的是,在定量分析中也有意无意地、自觉不自觉地运用着图 1.2 中 2 的定性分析与 1 中经验、直觉能力和手段.

因此说,在图 1.2 之 1、2、3 三种分析途径中,依次是后一途径都要同时用到它前面所有途径的功能. 这也是构成三种途径中依次一个比一个更强的原因之一吧.

此外还要指出一点,图 1.2 表出的仅仅是解决问题的"基本" 途径模式,而真正解决一个问题,特别是大的、复杂的问题时,往往需要多层次地用上图 1.2 结构中的途径选择,形成解决问题途径在总体上的一个"分形" 结构. 因为为解决一个问题,过程中往往要提出或遇上一系列的新问题、子问题,可谓"过五关斩六将",在过每一关斩每一将(新问题) 时,可能采用不同的途径,须根据具体情况按个人(问题解决者) 的能力去作判断和选择. 总的可以看出,在解决一个正规问题时,从各层解决途径的总体上看,往往形成一个以图 1.2 为基本形式的一个"分形" 结构,这时图 1.2 正好是这一分形的"生成子".

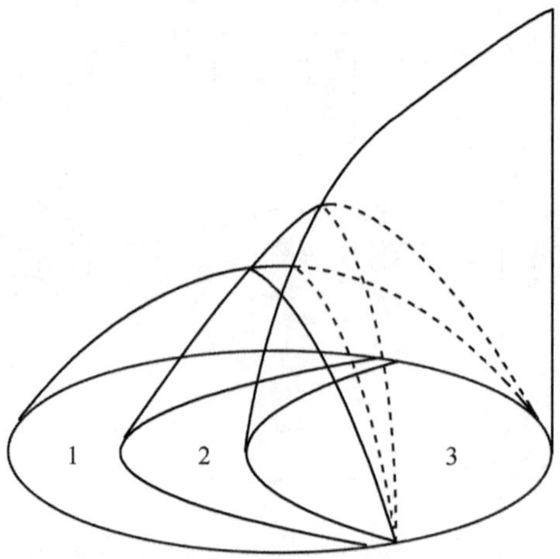

图 1.3

最后，用图 1.3 来表明上述三条途径之间的“二元”关系. 底层表出的是三途径所在的问题领域之间的关系. 已谈及它们是依秩包含的. 亦即经验与直觉原则上能参与一切问题的解决，它属于定性分析，可用于解决所有需要作逻辑探索的问题，自然既非杂务小事处理，亦非灵感顿悟创造. 当然这一定性分析领域的问题原则上也用得着定量分析. 同时在图 1.3 中也表出了三种途径(方式) 解决问题的优越性. 该优越性表现在解决问题的难度、深度上，从而显示为解决问题的彻底性和漂亮性，具体以它们的高度来作表示. 这时显然是定量分析最为深刻、彻底、漂亮，其次是定性分析，最后才是经验、直觉方式. 可见从解决问题的领域和解决问题的深度来讲，三种途径的排序恰好是相反的，不过定性分析始终居于其中.

二、数学应用全过程鸟瞰

在此定量分析时代，数学应用遍及整个自然科学和社会科学领域，不管哪种领域哪个项目的定量分析全程，基本上都有如图 1.4 中所示的过程.

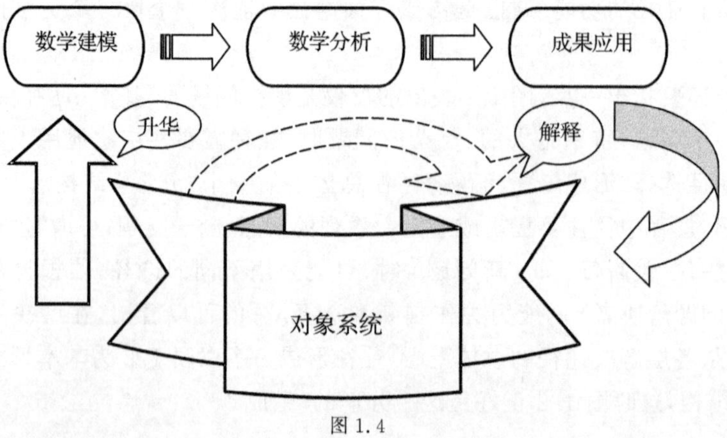

图 1.4

该过程主要显示为三大阶段：数学建模、数学分析和成果应用，从来都是如此. 却要知道：

(1) 在历史上，三个阶段的分法不是很明晰的，正如其虚线过程那样笼统，这是由多种历史原因造成的. 一个是历史上的数学应用面较窄，多是应用在自然科学工程技术中，相对说来它们容易作度量，容易凭实验去建模. 甚至在自然科学中向来是把对象系统等价于一组概念、符号和模型的，所以上述三个阶段性不强. 另一个原因是建模者分布面不广，往往是专家学者在做，且是纳入自己的课题研究过程的，未能突出建模的地位. 第三个原因也是根本原因，即当初大家把主要精力都关注到数学分析过程中去了，亦即在整个过程中，心理分量的重心集注到数学分析和运算中去了，加上建模过程中更多的是实验、观测、度量，也就减轻了建模的心理分量. 第四个原因是当初计算机还没有产生或普及，也是促使人们把心理倾向数学的重要原因. 至于应用阶段的成果解释，在过去的工程技术中也是相对容易的，所以当初实际上是把整个过程看成就是数学过程了.

总之，正是以上诸因素致使数学建模的学科意识迟至现代才被突显出来.

(2) 在今天(现代)，也是多种因素促成了数学应用中三个阶段的凸显，且更加重视建模阶段，把建模能力的培养与数学修养并齐. 首要原因是数学应用面、应用领域的大大扩展，使得运用数学的项目、人员都大为广泛了，这时需要建的模型也多了，要求每一个应用者都要能独立建模了，建模能力成为科学(现代的科学应指“大科学”)界广泛要求了，因此促成它作为一门学科出现以更好地培养人才. 另一个重要原因是计算机的普及、计算功能的提高，使得从应用角度讲，只要有了个好模型即不愁得不到好成果了，因此人们对数学的畏惧和对数学家的依赖心理都减轻了，加上随着时代进步知识界的基本数学修养都有所提高，具备了提高建模能力的基础，可以说正是这些诸多原因，促成“数学建模学”应运而生.

(3) 今天人们终于看到了，原来数学模型是架设在应用实践与定量分析间的必经桥梁. 不仅如此，客观世界本来没有数，数学建模正是要把原本非数的实际系统转化成“数”的形式系统. 不过要使得“形式系统”与原形的“实际系统”“同构”，这就非同小可了. 这时模型的构筑原则上是没有设备、仪器之类工具可依赖的，全靠人的大脑和意识. 原因是这是一种信息升华过程，是一种信息提取加工，不可能靠仪器设备去物质地实现.

由此也说明，建模能力的培养十分重要，且这种能力不是仅靠知识积累能成的，还必须加强修养、修炼.

特别还应看到，图 1.4 给出的只是一个基本的循环过程. 而一个好的模型往往不是一次即成的，还要有多次检验、多次修改的思想准备，也包括图 1.4 中“大循环”意义下的检验和修改.

§1.3 关于数学建模一些认识问题

一、数学模型与数学建模

数学模型(mathematical model)是模型(model)这一涵义广泛的社会术语在数学中的引申. 数学模型就是用数学语言表述出的一个客观对象或叫客观系统、客观事物. 其目的是便于继续用数学的手段对其进行分析、处理,以便获得对象系统更多的、不易观察出的深层次信息. 相应地,获得数学模型的过程叫做数学建模(mathematical modeling).

在数学中少不了数学模型,特别在应用数学(数学中直面应用的学科分支)乃至数学应用(在问题的研究过程中零散、小型、简单地用上一些数学公式和手段者,以下统归于应用数学)中都少不了数学模型. 尤其是,这些模型都得靠自己去建立,这就显示出建模的重要性了. 从另一方面说一个应用数学问题完成的质量好坏,首要的还在于其模型的质量好坏,显然其模型质量好坏又直接依赖于我们建模的能力强弱. 因此说数学建模能力是应用数学(包括数学应用)者的共同乞求."建模"这一动宾短语既包含了建立模型的过程探索,也包括了对其建成的模型的考察,十分形象深刻.

有数学就有数学建模,而至今也没有人能写出"如果没有数学人类怎么生活"的一本书,可见人类的建模活动历史之久远. 不过在 20 世纪 70 年代创生"数学模型"和"数学建模"学科之前的至少七千年(人类科学史)中,人们对数学建模这个从来就有的、平凡地存在于数学活动中的过程和步骤却见惯不惊、视如寻常,一直处于无意识状态. 有名的如牛顿三大定律的数学公式、爱因斯坦相对论的数学表述、电磁场理论的基本模型"麦克斯韦方程"等以及经济学中 C-D 生产函数、恩格尔系数等,无不是在"无意识"时期诞生的优美的数学模型.

例 这里引述"历史上影响人类生活的十大公式"以飨读者(参见:科学,2005(3)):

$1+1=2$	原始公式
$A^2+B^2=C^2$	勾股公式
$F_1x_1=F_2x_2$	阿基米德杠杆原理,F 为力、x 为杠长
$e^{\ln N}=N$	内庇尔对数公式
$F=G\dfrac{m_1m_2}{r^2}$	牛顿万有引力公式(符号意义自明)

麦克斯韦方程组:$\nabla^2E=\dfrac{Km\partial^2E}{c^2\partial t^2}$,共四个方程. 反映出如下四条规律:

- 法拉第感应定律;

- 电场；
- 库仑定律；
- 除电场外，无其他磁场源(参见 §7.3 节).

爱因斯坦质能方程：$E = mc^2 \begin{cases} m \text{ 为质量} \\ c \text{ 为光速} \\ E \text{ 为能量} \end{cases}$

德布罗意公式：$l = h/(mv) \begin{cases} l \text{ 为粒子的物质波长} \\ h \text{ 为普朗克常量} \\ mv \text{ 为动量} \end{cases}$

波尔兹曼公式：$s = k\ln w \begin{cases} s \text{ 为宏观熵} \\ k \text{ 为波氏常数} \\ w \text{ 为微观态数；} w \text{ 上升，系统越无序、越乱} \end{cases}$

齐奥尔柯夫斯基公式：$\Delta v = v_e \ln \dfrac{m_i}{m_f}; \begin{cases} \Delta v \text{ 为火箭速度增量} \\ v_e \text{ 为喷流的相对速度} \\ m_i, m_f \text{ 为发动机开和关的火箭质量} \end{cases}$

显然这些将与人类社会史共存的模型还只是沧海一粟，它们却都产生在数学建模的"无意识"时期. 需知此期内人们在用数学来研究、解决实际问题时，只把注意力放在了解决问题上，亦即模型的"解"这一最终目标上，关于模型的建立过程只被轻描淡写地说成是问题的"数学表述". 为说明对建模有意识与无意识的差别，这里再举一例：

又例，一个微积分学中简单应用题：需要从一个柱形的储水箱中将水通过水箱顶盖抽出，问需要作多少功，请给出作功公式. 这在没有学过数学建模的学生来说，基本过程是：据题意和物理学有关知识，如图 1.5 建立坐标系，假设水面与箱顶距离为 y_0，水箱总深为 y_1，箱柱半径为 R，对任一水位 $y \in [y_0, y_1]$ 的作功微元(记为 $\mathrm{d}w$) 为

$$\mathrm{d}w = \pi R^2 \mathrm{d}y \cdot y$$

再据积分学知识，作功总量为

$$w = \int_{y_0}^{y_1} \mathrm{d}w = \int_{y_0}^{y_1} \pi R^2 y \mathrm{d}y = \pi R^2 \left. \frac{1}{2} y^2 \right|_{y_0}^{y_1}$$

当然对此简单问题也可用初等数学方法直接获得同一公式

$$w = \frac{1}{2} \pi R^2 (y_1 + y_0)(y_1 - y_0)$$

显然，这一思路是从题意出发，根据有关知识平铺直叙地通向最终答案 $w = \frac{1}{2}\pi R^2 (y_1^2 - y_0^2)$ 的，中途没有明确的阶段性，没有分出阶段任务，只有一个终极目标. 却对于一个学过数学建模的学生，他会自然地将问题至少分作两大步亦即

两个阶段来做，那就是第一步建模，第二步解模. 这样一来解决问题的程序性、步调性更强了，好处更多. 比如这时在建模阶段又可分作几个小的阶段(这些都是通有步骤)，以逐步寻骥(续见后继). 同时对于解模 —— 达到最终目标这一步骤亦可见，虽然它看起来十分重要，却对于应用，在有了计算机技术的今天，已不足大虑. 何况若模型建不好，怎么也不可能得到好的终结. 总之，至少在计算机时代、对于应用来说，建模才是第一要务了.

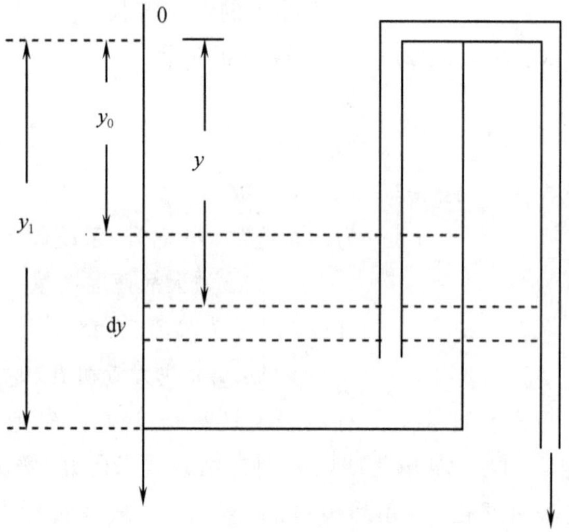

图 1.5

由此亦可见，仅在一个“建模”问题上，无意识与有意识的差异何等了得. 也的确，当一个事物仅处在无意识状态时，只能凭借“上帝”那只无形的手牵引，跟随自然规律作被动的缓进. 一旦处于有意识的“必然王国”，即可在顺应自然规律的态势下再加上一个积极主动的主观能动性推动，必然前进更快、弯路更少. 一个不争的事实是自从应用数学中兴起了数学建模这一学科以来，新起来的一代知识分子，他们的建模能力(均值) 已大大超过了他们前辈年轻时的能力，至少“数学模型”和“数学建模”这些专门术语对他们已经深入脑际，建模意识也正在树起.

不过作为“绪论”，这里也不能不看到，毕竟数学建模还是一门新兴学科，尽管说发展是其主流且来的很快，但目前仍然存在一些模糊认识有待澄清. 这也成为撰写本书的动因之一.

二、几个有待澄清的认识问题

(1) 在业界有些人或一度有些人只承认数学建模是一门艺术，而不承认是一门学科，特别不承认是一门可以登上讲台的基础学科. 理由是因为它没有理论，不能给出一套定理、公式，让人们可以按图索骥地去完成无穷实践中五花八门的建模任务. 还有一些人除了承认建模是一门艺术外,也承认建模有一套方法和技术可值得去总结、摸索和摹仿,但仍然因为它“没有”理论而不承认它的学科地位,特别是其基础学科地位,甚至包括一些在纯数学和应用数学上做了不少工作、论著不少,其中(无意识状态下)独立建模也不少的人,当初也曾有过对数学建模表示不够理解.

尽管在今天上述现象已经基本消失,这里不妨仍然作一次澄清性回答. 这时可以从两个方面来给出. 一个是“学科”不必要求它一定具有理论特色;另一个是“数学建模”学仍然有其自身的系统理论,认为它没有理论是一种误会. 后者正是本书所要述说的. 这里着重谈谈前者. 这时我们看到,上述议论都是在学科层次而非科学层次来谈的数学建模,这就容易解释了. 因为学科只是科学概念中的一个元素或组成部分. 作为一门科学必须是一个完整的或可望完整的学科体系,其中必须要有它的理论方面或理论分支. 但其学科可以不具备理论特色,只要它是相应科学范畴中某个方面、分支、领域的研究和研究成果即可. 比如已有的“数学学”和当前新兴的“创造学”、“创业学”等皆属这类学科. 因此我们不能因为数理科学中似乎每门分支学科都是理论而过分地要求它新兴的任一门学科都必须是理论.

(2) 在一般理论知识界,特别是研究生中可以说更为普遍地存在着另一些模糊认识,主要的可列出如下几点:

① 对数学建模抱神秘感,认为建模能力是数学家的事,一遇到建模困难,就想到自己不是数学出身,从而自暴自弃失去信心. 殊不知建模并非数学家的特长,特别是纯数学家,好多人并不涉及典型的建模活动. 比如关于孤立波(或孤立子)问题的“KDV 方程”

$$u_t + uu_x + u_{xxx} = 0$$

其中,$u = u(t,x)$. 这一有名的数学模型自 19 世纪以来有若干代人在研究,这些纯数学家就基本上不涉及值得专门关注的建模活动,因此也谈不上培养起多高的建模能力. 又如研究哥德巴赫猜想的人也没有必要训练更强的建模能力.

一般地,正如 § 1.1 节所说,建模能力是应用数学工作者必须具备的能力,因为他经常改换课题,改换研究对象,需要不断换新模型. 同时也不要以为建模能力只有数学出身的应用数学工作者才有. 因为过去(比如 20 世纪 70 年代以前)念数学的人一样没有意识到建模的学科地位,同样仅处于无意识状态.

再说,也公认建模是“艺术 + 数学”,亦即艺术是第一位的. 而艺术是什么?有人说“艺术是创造”、“艺术是哲学”,我们十分赞同. 亦即建模更多的是靠技巧,靠对其对象系统的深刻认识和灵活处理. 当然,这不等于说就不要数学了,数学的基本知识当然是必要的. 比如一些符号、命题,一些基本的数学表达式的构建等能力,当然亦属其基本要求. 不过这可是任何一个学过高等数学的人都具备的能力，对于研究生来说更不在话下，所以这里只须强调“艺术”性，这对于数学出身和非数学出身的人，起跑点可是基本一致的.

② 认为自己的数学知识面不广，面对如此广泛的应用领域感到畏惧. 这仍然是一种数学自卑感. 其实我们应该看到即使所谓“数学出身”的人，他们与我们“非数学出身”者的不同也主要在于专业、专科、专门化、专题方向的差异，而在面上的差异并不很大. 包括应用数学专业出身的人也是这样. 因此在面对浩瀚的应用领域建模上，大家的困难度实际上是一样的. 根据我们观察，这里的不同点常在于“心理状态”和“自信心”. “数学出身”者认为我是学数学的，若解决不了是丢人的事，于是一种“内压”使他暗暗用劲去攻，日久则生效. “非数学出身”者中则分化现象较严重，其中少数人在遇到这一困难时，常常会自我解嘲地对自己说“我‘非数学出身’，建不起数学模型不算丢人”. 由于自己给自己开了个后窗，内压也就小了，日久也会生效，即越来越弱于同辈了.

③ 浮躁情绪，出于当前“形势”的急需，一些研究生在其科研论文的定量分析中显现出一些浮躁情绪. 比如一些人未能对建模作过较好的理性认识，盲目地把定量分析等同于“建模”，以致把建模不恰当地强调成论文的目标和结果. 例如有一些人不管拿到一个什么样的科研任务，在远未谈得上对其对象的了解和理解的迷茫状态下，就急于寻找模型范例，以便依葫芦画瓢，把这也叫做“建模”. 另有一些人在写作的过程中虽能不时地引用一些符号或借用一些既有模型，但并没有对模型继续“工作”，只是摆摆架势，人们戏称为“放点花椒、海椒面”.

总之，所有这些现象都表明当前或说不久的过去对“数学建模”曾经存在一些模糊认识，这样的直接后果是既影响到数学建模能力的正常提高，又会使得研究者失去对其对象的定性分析、直接认识和理解. 结果将会导致定性、定量两方面都受损，这当然是我们不愿看到的.

归结起来，不无明显地看到，产生这些现象的根本原因还在于对数学建模缺乏理论认识，甚至没有看到，数学建模从问题的原像认识到建成模型的整个过程都存在系列理论和认识问题，只有通过了这些方面的探索才能使我们澄清模糊观念、戒除盲目性，也才能积极主动地去迎取建模的成功.

这些也都是本书的任务所在.

三、数学建模肩负的两大层次任务

大抵上任何一门学科的发展以及它在教育中的任务都有着由初级到高级、由基础到高升的多级多层次性，数学建模也不例外，暂且归为两个层次来看.

1. 基础训练层次

这是数学建模学科初起时的任务，主要是运用初起时得到的成果去应对广大知识界的广泛需求，属于基础训练层次，它的主要特征是重建模方法、重建模技术、重实际问题一般处理能力的培养. 换句话说就是在教育中着重于经典模型的借鉴，着重于既有建模方法类型的搜集、归纳、整理，从中析出一些有益于摹仿、套用或模拟的手法，以增进学生或一般读者应付实际的能力，这就是一门学科的“基础训练”基本任务.

特别，对于数学建模学科的基础训练还面临着一个组队培训，参加建模竞赛这样的应急任务. 这时当然更只能是急学急用、以应赛为主旨，从而只能以摹仿模型，以技巧技术为主体来培训了.

总之，作为数学建模的基础训练层次，多停留在技术层面上而不是以理论为主旨，不是以理解建模和模型的内涵为出发点，因而不在于内在地去培养起建模乃至创模的能力. 所有这些正是它下一步的使命.

2. 能力修炼层次

这里我们分作“能力”和“修炼”两部分来谈.

(1) 能力. 我们在“基础训练”中也谈到建模能力，而这里谈的仍然是建模能力. 不过两者是有差异的，且有质的差异. 为了便于区分，这里作作比较观察. 这时容易看到：

前者技术性强，后者艺术性强；

前者似乎只是手段上的“外功”，后者却是气质上的“内功”；

前者显于形，后者重于质；

前者在于记住一些典型方法，只要善于套用即可，遇到疑难问题往往难以突破，后者在一般建模问题上似与前者看不出差别，但在疑难问题处理上即可体现出差别来；

前者主要表现为既有方法的应用，后者常常表现出独立创新的风格；

前者通过一般知识传授即可实现，后者则需要启发感悟，激发对事物的深层透析，为此就得从理论上去作深层地研修.

总之，尽管说基础训练和高层训练都可以增长学生的建模能力，但两种能力是有着层次上差异的，原因也就在于培养的方式不同. 后者的培训特征可叫做“修炼”.

(2) 修炼. 系指我们不能仅停留在知识(仅指信息) 传授这一基本层次上，不能仅靠记忆来增长能力，而是要求全身心地投入，去“重新获得” 知识，或发现更新的知识抑或获得“带情感的知识”. 其实这就是哲学中早有定论的灵感、感悟、顿悟、悟道. 为了达到这种境界，就得采用所谓“修炼” 方式. 为了“修炼” 只需做到一条即可，那就是全身心投入，亦即中国古典哲学中说的“用心”. 为了实现“用心” 这一境界，首先是要克服浮躁心理，沉静下来，真正践行“磨刀不误砍柴工”

的原理.然后在此心境下进行系列的理论探索,回答系列的"为什么".这样下去,假以时日,必然在身上增长起"功夫".也就是说,在逐步认识理解到有关数学建模的系列理论问题的同时,我们也是在修炼,内功也在增长.这就是在作"能力修炼".

当然,能力修炼的基础是"基础训练层次"中的基本知识和基础训练,只能是建立在基本层次之上的又一个层次,不可越级而起、不可相互替代,因而也是高层次培养(如研究生培养)中培养定量分析能力的一个环节.

§1.4 一点思想准备

一、关于"思考"的思考

相信说到思考、思维的重要,无须统计,谁都不会反对;说到"人在没有睡着时总是处于思维状态",也不会使人惊异.但是如果我们喊出"思考万岁"、"'想'万岁"时是否会立即得到认同?特别当说到"在科研过程中必须思想领先、思考第一"时,又会得到什么样的结局呢?经验表明,是不会立即得到完全认同的,一些人会表示谨慎,一些人甚至会感到惊讶,算是提出了一个新的怪问题.

之所以可能产生这样的现象,也许出自我们每个人脑子里从小嵌入的一句警告,那就是所有教师都在告诫我们"要勤于动手,否则将成为眼高手低的人"、"不要想当然"、"不要想入非非"、"不要做只动脑不动手的懒汉"…… 甚至连"冥思苦想"也似乎带有贬义了.

首先我们说老师的教导是正确的.或许可说"其正确之处还在于对这些警语的解释、讲出的道理上".说得对,不过谁都可以回忆到,尽管老师在说上述警语时并非每次都讲了道理,也不是没有讲过道理、没有做过解释,只是出于青少年的学习心理特征,只记住了几句警语罢了.另一方面也的确,比如少年时期确实容易犯不愿动手去做,容易犯想当然的"眼高手低"毛病,如果不是老师苦口婆心地叮嘱,后果是非常严重的.所以我们必须肯定老师的上述传统教育是正确的.

但是现在我们也要说"思考万岁"、"'想'万岁"是正确的.它与传统的老师教导并不矛盾.问题是在这里、现在来提"思考",针对的是科研工作者,至少是高层次的学生(研究生),他们显然没有了当年(少时)被动的学习心理,但在脑海里(无意识)还存在当年的"警钟",当其还没有对此产生反思(又叫"反刍")时就会无意识地对其继续产生"警觉".这时的继续"警觉"却不是好事了.它会无意识地阻碍研究者积极主动地去思考直至猜测等思维活动,倒把思维这个根本的资源和功能放在了意识之外了,那是莫大的损失!

这里讲两个小故事. 一个是若干年前笔者之一曾用过一个"日记本",一天偶然发现每一页的上眉都有个"勤笔免思"几个字(忘了记下这个出版社),似乎这个设计者也至少是个不自觉的"警惕思考"者,笔者当即给改做"勤笔勉思"了. 应该说多作笔记并不能代替思维而应勉励、促进思维才是. 另一个故事是一天下午在跟一个研究生讨论,确定了他的论文题目之后,顺便问到他下一步准备怎么做时,他答道"明天开始去查查资料". 这使我很生气,我说"你这是把脑力劳动看做工人的体力劳动了,难道科研就是查资料的体力劳动?难道你不可以从现在就开始对这个问题进行思考吗?再说茫茫资料大海中你将从哪里查起?这些都得想啊!"

其实生活中遇到像这样对自己本来就贯彻始终的思考,没有上升到意识上来,只注意到了自己的行为而没把行为的始作俑者"思考"放到"眼"里的现象较为普遍. 不能不说这是一种没有意识到"'思考'在一切生活中的地位"的一个非正常现象. 记得著名物理学家卢塞夫有一个小故事. 一天卢塞夫问其研究生"你今天上午做什么?"答"做实验". 又问"下午做什么?"答"做实验". 再问,"晚上准备做什么?"答,"还是做实验". 于是卢塞夫生气地问"你整天都在工作,用什么时间去思考?"由此说明即使做实验的研究也还需要专门的时间来思考,何况写论文的理论研究呢.

有一种定义说,"知识分子就是善于思维的人"说得非常好,体现了定义者对思维、思考的先进意识.

笔者深信,只要把"思考"这一问题提到显意识上来了,无须多少解释和论说,即能获得如下共识:

· 思考充斥了生活. 思考是一切行为的先导、过程和后续. 既要"三思后行",也要边思边行、边行边思还要行后三思、总结再思.

· 名言"跟着感觉走"说得好. 它包含了思想领先,思考先导这一正确要义. 不管正确与错误都是"感觉"引领我们的结果. 必须加强"感觉"的能力善于思考才是.

· 思考能产生需求,能产生查询的动力,能产生行动的方向.

· 思考能产生科学的"猜想",从而激励自己去证明、获得成果. 数学也是"猜"出来的(坡得亚).

· 先思而后行地查阅文献不仅方向明确,更主要是有利于防止被文献"俘虏",老作跟踪型研究者.

· 只能用思考"充斥"行为过程,但不能用思考"代替"行为过程. 有时也需要掩卷(停笔)静思,甚至关掉灯来静思、深思,有时则需要边草边思,有时则是奋笔疾思.

· 如果人是一辆汽车,则思想即是它的驾驶员,只有睡着时才能"停车".

·建模是思维引导行动，解模（分析模型）只是逻辑引导行动. 如果说建模中思维是主动的，那么解模时思维则是被动（受数理逻辑之限）的.

·在科研以及一切生活活动中，切不要忘了充分调动自己的思维. 包括有时候需要停下来等待思维的导向.

·总之，不能因防止想当然，防止主观主义而因噎废食、放弃思维，左了、右了都是不正确的.

最后，以一个观点来作结束. 思维在科研、生活中的基础地位及其"既重要又平凡以致不容易被意识到"这一特征，比较起应用数学中建模的基础地位和"既重要又平凡乃至迟迟才被意识到"这一特征来，确有一些相似之处. 如果是这样，那么今天也应该用理解建模、重视建模的精神去对待思维，加速思维习惯的形成.

二、来自"调查研究"的启示

调查研究是处理一切事物、解决一切问题的一个哲学模式，放之四海而皆准. 尽管说它更多地系指处理行政事物、社会关系、人际矛盾，也无恙于这样说.

数学建模是客观世界众多事物中的一种，因此"调查研究"用于数学建模当然也正确且应该.

"调查研究如'十月怀胎'，解决问题如'一朝分娩'". 的确，调查研究是一个过程，是解决问题的前筹过程，因而是孕育解决问题这一"结果"的一个过程，所以喻为怀胎、孕子十分恰当.

当然，调查研究行为之产生在于一个中心目标、中心任务，为着一个核心任务而做.

顾名思义，调查研究过程应该分做调查和研究两个阶段来对待. 仔细看来各阶段又分作调查、研究两大步骤，从而分解为调、查、研、究四个步骤. 足见前人造"调查研究"一词何等精辟.

具体说调查是为着"解决问题"这一中心任务需要了解情况、收集/搜集信息，这就需要"调查"—— 抽调、调集一些经过思考、设计所需了解的文、卷和有关人物等，为的是从中考查、查看、查询、查阅或查验、查对、查证以充分获得所谓"原始信息". 之所以叫做"原始信息"—— 是因为这些信息来自第一手，常常又叫做"第一手资料"，具有基础性和原始性. 二是因为这些信息往往是离散的、粗糙的，有待加工，特别是其中可能有真有伪、有待鉴别. 这也是下一阶段"研究"的任务之一.

显然，在研究阶段就是要将调查所得信息集作细分（研究）和追究穷底. 用今天的话来说就是要做到两点：① 直接通过离散的、真假俱存的信息之间的逻辑关系，去伪存真，找出合理的规律、辨析出真理来；② 抓出新的信息、深层的信息、本质的信息来. 也就是通过调查研究要掌握事物的内在规律，抓住它的实质，抓出信息中的信息.

尚需指出，尽管说可把调查研究分成两个阶段，那只是从其特征和工作程序来说的，并非绝对. 其实从思维的角度来看二者从来都是一起的. 亦即在调查的同时，随着脑子里信息的积累就已经在积极思考、思索了，也就是开始了研究，并非一定待到调查结束才开动脑筋来研究. 所谓研究阶段实际上是指研究工作相对于调查工作来，进入到它的重点和高潮时期罢了. 反过来说，所谓调查阶段相对于研究阶段来说，也仅仅是就其重点和投入精力最大的时期而言的. 其实在研究阶段同时也需要配合以调查，分别叫做复查、补查、核查、继续深查等，所以说实际上调查和研究都是交替进行贯彻始终的. 如图 1.6，调查工作如图中"调查"曲线，研究工作如图中"研究"曲线，它们都是存在于全过程的，只是其轻重、主次关系的不同而已. 调查曲线高于研究曲线的阶段叫做"调查阶段"，研究曲线高于调查曲线的阶段则叫做"研究阶段".

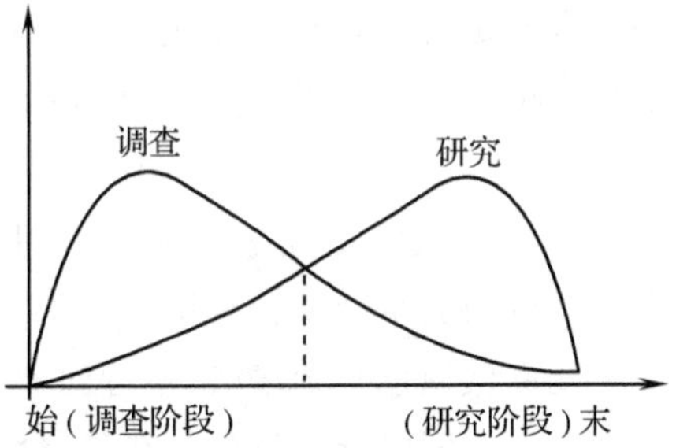

图 1.6

在社会生活中强调调查研究是为了防止官僚主义、防止经验主义；在科学研究中提倡调查研究是为了防止主观主义，防止想当然行事；在建模过程中强调调查研究是为了实事求是，抓住事物本质特征建出好模型.

特别要问，这里强调的调查研究与上段"一"中提倡的"思考万岁"是否矛盾？这里只须简单一句可作回答：如果认为它们是矛盾的，则说明对"思考万岁"的精神还有待进一步理解，需要重温"一". 相信大家的回答都是"无矛盾". 的确如此，实际上贯彻调查研究过程始终的研究活动就是思考、就是思维，也就是"一"强调的思维 —— 充斥整个生活的、主动的思考，当然也包括调查之中、调查之余静下来专门做出的思考.

第二章　定性分析与定量分析辨

20 世纪 70 年代以来(现代),世界进入了软科学时代,又叫定量分析时代、非线性科学时代等.这时的主流科学(通称科学)已从过去的自然科学进展到也包括人文社会科学,有时为了强调,也把它叫做“大科学”.其中主要特征之一即在社会科学中兴起了定量分析.如今著文者常常标榜“定量分析”或“定性分析与定量分析相结合”,已成时髦用语.但也就是在这样的转换期,不难发现特别是在社会科学的科研中由于定量分析兴起的晚,至今仍然存在一些模糊认识,或说存在一些有待正式提到意识层面上来加以澄清的问题.有些问题可以说一旦提到意识上来、引起警觉,是会很容易得到解决的.比如定性分析与定量分析的关系是什么？是否可以相互替代？如今对定量分析如此叫好的时候,是否可以不要定性分析了？是否可说定量分析能力难于培养,定性分析能力总是容易培养？等等.

当然,由于定量分析特别在应用数学中的关键是其建模,因而对定性分析与定量分析间关系的认识直接影响到建模活动和建模效果,所以从这一角度说对上述模糊认识也必须澄清,不可回避.

本章主要以社会科学为背景,试图回答上述问题,当然整个讨论精神对于整个(大)科学研究都是合用的.

§2.1　关于定性分析

一、定性分析与哲学思辨

简单地可说非定量就是定性(定量的概念界定放在下段去讲).这是因为相对说来定量分析概念的“边界”性较强,其范畴容易界定一些.相应地,定性(作为定量的“余集”)概念的“边界”则比较模糊,不便对其范畴做出明确界定.也因此这里仅就定性分析的内涵特征来描述它.这就是,定性分析系指直接以哲学思辨的方式对目标系统的特质进行认识的分析方法.

换句话说,定性分析的特征是思辨,也就是凭借直观、经验和观察,还有“形式逻辑”这一人类的思维本能以及生活交流的白话语言等作为思维形式来做分析.要说其思维工具,最多只是哲学中的四论——认识论、方法论、价值论和本体论,一般用到的多是认识论.

也就是说,定性分析靠的是(形式逻辑)思辨,思辨的工具靠的是哲学.哲学思辨的基本方法是认识论.认识论是什么?说到底也就是人的直觉加天性、本能中的思辨能力.当然这也是人类用以认识客观世界最为古老、历史最为长久的一门认识科学.不过也正因如此,人们最为了解这种"哲学思辨"的优缺点.

二、哲学思辨的优缺点辨

1. 哲学的优越性

哲学的伟大、优越之处在于它是直接产生于人类的思维本能,是在人类的认识天性,这一朴实的基础上总结发扬(发展)起来的,因此哲学表现出如下几大优越特征:

(1)根本上说哲学产生在哲学家之前,是人类共同创造的,不是哲学家创造的.哲学家只有整理、促进的功劳,包括专业哲学基础也是这样.

(2)正因如此,从古至今它都自然地被人类自觉地用来认识世界、认识生活、认识自己.

(3)至今哲学都是人类科学的一门公共基础,也是一门公共前沿,因为有人说"即使今天任何一门科学的前沿都是哲学",更有人说"社会科学本质上都是哲学".包括这里作为定量分析的建模中一个重要步骤,仍然是哲学思辨——定性认识对象系统.定性认识的程度深浅直接决定着建出的模型质量.

(4)哲学,一个最大的特点是能够直接针对最抽象、最广泛的未知世界做出认识、想象、猜测,从而也产生了非常丰富的文艺和宗教学说.

总之,我们说哲学思辨的优越性就在于它方便、朴素、自然、好用和广泛、基础、普及、创意等.至今哲学思辨还是人类一切生活实践中一种最为基本的认识手段,也将永远是这样.

当然它也有局限性,而且时代愈前进这种局限性将愈大.这也自然,要不科学就无须发展了.

2. 哲学的局限性

哲学在人类科学发展历程中逐步表现出了它的局限性,主要的可归结为如下几点:

(1)宽广而欠深刻.比如凭借哲学思辨,我们虽然可以去认识肉眼看不尽的社会和世界,但若没有自然科学(定量)的支持是很难深入的,即会缺乏深刻性.

(2)抽象而欠严格.比如当我们在没有实证数据时也都能抽象地认识到目前城乡差别还很大,"三农"问题还很严重,但这只是抽象的结论,不严格,难以服人,特别难以作政策制定时的参考.

(3)定性而难以把握. 比如说到我国的宏观经济形势,如果只有一些定性语言和结论,则难以给人以清醒的概念,更难以确定管理的尺度.

换句话说,在哲学意义下存在着上述三对"二难"问题. 即哲学思辨能够涉足更为宽广的问题,可惜它难以满足现代化科学的深刻性要求;哲学思辨有着较强的抽象能力,可惜它自身还难以跟上现代的严格性要求;哲学分析是定性的,相对于定量的来不仅难于深入、严格,也难以把握、不便交流.

实际上哲学的上述"二难"问题,哲学界早在 19 世纪即已认识到了,而且也曾积极探寻出路.

3. 哲学走过的弯路及其认识

在 19 世纪末,哲学家看到,哲学的局限之处正好是数学的优越之处. 于是自然想到(思辨地认识到),如果让哲学学习数学,在哲学中引入数理逻辑机制,想必能弥补哲学之不足. 不仅如此还能既保持它最宽广、最完整、最抽象地认识一切对象的优越性,又能具备现代科学的深刻性、严格性和精确性特征,真正成为完善的科学、十全十美的科学了,何乐而不为?

于是在哲学中立即开始了数学符号的引入,接着是形式语言(也是数学模型)的运用,非常及时地把刚刚兴起的数理逻辑思想运用到哲学分析中了.

但是很快即被发现,这是个错误的实践,是哲学中一段弯路而不是一场革命,甚至有哲学家惊呼"哲学中引入数理逻辑是在扼杀哲学!"

这是为什么呢?

简要说来是因为哲学所涉及的空间是整个客观世界,又叫"大自然"(参见:高隆昌. 大自然复杂性原理. 北京:科学出版社,2001),它是超出"形式逻辑空间"的. 而形式逻辑空间又是超出"数理逻辑空间"的. 或反过来说,若把"数理逻辑"这种逻辑的存在集叫做"数理逻辑空间",则它是形式逻辑空间(可作类似定义)的典型和内核,因此是形式逻辑空间的真子空间. 同理,形式逻辑空间又是哲学所及的"哲学空间"的真子空间,如图 2.1 所示. 其中哲、形、数三级空间(全称自明),它们有包含关系:数⊂形⊂哲.

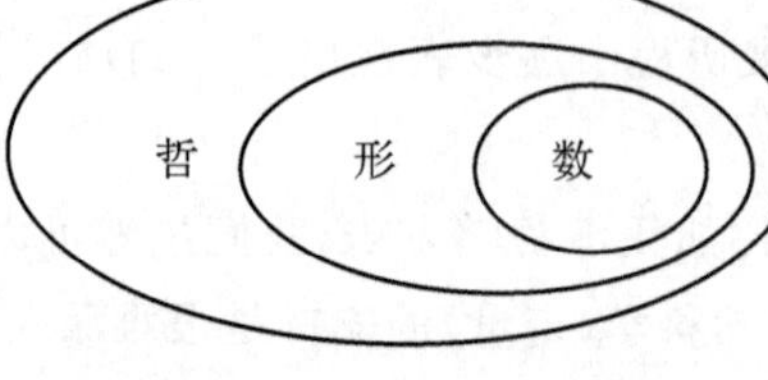

图 2.1

由此一目了然,如果硬要在哲学中引入数理逻辑,无疑把哲学空间压缩到数理逻辑空间了,这不就是扼杀了哲学吗? 同时也能看出,即使形式逻辑也不可能完全数理逻辑化.

当然也要看到,经过当初哲学上一场形式化风潮,也给哲学包括形式逻辑带来了一定的"数理"性的进步.比如今天的哲学和形式逻辑中广泛使用的符号语义和某些特殊条件下的形式化语言,也的确起到了形象、准确而且精练的一些(数理)效果.例如 20 世纪 30 年代格式塔心理学派的心理学家勒温(美,K. Lewin)曾有一个被学界广为引用的关于人才能力发挥的勒温模型(又叫勒温公式):

$$w = f(x, e)$$

其中,w 代表人才的贡献,x 代表人才的主观能力,e 代表人才的客观环境.它仅仅用以"形式化"地表述出了这一件事情,仅仅具备了简要、明确、形象的优点,但并没有真正从数学模型角度继续下去,是不能工作的(unworkable),所以从数学建模角度说,它并不是成功的.但从哲学角度看,它却代表了哲学上一种先进语言,是进步的.

4. 哲学与自然科学应当互补

已经看到,哲学不可特殊化为数学,否则是被扼杀,就没有了哲学.反之,数学也不可能泛化为哲学,否则也将失去数学的根本特征,不成其为数学.比如从根本特征上说数学只是发现(发现客观规律)而不是创造,却哲学既有发现又有创造(凭借其灵感、顿悟),这些说明二者不可互相替代,似不相容.但另一方面,人们在说"社会科学说到底还是哲学"的同时,目前又热衷于在社会科学中引入数学(定量分析),且十分有效,似乎二者又是相容的.那么要问,哲学与数学的关系究竟如何,是否可以共存,是否关系协同,是否可以相互替代?这些问题的回答直接联系到定性分析与定量分析间实质关系的回答,十分有意义,也正是以下内容的任务所在.

三、定性分析可以独立解决实际问题

上述讨论表明了,定性分析是人类自然地考虑和解决问题的方式,它既比定量分析发生的早,又比定量分析来的普遍,所以可信历史上纯粹用定性方式解决问题,甚至解决大问题,都应该是多且常有的事.特别可见即使在定量分析时代的今天,仅凭定性分析、思辨解决的问题和解决问题的场合也着实不少,正如图 1.4 中虚线所示过程,纯粹的定性分析也可以独立解决问题,尽管说在一定条件下定量分析比定性分析优越是事实也罢.比如社会活动中、企业管理中的日常决策、即兴应变等等皆如此.

我们之所以在此强调定性分析在生活中的普遍性、重要性及其能独立解决问题的事实,一方面因为它的确是事实,另一方面也为了澄清或防止当前在定量分析“走俏”的形势下忽视了定性分析修养，误以为定量分析万能.

§2.2　定量分析

定量分析可有广义狭义之分.广义地说如图1.4中实箭头标出的外循环整个过程皆属定量分析；狭义地讲仅指对对象系统作度量认识以及对既成的数学模型作数学处理、认识对象系统.因此从狭义讲图1.4中“大循环”仅由数学建模和定量分析两个大的阶段构成.可见定量分析在此建模理论中也不可忽视.本节只是一个初步认识，进一步的认识将随本书深入而深入.

一、量与量化

我们知道，在今天，量具有较为广泛的含义，包括数量和模量两类，数量除了具体实数值（和科学中用到的复数值）外，还包括公式、图象与表格等所表示的量.比如其中图象又包括坐标图象、矩形条图和分圆图等.模量的含义也很宽，从公式、方程、函数到一组条例界定出的具有数量实质的模型，都属于模量.

相应的，量化系指一切赋予非量的事物以量的行为和作法都叫做量化.其过程叫做量化过程.

包括度量和建模两大类活动，都将还会讨论到.

所以对数学中模型的分析也叫定量分析.

二、为何需要定量分析

这涉及定量分析的意义、优点和本质性特征等.出于这里在“段”层次上的描述限制，仅归为以下三个“命题”来表示.

命题一　当定性认识对象所达到的精确度（分辨率）不满足需求时需要借助定量分析.

比如提职称，假若今年上级下达了1个教授名额，实际上有2个人申请，而定性地看来两个人都好、都该上，究竟让谁上呢？不管让谁上都得有个理由，以服未上者.我们说这时产生了一个定性分析的分辨率太低，不满足要求的窘境.当然人们早已用起了定量分析方法，具体到这里仅仅表现为度量，进一步说叫“社会度量（见后）”.方法之一是由评委投票以作简单的统计度量；方法之二是先议定一套度量指标，诸如科研成果（子向量）及其记分标准，教学成果（子向量）及其记分标准，其他贡献（子向量）及其记分标准等，然后直接量出各指标的值来.可看到这时不管用什么定量方法，所需要的仅仅是两个申请人的排序问题，所以如果量出的仅仅是个没有统一量纲、没有换算标准的“向量”，那还是不解决问题，必须是具有“序”特征的标量才行.

不难看到，命题一涉及的问题类十分广泛，包括科学技术和社会生活. 从竞技比赛中精细的度量需求，到电视、通信中的数据信息原理，都出于这类分辨率精细化问题.

命题二 当被考察对象十分庞大，以致凭直观看不完全时，需要凭借定量分析来认识它.

比如治国，治理一个地区、一个城市等仅凭直观掌握不了的对象，历史上人们早就自然地用上了定量方法. 那就是仅就（设为）这一地区的几个认为重要的方面的信息（叫做指标）分别做出度量，汇集成一个向量（这时不是为了取"序"，因此向量中可以是具独立量纲的分量），从而使得治理者可以只管数据向量即可鸟瞰全局，作"直观"地分析处理.

要说的是：

(1)以上方式实际上也是一种建模和模型分析，只是来得简单、自然，不像一般的建模分析那样令人敬畏罢了；

(2)其实它并不简单，它的实质是将一个复杂系统映射到了一个有限维的欧氏空间，产生了空间的质的跃变；

(3)不过在一般的"指标治理"方式中，仅作线性处理尚属简单，因为这时欧氏空间只作为向量空间来用，空间中元素（向量）间只用到线性关系. 虽然也可说用到了一般线性空间元素间运算关系，但其元素仅仅是数量构成的向量，与线性空间的元素可以是非数的一般事物相较，还算特殊.

由此也说明在此"指标治理"方式中，也可以有向"非线性"这一定量分析方向发展潜力的.

命题三 当被考察对象深刻到"看"不透，掌握不住它的规律时，必须借助（数理）逻辑推理去探知其深层次、隐讳的规律.

比如经济学的产生，即在于人们早期业已觉得认识不透它（哪怕那时还只是一些简单的经济生活），于是自然地创造出了定量分析手段. 又如管理学的产生和发展，只是迟迟的 20 世纪初、特别是 40 年代的事，仍然是出自人们觉得仅凭直观、直觉来治理（管理）企业已力不从心时，才自然创生了一些定量分析手段. 虽然说用上了定量分析手段，但仍然未能彻底解决问题. 现存的经济学困难、管理学困惑似乎还在日渐加深、增多，不过那只是科学、社会在发展、深化中继续遇到的问题，而不能怀疑定量分析方式给人类能力带来的能力扩展. 相反，正是用上定量分析手段才有了如此深入的科学现代.

此外，有些事物人们虽然猜的到，但证明难；若证明不了总让人心里不踏实. 诸如近代的数论三大世界难题（华林问题、费马问题、哥德巴赫问题）即是. 其实现代不断提出的所谓"公开问题"还更多. 另一方面有些问题虽然被证明了，但感情上难接受（直观上想不通），诸如[0,1]区间上有理数集测度为 0，无理数集的测度为全测度,即属这种情形……

总之,仅此几个命题足以看到定量分析的意义和优越性,它不仅能使"分辨率"任意提高、排序问题总能解决,更能帮助人类认识、处理超大系统、超"深"系统、隐讳系统、复杂系统

三、定量分析依赖建模

都知道定量分析具有精确性、严格性、客观性,但也必须看到,用定量方法解决实际问题时所表现出的精确性、严格性和客观性"三性"都是有前提的,并非绝对. 这个前提就是"依赖于数学模型". 亦即定量分析结果的好坏完全取决于模型的优劣,而不在于数学本身. 换句话说,定量分析的"三性"如果仅就数学过程而言,可以说是绝对正确的. 因为数学过程是严格沿着数理逻辑过程来的,只要有了充足的"因"(充足理由律)就必然有严格的"果". 或者说这时数学仅仅是个内部过程,这时它是顾不上客观实际的,仅以"因"为准.

那么,相对于解决实际问题来说,定量分析的"果"是否严格、是否精确或说是否正确、是否满意,则是另一回事了. 这时的关键并不在于定量分析(除非数学过程有错)而在于模型. 所以建模在数学应用中的地位是十分重要的.

四、建模中的定性分析

在§1.1节中一般地讨论了定性分析的重要地位,这里将进一步阐明定性分析在定量分析的建模中同样是重要的. 这是因为:

(1) 建模既然是沟通非量的实际与模量的数学间的桥梁,原则上是没有工具可资利用的,不可能仅凭仪器、仪表、设备直接得到模型. 尽管可以说数学建模软件是设备、是工具,但它也来自模型、需要建模. 同时它只能解决规范性、线性性问题,局限性较大.

(2) 建模本质上是一种归纳与升华,需经人的大脑直接加工,也就是需要能动地思维. 人最为自然的思维便是(形式)逻辑思维,亦即定性思维、定性分析.

(3) 尽管说模型是模量,需要有数学修养的人才能构造起来,但建模的数学修养仅属一般训练,较之数学家作数学运算、推理,创造数学技巧解决数学问题等修养来,可以说完全是两码事,不必畏惧. 建模只需有一定的数学基础知识和训练,比如一般的高等数学水平即可,这可是当今一般知识分子都具备的条件.

所以我们说,即使独立建模,其定性分析也是根本性的前提条件,除非是"依样画符"仿照别人的模型. 即使摹仿既有模型,为了用得活而不是"生搬硬套",也得对自己的对象系统做出很好的定性分析.

定性分析不仅需要较好的思辨训练,还要认真做调查研究,边查边思、边思边查,绝不是脱离实际地胡思乱想.

在一定的数学描述能力之下，定性分析愈深刻，所建模型可望更真切.

哲学地说，定性分析是解决“是什么”问题，模型描述是解决“像什么”问题. 由此可见定性分析的基础性和前提性了.

特别因为所建模型是为了用于定量分析，不只是为了换换形式或仅为了用简练语言表述表述，这就要求模型“能工作(workable)”，因此更需要真料实货了. 所以说对系统的定性认识在定量分析中一样重要.

§2.3　建模中定性分析与定量分析比较关系

至此可以说，我们对建模活动中定性分析与定量分析的关系已有了较为明晰的认识. 具体的已认识到如下几点：

(1)建议大家在此定量分析“风潮”中，以冷静态度考察一下定性分析与定量分析间的哲学关系.

(2)展示出定性分析在历史上、在今天、在基本生活中、在一般社会活动中的普遍存在和基本地位，因为它是人类凭天性认识客观世界的一种自然方式.

(3)在科技中，在从容分析的研究、策划中，越来越多地存在需要运用定量分析的课题类. 即使在这样的课题中也存在着定性分析与定量分析的辨析问题. 这也是本节讨论的场合，叫做“建模中的定性与定量分析”问题.

(4)在建模中来看定性与定量分析时则说，二者是并重的，且各自都具有自己的独立地位，相辅相成，不可彼此替代. 定量分析之所以优越只是在传统的定性分析基础上叠加上了具有“三性”的数学手段而成的.

(5)但也要看到，定性分析、思辨认识和理解对象是基础、是前提，没有一个很好的理解和认识就谈不上一个好的模型描述，也谈不上一个好的定量分析成果. 而且这种定性分析、定性思维、定性认识、定性理解应该贯穿问题解决的全过程，直至成果解释和应用的成功. 有过经历的人都是会承认这一事实的.

下面仅就定性、定量作为解决课题的、相辅相成的两个重要阶段来列出它们间的比较特征. 见表 2.1.

表 2.1

	定性分析	定量分析
特征 1	定性分析是思辨	定量分析是推导、运算
特征 2	定性分析是基础	定量分析是手段
特征 3	定性分析是前提	定量分析是技术
特征 4	定性分析解决“是什么”	定量分析回答“像什么”
特征 5	定性分析抽象	定量分析具体

续表

	定性分析	定量分析
特征 6	定性分析在系统原有空间内	定量分析纳入数学相关空间中
特征 7	定性分析属形式逻辑	定量分析属数理逻辑
特征 8	定性分析讲究“细分”	定量分析讲究“分析”
特征 9	定性分析精细度十分有限	定量分析具有精确、严格、客观“三性”
特征 10	定性分析全面细致犹如画像	定量分析只抓住主要因素，犹如画漫画

本章分析说明，现代知识分子定性分析和定量分析能力修养都很重要，不可偏废. 从某种意义上说，定性分析修养更难，特别是出身文科的学者更应在保持定性分析长处的基础上去弥补、增进其数学能力，绝不可舍此求彼.

建议研究生层次而数学基础不足、需要补数学的学者，一般不必系统地、基础地、重修式地“补”，宜于根据自己专业的常用，针对性地补有关知识或学一门、两门课，或更为针对性地学会一两套专业常用、今后可能继续常用的定量方法，然后在实际应用中去用熟，继而用活，继而自然会用深. 这同样是一条定量分析发展之路，其原理后面将自然作答.

第三章　模 型 通 论

§3.1　模 型 思 辨

一、模型小议

随着人类社会的发展,模型概念也得到了平行的发展,从初始的儿童泥塑玩偶到后来的美术装饰;从玩具店里的洋娃娃、丑小鸭到神坛庙宇的泥菩萨、金身像;从服装店里的试衣偶到 T 型台上的模特儿;从航海模具展到航空模型赛等,可谓琳琅满目.这还只是在日常生活中的体现.

在科技世界也早有了"模型"的地位和空间.比如车床上的靠模即是早已用起来的一种模型.又如每一项大工程在实施之前都有个精致的比例模型,不仅是为了展览、宣传,甚至在实验室里的模拟-衍化实验,更可谓四维时-空的模型了.诸如三峡工程前的流沙实验、新型飞机前的风洞实验等,也都如此.

现代科技更在计算机上实现模型化了,比如在 CAD(计算机辅助设计)基础上已发展成了一个庞大的分支学科群,包括 CAD、PER 和仿真学等.计算机技术算是把科学技术上的"模型"手段和"模型"技巧推向了极致,不仅实现了静态的"模型"展示,更能实现动态的模型优化选择、模型的衍化(或演化)实验和模型的操作实习等"模拟"过程.

……

模型,按照它的原意莫非某种实物的形象摹仿或模仿,十分朴素简单的一种生活现象,但随着社会、科技的发展,归结起来其概念竟经历了多次跃升和突破.这不能不激起人们更多的遐思.

第一次突破是将所模仿的实物升离真实,成为脑子里的一类形象.比如这样一来便有了"神"像和各种各样的艺术、创造.不过总的只是为了丰富生活、装点生活而已.

第二次提升是将模仿对象又回到真实,对其尺寸、比例、特性(尤其是物理特性)十分关注.这就是模型思想进入到了科学技术领域,用来帮助科研、探索,成为一种科技手段.

⟶第三次突破是将静态的模型概念动态化,也就是上述的将三维空间(R^3)的静态模型推广到四维时-空($R^3 \times T \triangleq R^4$)的动态模型,也叫做模型模拟或模型演变实验.这不仅指早已有了的实验室模拟实验,主要还指已形成特色的计算机上的动态模型、动态模拟和动态建模技术.

的确,从“模型”的原始概念看来,毕竟只能从物“形”(有“形”而无“神”)上去作深入,因此能够从其形象上得以突破(艺术化)、从其尺寸上得以精确(科技化)似乎已达顶峰,但现代科学和艺术更让其实现了动态化,更使人觉得对模型概念的发展和应用已达极致.那么还可否对其进一步发展和突破呢?回答仍然是还可以,这就是第四次突破,就是“模型”概念在数学中、在应用数学中的突破与升华.

二、数学模型

尽管也可以说有了数的概念,就有了“数学模型”(因为包括当初的结绳记事——清点猎物,也可说是一种数学模型的运用).但我们仍然说数学模型和数学建模只是人类“模型”概念升华和发展道路上第四次突破,其理由如下:

首先,数学模型作为学科意识是整个科学进入现代(20 世纪 70 年代以来)才得到升华而产生的.过去的历史虽然久远,它只能处于一种自然状态、无意识状态,因而仅仅是凭着自然规律在发展.即使近代(17 世纪以来)自然科学把研究对象直接定义成一组概念、符号、公式来研究,本身已经是建模活动了,但仍未及时意识到数学建模,是一大遗憾.也许是因为自然科学建模的程序性强(相对说来显得简单一些),建模规模还不够大(研究者主要精力放到做实验上了)的缘故吧.

其次,不能不说也正是现代科学的现代模型概念启发下才得以在现代才产生“数学模型”学科概念.特别也不能不说是受数学内产生于 20 世纪 50 年代的模型论(见下节)思想启发,而形成的数学模型学科.一旦形成了学科意识,在人类有意识的促进下,即得到了迅速发展.

再则,科技本身的深化使模型概念在数学模型中得到了扩展.表现之一是其对象从原来的实物推广到一般(软性)事物甚至事务了.

第四,容易看到,在数学模型和数学建模中,原始模型概念在历史上获得的一、二、三次突破特征都还仍然保持着.诸如模型的创造艺术性、模型的尺度精确性以及模型的深化动态性等特征都得到了秉承,特别是第二、三者,即建模的度量(精确)性和建模对计算机的充分利用等,更是充分得到了秉承.这些都说明“数学建模”应该属于继前三次突破之后的第四次突破.

当然,有一点原始概念亦如第一、二、三次突破中仍然保留着一样,在数学模型中同样保留了.那就是“模型”毕竟只是其“构型”,因而只是在形式上的“形似”,而不可能有实质上的“神似”.也许正是这一本质上的差异,造成了数学模型学和数学建模学上丰富的理论问题和漫长的技术道路.为一代一代的数学模型构建者、运用和探索者留下了五光十色的园地和光辉灿烂的空间.

三、模型是漫画不是照相

都曾看到过，在漫画家的笔下，只要那么简单的几笔勾画，谁都可以立即认出哪个是陈佩斯，哪个是巩汉林，哪个是克林顿，哪个是小布什，等等，显然都是相对于他们的真实相片来判断的. 但如果画家要画出一个人的相片，那要多少笔？同时用笔还有大有小、有轻有重、有粗有细，还需有浓有淡、有明有暗的光度表现，多么复杂！画一个人得花多少工夫！

可是，画的像与照出的像比较起来怎么都还会有差异. 可以说要真正做到人工画出一个"照的像"是不可能的. 结果却是，在人们看来精工细描的像与几笔画出的漫画像效果都一样，都能一眼看出，要说不像都不像. 那么与其细画而不成"像"倒不如漫画而"成"像. 后者的好处却是显而易见的. 这是因为一般说来在辨识一个对象时不是一定要弄清其所有细节才能辨识，而是只要就其主要特征即可. 因此漫画家掌握了人的这一辨识规律，只需突出甚至夸张其对象的主要特征即成，坐收事半功倍之效.

数学建模也符合这一原理，甚至可以说其特征更为突出. 也就是说数学建模犹如对其客观对象系统画漫画，只需抓住其主要因素，突出其主要特征即可成功. 真要想"描"出一个细致的"像"来，甚至可能适得其反. 即使细致的模型"描"出来了，难以实现数学运作过程也白搭.

数学建模的"漫画"特征在客观世界的存在太普遍了，这里仅举几个通常不太经意的例子. 比如在分形理论问世后，人们受此启发，用分形概念和思维去观察客观世界，发现"处处"都存在分形结构，从物质晶体结构到语言、文字结构，从社会组织结构到人的精神世界都广为存在. 可是真要把分形的数学定义放到任一对象的本体中去，难道真吗？不，可以说客观的存在不可能找到完全符合"定义"所述的分形：有严格的"生成子"，有严格的"自相似"——表现为严格的分形迭代关系. 但人们正是在此"定义"启示下观察出"分形世界"的呀！原来在于分形定义中仅"突出"了客观世界种种特征中"分形"这一基本特征的缘故. 所谓"突出"也可叫做"夸张"，使得本来并不具有数学精密性的"生成子"、"自相似"变成了纯粹的、典型的、精密的了.

又如，都知道周期现象到处存在，日月经天、江河行地、昼夜轮回乃至生物体都有个"生物钟". 因此人们对周期函数给出定义：对于 $f(x)$，如果存在 $T>0$ 使得 $f(x)=f(x+T)$，且任意 $0<A<T$ 皆不满足此等式，则叫 $f(x)$ 是以 T 为周期的周期函数. 正面说，这是周期函数的定义. 反过来则说周期函数是一切周期现象共同的数学模型. 那么我们问客观世界有哪一个对象系统真正满足这一周期函数"数学模型"？没有的，原来所说周期函数仍然只是突出"夸张"了"周期世界"这一"周期"特征而成的. 这是又一个数学模型的"漫画原理"体现.

进一步，谁都还可以举出更多的上述类型的"数学定义或数学模型相对于它的原象系统的'漫画'特征".

却也应该承认，要作好一幅漫画像也是需要功夫的，是需要苦练才能成的. 那么，要作好一个建模的"漫画"家，固然也少不了真功夫、过硬功夫，因此也少不了苦练，但更为重要的还在于修炼.

§3.2 "模型论"及其"模型"特征简顾

如今谈到数学中的"模型"，有两大类，不可混淆. 一类是发生自数学内部的"数理逻辑学"中一门分支学科"模型论"中的模型，这是本节将重点介绍的. 另一类即世人关注最多的、涉及面最广的，属于应用数学的一个新兴学科分支——数学模型所论模型，也是本书重点的论述对象，因此在本节不作为重点来叙述.

的确这两大分支学科中的"模型"一词，词义都一样，也都是"model"，但它们所属学科分支、功能、属性却是完全不同的.

一、谈点数理逻辑史

1. 历史回顾

一般认为数理逻辑思想源于17世纪微积分学创始人之一的莱布尼茨(德，1646～1716)的早期著作《万能算法》一书. 数理逻辑学的初期叫做代数逻辑时期. 那是因为19世纪英国人布尔(1815～1864)于1847年发表的《逻辑的数学分析》建立了在四条公理体系下集合{0,1}上的"加"、"乘"、"余"封闭运算，形成的独立学科，被叫做布尔逻辑，又叫布尔代数、符号逻辑或代数逻辑学等. 代数逻辑已被越来越广泛地应用到线路设计、逻辑开关、射流技术、控制理论和计算机技术、理论上.

现代数理逻辑时期起源于19世纪末的弗雷格(德，1848～1925)等人的系列工作所创立的逻辑学谓词演算，又叫谓词逻辑. 它刚刚问世就遇上了由集合论悖论(诸如"理发师悖论"等)引发的"数学大危机"，从而现代数理逻辑担当起了以认识实数结构、认识"连续统猜测"为突破口的探寻数学之"根"的数学基础工程，使其发展十分猛烈.

谓词逻辑是用一套联系符号、一套字母、一套公式、一套基本定义、一套运算规则为基础形成的公理体系(即满足独立性、协调性、完备性的公理集，见第四章)，于其上建立的：以个体作为"主词"，以其性质和关系作为"谓词"，以谓词所表出的命题结构(即表出的思想、事物)作为研究对象，完全在自洽的公理体系内来作出的"内在"推理、演算. 这样的逻辑学叫做谓词逻辑学，简称谓词逻辑.

特别，在20世纪30年代，哥德尔(奥，1906～1978)以其先后两篇论文给出的“不完全性定理”证明了谓词演算系统具有完全性. 比如算术运算系统则不具有完全性(即算术系统不可构成公理化理论体系). 这就使得数理逻辑学正式地担负起了数学寻“根”的任务，成为纯数学中典型的构筑数学象牙塔的学科.

2. 几点注记

应当看到数理逻辑与形式逻辑之间的关系：数理逻辑只是形式逻辑的典型与内核. 主要表现在如下几点：

(1) 数理逻辑学是作为形式逻辑学发展中的一个阶段而产生的. 皆知形式逻辑学产生于古希腊时期的亚里士多德，叫做古典逻辑时期. 包括形式逻辑中的命题逻辑和词项逻辑以及同一律、排中律、矛盾律等“三定律”都是在那时候形成的. 发展到中世纪以后，形式逻辑进入所谓“传统逻辑”时期后，才开始莱布尼茨的符号逻辑(数理逻辑)思想.

(2)从形式逻辑的“形式”讲，数理逻辑也是其典型. 实际上形式逻辑中的“形式”仅指客观事物的概念化和思维的口语形式化. 只有数理逻辑的符号形式和符号语言(形式化语言，包括布尔的代数语言和后来的谓词所表出的命题结构等)才是典型的形式化. 以致今天的形式逻辑学也在充分运用符号来表述，但毕竟不等于“符号化”.

(3)已公认，形式逻辑学不可以完全实行符号化、形式化，否则即萎缩成了数理逻辑，即是扼杀了形式逻辑. 可见都承认数理逻辑严格、漂亮，但它代替不了形式逻辑. 说明数理逻辑只是形式逻辑范畴的一个子范畴，只是非常典型和内在而已.

(4)的确，在数理逻辑中比如一些通常意义下可以表述的语义，即可能成为拗手或棘手的事，甚至成为悖论. 诸如词项逻辑这时反而不便表述，并有所谓“蕴涵悖论”现象等即是.

(5) 特别地，数理逻辑能达到的“深度”、能得到的(传统)成果往往是形式逻辑的“肉眼”看不到的，但它也是形式逻辑范畴内的事，这正说明数理逻辑的“内核”特征.

二、“模型论”简说

在哥德尔的“不完全性定理”下证明了谓词演算系统是完全的以后，引来了数理逻辑学稳重而踏实的发展阶段. 很快在数理逻辑学中形成了五个分支学科，也叫五个学派. 此即证明论、递归论、公理集合论、模型论以及晚近(20世纪60年代)兴起的非标准分析等.

(1)证明论. 由弗雷格创立，发展成为以希尔伯特(D. Hilbert，德，1862～

1943)为首的一个学派,致力于证明数学整体的“相容性”.不过早期认为用“有限形式”可以证明它,后为“哥德尔定理”校改为“无限形式”去实现,至今还在艰苦跋涉中.

(2)递归论.由哥德尔、图灵等创立,它借助一类模型(离散动力系统):

$$\begin{cases}F(x_n)=G((n-1)\cdot F(x_{n-1}))\\F(0)=x_0\end{cases}$$

所确定的“递归函数”及其对偶的“非递归函数”的研究,从而得出个所谓“判定问题”和“非判定问题”,又叫计算机复杂性问题,记为“$P=?\ NP$”问题.

(3)公理集合论.直接发端于康妥集合论认识实数结构这一基本目标,为防避集合论悖论,比如数理逻辑学家策墨洛和弗雷格采用了公理化思想,首先致力于建立一套公理体系(叫做 ZF 集合论),但所提出的一套 8 个(或 9 个)公理,仅在证明其完备性和与“连续统假设”的相容性问题等若干基本性、前提性问题上,也步履维艰.虽然现已推进成为 ZFC 集合论,至今仍未能得到明晰的公理体系.这只能说明实数(实轴)结构本质的复杂性.

(4)模型论.现在在对兄弟学派的初步了解之下来谈谈本节的主体:模型论.

模型论是数理逻辑学中产生于 20 世纪 50 年代的一个理论分支.直接地说来,模型就是一种“逻辑语言”中满足所谓“闭公式”(一个或一组)的一种“结构”,使之具有“可满足性”.现进一步解释一下几个有关概念.

所谓“逻辑语言”即由一套逻辑符号(析取 $\wedge$、合取 $\vee$、否定 $\neg$、蕴涵 $\Rightarrow$、任意 $\forall$、存在 $\exists$ 等)和一套变元(包括自由变元、约束变元),以及一套个体符号、函数符号、谓词符号等在一定原则下表出的逻辑系统,记为 L.

在 L 中由符号构成的有意义的单元是“项”,由项构成的叫“公式”.公式中有受 $\forall$、$\exists$ 约束的约束变元和未受约束的变元(叫做自由变元).那么不含自由变元的公式叫做 L 的“闭公式”(记为 A).形象地说闭公式相当于“公理”.

所谓“结构”系指在适当论域(M)上对 L 的三种映射集,即个体符号映射(e)、函数符号映射(s)和谓词符号映射(τ)形成的总体,记为 $\widetilde{M}=(M;e;s;\tau)$.

所谓“可满足性”,比如 A 在 $\widetilde{M}$ 中得以实现并且满足一定的运算性质,即叫做 A 在 $\widetilde{M}$ 中具有可满足性.

直观地说来,模型既是一种数学的形式化结构,也是一种人为的构造,是通过人为地创造、设计,构建成的一个使之满足一定“条件”的表达式.有人把语言系统 L 比作语法,其上模型 $\widetilde{M}$ 比作语义,亦即这时的模型相当于在既定语法规范下举出(构造)的一个例句,以证实语法的正确性.当然,若举例成功则 L 被证实成立,否则不一定 L 就不成立.

模型论中模型构造是十分不易的,需要高度的技巧,可以说“模型论”中的核心创造就在于建模.目前在这一分支领域已创造出了多种建模方法,诸如力迫法、超积法、齐性集合法和初等链法、图式法、紧性定理法,等等.

在模型论领域,仅半个世纪得到的成果不少,诸如证明了同一语言 L 中所有模型是同构的;得到了"可判定理论"的系列成果,证明了非欧几何为真,证明了每个完全递归可公理化理论皆可判定,等等.

如今,模型论的有关成果已经被广泛地应用到了数学的相关领域,充分体现了数理逻辑的数学基础地位.

特别,在模型论中产生了应用很广、规模宏大的"非标准分析".

(5)非标准分析.创生于 20 世纪 60 年代的鲁宾逊(A. Robinson,美,1918～1974),它是从模型论中生长出来的一类特殊模型下的理论,从理论体系上仍可归为模型论,这里仅出于它的发展规模而另立一支(续见下段).

三、"模型论"模型一例:非标准分析模型

非标准分析是一种新创的分析学.它是独立于传统的("标准"的)以极限论为理论基础、以牛顿-莱布尼茨微积分法为分析手段的一个"数学分析"理论体系.非标准分析的关键特征即表现在它奇特的非标准模型.由此也充分表现了它的"模型论"特征.

1. 非标准实轴模型特征

(1) 根本的在于鲁宾逊意识到了实轴(实数集合 R)的一种深层次的结构特征,并能从模型论思想致力于在 R 上建立一套语言 L,进而实现其结构思想.

(2) 鲁氏运用古希腊哲学家德谟克里特提到过的"单子"(monad)概念给出了实数体系的一类闭公式,仍然叫做"单子",记为 $<x>$,它满足:

1° $<x>$ 中 $x\in\overline{R}$,x 叫做标准点,其中 $\overline{R}=R\cup\{\infty\}$.注意到虽然 ∞(无穷大)是不存在的,但仍可以视为一个"数"来参与形式上的运算.这在高等数学中已经这样执行了;

2° $<x>$ 是个无穷小,即 $\forall x_1,x_2\in<x>$,$x_1,x_2\neq x$ 时,$x_1,x_2\,\overline{\in}\,R$,$|x-x_i|<\varepsilon$(任意小实数),$i=1,2$;$x_1,x_2$ 间不满足阿基米德定律($\forall a,b\in R$ 必 $\exists n\in N$(自然数)$\ni|a|n>|b|$).此外,$<x>$ 有 ∞ 多元.还要注意到无穷小不是一个数,而是一个超时空的结构.

(3) 鲁氏定义了一个论域.记为 R^*,其定义式为

$$\begin{aligned}R^*&=\{<x>\}\\&=\{<x>:x\in\overline{R}=R\cup\{\infty\}\}\end{aligned}$$

(4) 例,对于"标准"点 $x\in R$,任一非标准点 $x_1\in<x>$,设标准函数 $f(x)$ 在 R 上可导,则非标准分析下的导数为 $f'(x)=\dfrac{f(x)-f(x_1)}{x-x_1}$.这里没有了极限过

程，$f'(x)$是个新的标准点.

2. 非标准分析与“标准”分析根本的差异

从形式上来说，两者的根本差异点仅在于对无穷小概念的认识不同.由此也导致了二者对无穷小的表述和刻画方式的不同，具体说“标准”分析是用“极限论”或叫极限方式来描述无穷小的，表作“极限为0的变量为无穷小”；非标准分析则将无穷小刻画成一个含无穷多元素，且不满足阿基米德公理的一个奇特（超时空）的结构.今天已经得知，非标准分析的刻画更为深刻全面（见：高隆昌.数学及其认识.北京：高等教育出版社-施普林格出版社，2001；徐利治等.现代无穷小分析导引.大连：大连理工大学出版社，1990）.

特别非标准分析还证明了无穷小是存在的，这在“标准”分析理论框架下是难以实现的.

3. 非标准分析与“标准”分析差异的根本

二者差异的根本在于“标准”分析的论域实轴 R 的元素是实数“点”，它是离散的、孤立的几何点，而非标准分析的论域——扩展实轴 R^*，以“单子”作为元素“点”，显然它已不是“几何点”，而是一种新层次上的“集合点”.

问题是非标准分析为何能给出个如此怪异的元素概念，是胡思乱想的吗？

其实鲁氏取“单子”(monad)名称的用意即在告诉人们，这一思想不只他才有.也的确，除了古希腊人外，近代的还有19世纪末庞加莱的拓扑思想以及康妥的集合论思想中，都含有这一用“集合元”代替“几何元”（数点）的突破意识.

不过，即使用那种传统的“集合元”来代替（传统的）“几何元”仍不能解决问题，还需要进一步的观念突破.

试看，“任意确定一个实数 $x \in R$ 之后，就再也确定不出与 x 最靠近的实数来，这是为什么？”又，“任一开区间与闭区间在端点结构上的差异是什么？”……这些问题都足以启发我们：实数要能构成“连续统”结构仅靠离散的、传统的数“点”概念是不行的.进而不能不猜测到：“每一个实数 $x \in R$ 还必须对应着一个超越（传统认为的）一维实数空间的一维‘集合’才行”.

那么，鲁氏的思想即是上述基础上的一种前沿突破.

4. 非标准分析发展概况

非标准分析自20世纪60年代创生以来亦如数学史上的傅里叶分析、非欧几何学、康妥集合论、概率论、突变论、模糊数学等一样，受到过不少非议，主要是说它只是复制了已有的分析成果，没有独立存在的必要.其实不是这样的.首先，从上述分析中已知，非标准分析的思想是深刻的，是传统的“标准”分析所不及的;其次,非标准分析不仅能得到标准分析,在其某些分析运算上还来的更加简练,而且得到了更多理论成果.诸如证明了无穷小的存在,建立了非标准测度空间理论;给出了阿基米德性质存在的实证,等等.

看来一个新理论的问世受到一定的批评、非议乃至压抑,也许是一种客观规律.如果这样,我们当从正面去理解它,应该把它视为继续发展的动力,至少说明它能受到大家的关注,并用心去研究它(批评必研究),这就是好事.

的确,如今非标准分析已发展成数理逻辑学一个分支学科规模.其论文、成果与发展综述等专辑也已陆续在荷兰施普林格出版社出版.

§3.3 “模型论”与应用数学模型比较特征

从学科建立的先后看,应用数学的模型概念产生在“模型论”的模型概念之后,但都取同一个词“model”说明应用数学模型概念是符合“模型论”模型的.的确可看到,应用数学的模型虽然描述的是客观实际的事物或系统(记为 Rs),但仍然可以抽象地分析出,这时的系统 Rs 正是一个“语言”系统,可表为“模型论”中 L 语言系统.同时 Rs 中一系列的事实相应于 L 中的闭公式,都将在模型结构(记为 Ms)中得到体现.所以说从“模型论”角度去观察应用数学中模型也是对应着的.因此同样取作 model 是合理的.

但为了对应用数学模型有个深刻认识,这里重点谈谈两者的区别.

1. 两种模型所在纯数学与应用数学的区别

亦即首先看看两类模型所在数学的范畴间,即纯数学与应用数学间的区别.

纯数学与应用数学的分野是从 19 世纪末开始的(在此之前二者是合一的).从此二者大有分道扬镳之势.纯数学的特征是可以靠数学内部、靠自身提出的问题来推动数学的进步,典型的如所有公理体系数学学科的建立皆具有这一特征.诸如非欧几何、几何基础、数学基础、连续性猜测,乃至拓扑学、泛函分析以及数论和“Hilbert 二十三问题”,等等,都具有这样的建造“数学自身象牙塔”的特征,又叫做基础数学.

应用数学则相反,是以客观世界作为背景以解决客观世界提出的问题作为任务和发展动力的.它又分作应用基础理论、应用数学方法和数学应用方法三大类型分支.前者如数学物理方程、概率统计学、动力系统、组合数学乃至大范围分析、系统论等;在应用数学方法类分支上总的可叫做运筹学或优化数学、系统工程等,它们包括规划论、控制论、博弈论、储运论、排队论、预测论以及搜索论、图论和计算数学等;在数学应用中也有一类所谓“硬”方法,包括种种计算方法、计算软件和诸如社会度量学、层次分析法(AHP)、数据包络分析(DEA)、系统动力学(SD)、时序分析法、灰色预测法、可拓分析法等.

2. 两种模型承担的任务不同

在纯数学与应用数学基本特征差异之下容易得知,“模型论”中的模型只是描述数学内部数理逻辑意义下一种思想(语言)体系,是纯粹抽象的,在一定意义上具有主观创意性. 而应用数学中的模型则是用来描述客观事物(Rs)的,强调的是反映客观的真实性.

总之,两种模型各自的任务主要即表现在内部与外部的殊异,然而这就决定了它们具体的思维形式和表述术语都将有着极大的区别.

3. 应用数学模型平易,“模型论”模型艰涩

“模型论”领域好比一个高精密、高纯度实验室,它不欢迎任何外人参与,因此它的“模具”没必要让外人易懂易会,只需保证它的纯洁和精确即可. 这样一来自然会令外人“摸不着头脑”、难以看懂. 的确,比如(前述)只在数理逻辑的一系列符号之下,既没有落实到实际对象上,也没有一个图形帮助(因而难以在脑子里建立起直观形象),这样来看它的全部由内部抽象符号构成的模型,必然如读“天书”难以掌握.

但应用数学情况恰好与之相反. 应用数学(包括数学应用)对它的模型的要求是为了运用定量分析工具来解决实际问题. 这就决定了应用数学模型不同于“模型论”模型的如下几大特征:

(1)应用数学面临的是广泛的客观世界和广泛的应用界人士,因此不可能让建模和模型掌握在少数人手里. 恰好相反,要让广泛的应用界人士都能建模和“解”模.

(2)“模型论”中的建模仅着眼于精确描述“对象”,不必顾及模型的推导难易. 但应用数学建模的着眼点仅在于近似地、“满意”地解决问题,为的是其简练性、易推广性和便于分析的广泛应用特征. 但是作为模型,毕竟也需要精确,这点也与“模型论”精神相似,正是这点也决定了它一定的困难性.

(3)总之,应用数学的模型及其建模方法应该是简便易懂、容易普及的,同时又是具有满意精确度的,孰轻孰重应随具体 Rs 系统而异,全在建模者的能力了.

本书今后的讨论仅在于围绕应用数学的模型和建模. 本章从数学建模总体角度介绍到“模型论”模型,仅此而已,仅为着深入认识应用数学模型和建模作参考. 以后如果没有特别声明,所谈到的模型皆指应用数学意义下的数学模型.

第四章　数学模型的实质

本章将分别讨论数学模型所具有的度量实质、映射实质和系统空间的转换实质. 当然三种实质间并非独立存在，而是相互间也存在着联系，读者可以随着内容的进次去理解三者间的关系和联系. 最后讨论一下数学模型应该遵循的"同构"原理.

§4.1　数学模型的度量实质

一、度量概述

度量意识也许属于人与动物的本质区别特征之一. 度量是人类使本来没有量的客观世界产生"量化"的手段. 当然，贵在人类具有这一高妙的量化意识和度量意识，从而也决定了度量概念是个十分宽泛的概念，从工程技术度量发展到社会度量，从工具度量发展到查询计量，从数量到模量. 关于度量的方法、知识、理论都在深化和广义化之中，综观起来堪称一门浩繁、广博的度量科学.

在度量科学特别是现代度量科学观点下，度量领域的分支和结构可简明地归纳如下：

- 度量
  - 技术度量
    - 基本度量：工具度量
    - 导出度量
      - 公式度量
      - 模型度量
  - 社会度量
    - 基本度量：查询计数、统计
    - 导出度量
      - 公式度量
      - 模型度量

其中，第一层的划分是度量科学领域的划分，分为技术度量和社会度量；第二层的划分是度量方式的划分，分为基本度量和导出度量两种；第三层是进一步的划分.

1. 技术度量

此即自然科学和工程技术领域的度量和计量，诸如长度类、面积类、容积和重量类、温度类、能量类以及力、功、速度类和浓度类、强度类等等，这是传统的度量对象. 随着工程技术科学的发展和需要，不管是从度量理论、度量方法、度量工具来看还是从度量技术来看，都达到了相当精细、成熟的地步. 它是与自然科学、工程技术并行发展的. 比如过去自然科学仅仅把研究对象等价于一组概念和符号、数据来研究也能满足科学要求，就在于它有满足需要的、精确的技术度量. 总之，技术度量始终处在工程技术科学的前沿，没有“技术度量”的发展就没有工程技术甚至自然科学的现代.

2. 社会度量

顾名思义，系指社会科学包括管理科学领域特有的度量实践与理论. 这是因为随着现代社会科学定量分析特征的加速，量化的需求自然也在加强，除了传统的社会统计、经济统计外，还有诸如经济预测、企业评估、社会评价、人才测评、绩效考核、公益性评估乃至法律量刑等.

社会类、管理类度量问题正在蓬勃兴起，相应理论和方法正待迅速发展. 在此领域还远远谈不上精细和成熟(参见：高隆昌. 社会度量学原理. 成都：西南交通大学出版社，2000).

因为自然科学与社会科学在空间层次和空间特征上具有本质差异，技术度量与社会度量间也必然具有本质差异. 比如技术度量常常可以通过工具、仪器物质的实现，而且有个客观的精确标准使得度量技术可以逐步攻克、逼近. 但社会度量不具有这一优越性. 本质上它不可能制造出物质的仪器、仪表以延拓人的能力去完成这类度量，而不得不仰赖人的大脑直接去实际地点数、调查、测算，总的称为统计度量.

所以社会度量不能简单地指望工具去实现，而只能靠方法. 为此必须培养起大脑灵活的处理能力.

3. 基本度量

指直接对度量对象施以一定手段而获得它的量值的度量方式，也叫直接度量. 起自人类最古朴自然的度量方式. 从掐指数数到尺、称、斗斛的量数，直至仪器、仪表等现代设备的测量，虽然其手段越来越高级，但始终免不了直接从实际对象获得数值这一基本方式.

但是，基本度量方式除了日常生活的外，随着工程技术与社会科学的不同，表现将完全不同.

正如上述，在自然科学工程技术包括天文观测中，都是用仪器设备等工具直接来完成基本度量的，简称工具度量. 但在社会科学范畴即使基本度量也没有工具可依赖，而只能表现为诸如问卷调查、直接查询和直接计数等“软”方式来完成，简称统计度量.

这是因为，相对说来即使说工程技术度量对象与社会科学度量对象都仅在物质层面上进行，也存在着局部性与广域性的差异，或者说是“硬”性（前者）与“软”性（后者）的差异.

不过从另一方面来说，科技中的度量与社会科学中的度量，其目的意义也是大有区别的. 正是各自目的意义的不同，使得虽然有软与硬的实质性差异，仍然各自都能满足于自己的度量形式，都处在自己的现代水平.

4. 导出度量

顾名思义，导出度量即由直接的基本度量推导、引申出来的度量方式，又叫间接度量.

追本溯源，历史上人们早就知道从基本度量引申出导出度量了. 如果说基本度量是出于不得已而不得不直接去探测出数据的话，导出度量即是一种度量技巧，它可以减少劳动、减少设备投资，何乐而不为？不过导出度量也不是毫无代价的，它必须经基本度量出的数据换算而来.

5. 公式度量

先谈谈公式. 狭义地说，公式是一种特殊的函数式，特殊在于：① 它是一种“显函数”形式；② 其右端各种量一律平等，这时无自变量、参变量之分；③ 同时（或说因此）它不能用作函数分析；④ 从这一意义上又说，公式是静态的，表出的是量值；⑤ 具体说一个公式表示的是一类量值 —— 待算出的量值.

任一公式描述着一个命题. 公式分作量纲式和非量纲式两类. 量纲式一般代表一个定律、法则，诸如力学上的多种定律，三角学、几何学上的种种表达式等，以及社会科学中的诸如 GNP（国民经济总收入）等. 非量纲式一般代表一个百分比、权重值或一个方程的“根”的表达式等. 比如一个一元二次多项式 $ax^2+bx+c=0$ 的根表为 $x_{1,2}=\dfrac{-b\pm\sqrt{b^2-4ac}}{2a}$，这也是一种公式.

广义地说，一个函数式也是一个公式. 一般用符号语言表出的逻辑语句都是一个公式. 可见公式概念是十分广泛的.

特别地，在导出度量中，其导出式具有形式：导出度量值 $=f$（基本度量组），称这种导出度量方式为“公式度量”，称相应公式为度量公式.

公式度量是导出度量的直接手段，其度量公式则是导出度量的直接形式.

须知，技术度量和社会度量两大类度量领域中都少不了“公式度量”这一基本的导出度量形式.

例 1 一个企业的评价值（W）可有公式

$$W=\alpha\cdot X \tag{4-1}$$

其中，X 为评价指标，是需要一个个去作直接度量的“基本度量”值[注意到它是个向量式基本度量,亦属基本度量原始概念(标量)的推广型].α 是 X 的权重向量,它是又一个层次的导出度量,可记为 $\alpha = T(X)$,右端 T 表示对指标集 X 的指标赋以重要性配置(也是一种序化)的映射,实践中可有多种方法.诸如群度量法(类)和层次分析法(AHP 法)等.前者有如问卷调查、当面评议、分别走访等多种方式.但不管哪种方式皆归于调查统计方式,因而属基本度量.但对于后者(AHP 法)则是第三层次的公式度量了.因为 AHP 方法是当前流行的一个数学方法,它建立在更为简单的基本试题之上,可以凭较少调查即可构造出所谓"判断矩阵",从而通过代数运算获得所需 α.

例 2　弹性公式是一个典型的由二量导出一量的度量形式.比如经济学中商品 x 的效用 $u(x)$ 的弹性 $S_x^u = \dfrac{\Delta u/u}{\Delta x/x}$,即是 u、x 两个基本度量下经两次求百分比导出的.

这里注意:

(1) 公式度量中也可能有一定的运算过程,并非简单、淳朴到只有一个静态公式.

(2) 公式度量过程也可能是个多层次的基本度量与公式度量的交替过程.

总之,可见在管理科学、社会科学中,即使十分普遍的一类度量 —— 评价,也是一个导出度量 —— 公式度量,且其导出过程还是多层次的、颇具灵活性的过程.但不管怎样,它最终总是建立在社会的基本度量 —— 调查(包括过程中的简单统计工作)、计数之上的.社会度量中即使基本度量也不可指望工具来完成①.

以上讨论中有一个基本事实值得注意.不管是基本度量还是导出度量,其概念都是在不断发展、扩展和进化着的,直至一般的数学模型的度量实质皆如此.

二、模型的度量实质与度量类型

已经看到,不仅在基本度量中量的概念从原始的正整数量进展到了有理数量、文字代数量和向量式的量,还进展到了表格量(矩阵 —— 更广义的向量),而且其公式度量更从原始的简单、静态表达式进展到了一般的数学处理过程.不仅说一切公式都可以用于度量,成为度量公式,一切显函数式也都是公式,而且公式度量过程也在扩展,成为一个复杂的数学过程.

特别是现代度量目标也已从原始的度、量、衡、计数等,进展到如今的预测、探查、推查、推测之类抽象任务了.而这些将更多、更深地依赖于"公式度量",实则一般的数学分析过程.

---

① 社会度量更困难的基本实质可参见 §4.3 节.

公式度量就是一般的数学度量. 一个一般的数学运算推演也就是个“公式度量”.

因此在今天,由数学建模、解模构成的整个定量分析过程,其实质就是一个广义的度量过程.

简单说来,从度量角度可以说定量分析就是一种公式度量. 其数学模型就是一种度量公式.

下面即从这一观点出发,分析归纳一下数学模型所预示的几种度量类型.

(1) 系统结构的度量型. 比如在工程系统和社会、管理系统中都存在用一组指标数据“向量”来表述系统状态的实证方式. 其实这也是一种度量,是以各分量为最基本度量的一种“基本度量”,具体叫做系统状态度量. 那么这也是该系统的系统结构的一种描述,记此指标向量为 X,记系统目标为 y,则系统模型 $y=f(X;A)$ 也是系统的一种结构描述. 其中 A 为函数结构的参数向量. 这也是度量 y 值的一个“度量公式”. 当向量 X 各分量跑遍其容许范围时,其总体叫做 X 的变域(记为 $\widetilde{X}$),则 $f(X;A)$ 在 $\widetilde{X}$ 上即表出了该系统的“系统结构”.

总之,从这一意义表明了任一个系统模型也是该系统相应结构的一个度量. 一个是该系统的状态结构度量(X 向量);一个是系统目标的函数结构度量(即这里的 $f(X;A)$),再一个是系统总体空间结构度量,即$\{f(X;A),X\in\widetilde{X}\}$.

(2) 预测式度量型. 显然预测也是一种度量,特别也是现代社会、生活中常需的一种度量. 预测模型的类型有两种:

首先是概率类预测模型. 因为概率是测量事件发生的可能性大小的,这本身就涉及基本度量(样本数据采集)和公式度量(计算概率)全过程.

其次是函数的外推预测模型. 比如根据前几年的产值状况预测今后几年的产值;根据近期历史上3月份的气象情况推测明年3月的气象特征,等等. 建一模型一般方法是:首先求出一个能反映历史上各数据的函数式,然后由于该函数的定义域一般将更宽,以致延续到未来,于是在其定义域上作出该函数后,即知其今后任何时候(预测)的所需量了. 可以不必画出图,而直接将所需预测的未来时间输入模型即可算出所需量值. 它的一个总的(几何)特征即“外推”,由已知的过去推知(度量)未知的未来. 而这些都是一个个定量分析项目或课题的通常任务.

(3) 优化值度量型. 显然求优化值也是一种度量. 优化问题本质上是函数求极值的问题,只是随着实践的需要产生了高维空间求最优点问题、条件约束下求最优点问题和高维空间中线性条件下求最优点问题等复杂情形,但它们都是一些度量,总的可叫做“优化度量”.

造成“优化度量”的困难主要在于数学建模和数学的分析过程,也就是在于一个定量分析过程. 因此优化度量也是个现代意义下的“公式度量”.

自二战以来，优化理论与方法已发展到非常丰富与普及的地步，相信读者已较熟悉，这里仅点到为止.

(4) 函数方程解式度量型. 首先谈谈方程. 方程是未知变元为特定形式时才能成立的含未知变量的等式. 方程的根本问题是求解，即求未知变元的特定形式，包括解的公式和解的理论等. 方程有两大类，一类叫做数值方程，亦即它的解(或叫根) 是数值形式；相应的以函数形式作为解的方程叫做函数方程.

因此本小段专门指出函数方程类数学模型的度量实质. 这是因为作为函数方程的解 —— 函数解，在模型中也具有现代意义下的度量实质. 比如一个最优化问题求解、一个系统运行轨迹的探求都是这类定量分析课题的任务. 前者一般见于社会科学，比如经济学中最优化问题即是(见下例). 后者如有关天体运行轨道的探测即是. 特别比如有名的"多体问题"，自牛顿提出以来至今还在所谓"三体问题" 上越趄不前.

例 3　经济学上有个著名的"大道定理"，其模型可代表性地表作：

$$\begin{cases} J_T = \int_0^T u(F(k_t) - \lambda\dot{k}_t - \dot{k}_t)\mathrm{e}^{-\rho}\,\mathrm{d}t \triangleq \int_0^T \Phi(t, \dot{k}_t, \dot{k}_t)\,\mathrm{d}t \\ s.t \begin{cases} \dot{k} = F(k_t) - \lambda k_t - x_t \\ k_t \geqslant 0 \\ x_t > 0 \end{cases} \end{cases} \tag{4-2}$$

其中，目标式是一个泛函数表达式(各符号意义免叙)，第一约束式是个 $k = k(t) \triangleq k_t$ 的一阶常微分方程，将其代入目标式中，对 J_T 求变分，并令其等于 0，即有 $\delta J_T = 0$，由此得出所谓 Euler 条件或叫 Euler 方程.

$$\frac{\partial \Phi}{\partial k_t} = \frac{\mathrm{d}}{\mathrm{d}t}\left(\frac{\partial \Phi}{\partial \dot{k}_t}\right) \tag{4-3}$$

具体地可得到 Euler 方程为

$$\dot{x} = \frac{-u'}{u''}[F' - (\lambda + \rho)] \tag{4-4}$$

Euler 方程(4-4) 是一个函数方程. 因此它的解是一条函数曲线，即函数解(代表相应经济系统发展中所应走的最优轨道，可参见：高隆昌，王建民. 数量经济学导论. 成都：四川教育出版社，1996).

显然在社会度量的意义下，可说该最优化问题的初始要求即在于寻求、量度出经济系统发展的最优轨道来.

§4.2　数学模型的映射实质

本节依秩讨论映射概念、数学内的映射概念及数学应用的映射概念，然后作综合讨论并给出适当范例.

1. 映射概念

映射是一种作用,又叫算子(operator).它使一个对象(或叫事物)按某种方式对应成另一对象或事物.诸如生活中的射影、绘画中的素描乃至对一屋子杂物的整理、对一群人的组织,等等,都是一些映射实例.

2. 数学内说映射

在数学内部,映射一词具有上述同一概念,但来得更为抽象、确切.一般系指把一个空间(一维或高维)集合(对象)按一定方式转换(映射)成另一个空间对象.不过这里的"空间"是在数学内来说的,因此是具有坐标系实质的,也叫量化了的空间(§4.3节将说明这并不是直接的客观空间).原来空间的对象叫做"原象",映成的对象叫做"象".这时的"象"可以是另一个(或同一个)空间集合(向量集或向量),也可以是一个一维数值(标量).映射中的映射方式叫做"函数式".当顾及映射方式时常常叫做函数映射或直接叫做函数式.不过一般只有初等映射才能写出确切的函数式来.对于难于写出确切函数式的映射,一般说也客观地存在一个表达式可叫做"映射式",这时只需用一个符号表征它,仍可以参与数学推导、运算.

例如,对于 $Q=L^{\frac{1}{2}}K^{\frac{1}{2}}=F(L,K)$,$L,K\in[0,1]^2$,显然这是个映射式,将 $[0,1]^2$ 映成 $[0,1]$(Q 的值域),将向量映成了标量;且第一等式有确切的映射函数 $F(L,K)=L^{\frac{1}{2}}K^{\frac{1}{2}}$,第二等式则仅以符号 $F(\cdot)$ 表出这个映射,也可记成 $F:[0,1]^2\underset{(L,K)\mapsto Q}{\longrightarrow}[0,1]$.显然,从度量角度看,式 $Q=L^{\frac{1}{2}}K^{\frac{1}{2}}$,$Q=F(L,K)$ 也都表示一种度量,而且是导出度量的度量公式,其中 L,K 为基本度量.

3. 数学应用中的映射

在映射概念基础上,可这样来定义数学应用:以客观系统为原象的数学映射叫做数学应用.换句话说,在数学的映射概念中只有"原象"含义在数学应用中得到了推广,其他都不变.这时的原象一般不可以是数学意义下抽象的空间集合,而是直接针对客观对象的系统.

这样一来,在数学应用意义下所产生的映射将更为深刻了,原象与象之间的质变也太大了,非同小可,不能不予以特别关注.

的确,正如图4.1所示,这时由没有数的客观世界中系统(原象)映射成为数学世界中具有"量"实质的象,比通常数学中的映射更广义了.这时可分作两类映射情形:一类是建模,通过模型来映射;另一类是难以建模,则作"非模"的映射.现分别讨论如下：

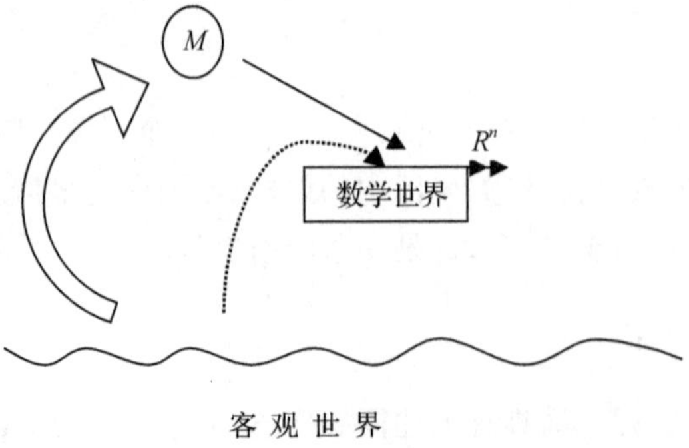

图 4.1

(1) 显然通过建模作出的映射是更为严格、准确的.所以建模成了数学应用中的核心手段,把建模本身作为数学应用中的一个阶段映射.若记建模映射为M,客观系统为Rs,模型系统记为Ms,则有映射关系

$$M:Rs \to M(Rs) = Ms \tag{4-5}$$

在式(4-5)中注意到几点：

①Rs是非量的客观世界任一对象系统,但Ms是Rs的数学模型,完全成为数学内的问题.

② 在Ms中,Rs的一切诸如部位、关系、结构等,都被用符号作了表征.这些符号包括文字符号、运算符号、逻辑关系符号等.特别是其中自变量空间(变域)至少已变成欧氏空间,已具有量化特征并纳入坐标系中.因为变量(表征Rs的"目标")同样变成了具有量特征的"空间"(值域).

③ 如果说在数学内的映射值可以通过运算而获得,则自Rs到Ms是不可能有个严格的定量公式去按部就班、依样画葫芦地实现,更不可能依赖工具、仪器、设备去直接获得,而必须靠人的思维、人的精神,具体说靠人的"艺术+科学";再具体说,得靠人(建模者)对其对象Rs的定性理解深度和建模的艺术创造及其经验.看来永远都得如此.

④ 建模的实质是个概念化和归纳、抽象、升华过程,是从物质到非物质的过程,不仅不可能有物质的仪器可依赖,即使一个严格细致的(思维)程序也难以制定,常常只有一些大的客观的思路.同时将看到,同一个Rs相应的Ms可有很多,即使能给出一个方法,使得能按图索骥地去获得一个较为满意的Ms,往往也需要较多前提条件.比如运用统计方法时,其模型常常定格为线型情形,只是对样本(基本度量)要求较严.

当然,话要说回来,建模也不是难得毫不可及的,只要对有关理论有个一定的了解(修养),随着建模实践的增加即会很快增长起一种称做"能力"的无形东西来,它会帮助人们建模的.

(2) 现在来谈谈不便建模时的"非模"映射. 顾名思义,非模映射是没有函数式,仅凭经验、感觉、直觉,人为地度量活动,记其映射为 N,则 $N:Rs\rightarrow R$(实数). 亦即这里 $N(Rs)$ 直接等于数量,而不是式(4-4)中的模型 Ms,所以非模映射是一种典型的度量映射,它包括评估、凭直觉记分等. 这在社会生活中用得最多. 看起来,这是一种最为简单、最省事的映射,但也是不容易的,必须认真对待.

非模映射具有如下特征:

① 往往用于对规模小、时间急的对象作度量. 对于诸如大工程、大系统的评价,当其时间可以从容安排时,即使建模难也要去研究创造之. 但当其时间紧迫时诸如灾害、战争等突发事件、应急事件中,即使大系统、大规模问题,也来不及建模分析去作对策,而不得不采用仅凭经验、能力的"非模映射"方式了. 至于一般的,诸如一切文艺比赛现场评分、体操比赛的现场评判等度量,本身也时不待"模",更只得用"非模映射"来度量了.

② 非模映射的困难常常在于精确性问题、可信度问题、个人干扰因素问题等. 这方面一般是通过三种方式去遏制的:一是请专家、内行行使度量;二是请多个专家构成专家组来分别度量,然后作简单统计而成;三是将总体度量目标细分成多项、多层指标并赋权后,再对底层指标分别用"非模度量",最后作出统计记数而成.

③ 换句话说,非模映射既然不依赖于模型,那就对行使映射者要求高了. 既要具有公心,又要具有能力. 前者属于品格、道德、伦理修养和实事求是的精神. 后者属于科学修养和对事物理解、认识以及思想方法、思维能力的修养. 从这一意义说,非模映射也是不容易的.

4. 综合认识

归结以上分析内容可进一步得到以下两点:

(1) 把 Rs 对应到具体量(为方便,以下取 $n=1$,即对标量来讨论)的映射叫做总体映射,记为 T,则 T 经历的是两大映射阶段,这就是:

① 映射 $M:Rs\rightarrow Ms$,它把客观系统完全地映射成了数学内部的一个数学系统了. 正如前面谈到的,这是升华性的、实质性的映射,所以说是总体映射中的一大阶段.

② 映射 $F:\underset{x\mapsto y=F(x)}{X\rightarrow R}$ 这就是通常在数学内说的映射,映射式为 $y=F(x)$,$x\in X$,当然 y 也可以不是标量,可以有一般的 $y\in R^n$.

因此归总起来,总体映射 T 可表为

$$T:Rs\xrightarrow{M},Ms\xrightarrow{F}R \tag{4-6}$$

特别,对于"非模映射"$N:Rs\rightarrow R$,它直接跨越了两大映射阶段,若真能成功,何乐而不为?遗憾的是它恰好有前面谈到的缺陷,因此只能在无奈时才不得不用.同时即使在不得不用的"非模映射"中也在努力与模型映射靠近.

(2) 承认模型映射的广义性.前面已谈到,在不得不采用的非模映射中,为了尽量体现其客观性和科学性,也尽量与模型映射靠近.正出于这一意识的促使,在非模映射中也已设计创造出一个系列的操作规程、程序和条件,且用上了数学上初等的统计方法.的确,这样一来从理论和实践上都证明了,非模映射比起原始的"拍脑袋"来准确得多.典型的可举评价学中"群度量法".具体应用可举社会上频频举行的各种歌手赛、书法赛、作品赛、表演赛和体操赛、跳水赛、拳击赛以及种种投票选举等的评价机制.

我们更要说的是,这时的非模映射与模型映射有何差异呢?实际上只要把模型映射的模型概念稍作广义理解,即可包含这里非模映射中的"模型",足见其差异非实质性.其实这里"非模映射"中的规程、程序、条件和统计运算的整体即是一个广义的模型,而今天人们对数学模型概念的理解本来也在广义化.

总之,我们赞成数学模型概念宜广义一些,应该包括一些仅用条例来界定的数学问题.在此意义下,上述所谓"非模映射"中设计的一套条例,也应视为数学模型.从而应归入模型映射类.让非模映射只留下其典型的仅凭经验作量化的、真正的非模映射吧.

例 4　1951 年经济学家 Arrow 证明了一个著名的"Arrow 定理".它说如下 5 个条件界定的社会福利函数是不存在的(这里旨在说明一个社会福利函数——典型的数学模型,也是可以用条例来界定出的).

Arrow 的福利函数 5 条件是:

条件 1　设对社会上任一事件的决策方案集 $\{R\}$ 中方案数 >2,社会成员数 $\geqslant 2$,记决策映射为 φ,φ 的定义域为 $D(\varphi)=R^m$;

条件 2　社会(公众)评价与个人评价间具有正比关系,即个人评价提高,社会评价也相应提高;

条件 3　不相关方案间有独立性.即偏好序(带圈的不等、等号)经改变后,未变部分在社会决策中仍不变,例如 $\{x \ogreaterthan y \ogreaterthan z, y \olessthan z \olessthan x\}$ 改为 $\{x \ogreaterthan y, x \olessthan z; x \circledequal z \ogreaterthan y\}$ 后,社会决策仍取 $x \ogreaterthan y$;

条件 4　社会成员具有充分自由,即对任两个决策方案 $x, y \in \{R\}$ 及(比如) $\ogreaterthan$ 必 $\exists \varphi \in \{\varphi\} \ni \phi(x,y) = x \ogreaterthan y$;

条件 5　非独裁性,即没有个人说了算的情形,亦即设成员 i 认为 $x>y$,而全体认为 $x<y$,则只能决策为 $x<y$,否则叫独裁.

证明可参见:高隆昌,王建民.数量经济学导论.成都:四川教育出版社,1996.

§4.3 模型的空间转换实质

一、空间意识的突破及其类型简述

欣喜空间概念在今天，特别在知识界已得到突破或容易得到突破了，已不再仅仅认为空间就只有我们感受到的三维牛顿空间(也叫经典物理空间，记为R^3). 这一空间意识的突破始于19世纪的数学，嗣于20世纪初的物理学. 到今天，比如一般都能承认有个"社会空间"了，生活语言中什么发展空间、生存空间、思维空间等等已成为常用术语.

现在分别简述一下这一空间意识的突破内容.

1. 数学空间的突破及其类型

都知道在19世纪后半叶以前的数学是依赖实践、实际的推动而发展的. 即使这样，早在欧几里得(公元前3世纪)时期，在其《几何原本》中已认识到了一般的n维空间(R^n). 可是此后2000余年直至19世纪初，数学都还以为R^n空间已经到顶. 因此在欧氏几何第五公设独立性争论中，罗巴捷夫斯基于1826年以反证的方式意外地推出一个非欧的"罗氏空间"时，数学界迟迟不接受. 直到19世纪50年代，又有黎曼在其博士论文中同样以反证方式，作了另一假设而获得著名的黎曼空间，才终于使数学的空间意识得到了觉醒. 从而引起了几何学的革命性发展，也产生了流形(弯空间)理论，并认识到空间莫非一种集合罢了，进而产生了另一类重要的非几何空间的空间概念及其理论. 典型的比如泛函分析的研究对象——以各种各样函数为元素的"函数空间"、"算子空间"即是. 发展至20世纪有了诸如拓扑空间、测度空间、概率空间等等，可以说现代数学就是在各种不同"空间"上建立起来的数学.

归总起来，今天的数学空间可分作如下两大类：

(1) 几何空间类，几何空间是以几何点(无大小、尺寸，只有坐标位置的存在)为元素的集合.

几何空间又分作两种：一种是R^n-欧氏空间，又叫做平直空间，以"平直"的坐标系来表征；另一种即流形，又叫弯空间，包括罗氏空间、黎氏空间皆属一般流形. 宇宙空间即是流形的实际存在例. 流形仍然是几何点的集合，但不能由一个统一的笛卡儿坐标系来表示.

(2) 函数空间类，这是仅把空间作为一种集合意义下的推广. 与几何空间相比，其最大的突破点在于函数空间的元素不再是几何点，而是函数、映射、算子、关系等抽象对象；其次，在函数空间中一般不再用坐标表征，而是用邻域、序列、覆盖、极限、敛散等拓扑学概念来刻画. 当然,为了数学自身的理论深化与发展,数学也给了这些空间以很多限制,诸如线性、凸性、完备性以及种种特殊的运算封闭性等,似乎使得本来即与"社会空间"靠近了的"函数空间"又拉开了距离. 但这是严格性的需要,是完全可以理解的,是正常之举. 严格理论是实际应用中近似性的航海灯塔和射击准心.

2. 物理空间的突破及其类型

有趣的是,被人类一贯生活、感知且认为天生不变的三维空间,在20世纪以前也曾被物理学做着同样的判定,不同的只是叫它做牛顿空间(R^3). 因为牛顿于17世纪在这样的"绝对空间"前提下创立了牛顿物理学,并使整个物理学进入到了牛顿时代. 直至19世纪末物理甚至包括整个(自然)科学都还沉浸在"牛顿已发现了整个自然规律,今后的工作就只剩下去完善它了"这样的思想境界中,即使已有数学空间的突破,亦未曾给予科学在空间意识上以启示.

还是20世纪初,爱因斯坦提出他的相对论以后,才石破天惊震醒了人类,承认天外还有天. 相对论指出我们生活感觉到的空间不是绝对的,而是物质宇宙运动所产生的附属效应. 简单说即空间是宇宙运动生成的,运动改变,空间也将改变,所以是相对的. 同时证明时间和空间(即时 - 空)一样都是运动生成的,因而都具有物质性,记为R^4. 进一步根据闵可夫斯基四维空间($x_1, x_2, x_3, iu(t)$)第四维的启示和宇宙的流形实质的启示,R^4 中时间维即是产生宇宙流形"弯曲"特征之本征(猜测它是由万有引力形成的).

自相对论使人类(特别是物理学)空间意识得到突破以后,很快即深入到"基本粒子"世界,发现那里远远不是R^3、R^4 的问题,更证明了相对论的"相对性". 其具体维数,根据粒子的"基本"层次不同而有所异,甚至有进入非几何空间层次的可能.

归结起来,物理学的空间认识至今可有如下几类,也是几大进程:

(1) 牛顿空间,此即R^3,被认为是绝对空间,相应于数学中欧氏空间R^n 中$n = 3$,是平直的、几何的空间.

(2) 爱因斯坦空间,此即R^4,揭示出物质宇宙空间的相对性,对应于数学中的流形,不平直(弯是由时间表征的),但仍是几何空间.

(3) 基本粒子空间,目前知道(统一认识下)的不够多,至少存在更高维的流形,也可能有非几何空间.

总之,至今在物质世界所知道的空间虽有多级突破,但主要的还是几何空间. 特别是一般科技和社会生活所涉及的系统更只是几何空间类的. 这也是本书中物质系统部分主要的论述领域.

3. 社会空间的突破及其类型

广义地说,社会是包容一切的,因此社会空间应该包揽一切客观空间. 首先,社会的载体是物质世界(这时又叫物质资源),因而社会也包含所有种类的物质空间.

其次,社会是人与人、人与物(资源、商品)之间各种关系的总体. 这些关系具体表现为种种事物和事务. 这些事物或事务的集合可叫做事物空间、事务空间,统一地叫做信息空间. 信息空间绝不属于物质空间,它们一个根本的区别在于信息、事物、事务、属性等对象的"非几何"特征,即它们不是由几何点,或几何点集构成的. 它们看似发生在牛顿空间或相对论空间内,但它们不像 R^3、R^4 内的任何物质对象,它们没有边界、形体,不具有几何度量特征,不能被任何物质的仪器仪表测量到. 总之,它们属于另一类空间. 它们倒是比较接近于数学上的函数空间特征,只需把一个个"函数"换成一个个"信息",即成了信息空间. 不过函数只是数学内的(人为的)存在,而信息却是客观世界的真实.

再则,社会是人的精神空间. 因为社会的主宰者是人. 在现代空间概念下,说人的高级性即表现在它的空间层次的高维性,是会得到共识的. 那么我们说相对于物理空间来,人的高维空间是"超空间"也是可以的. 这就是常说的"精神空间"或说"精神世界".

其实有精神即有精神空间,关于精神与物质的认识曾经是哲学中两大派的争论焦点. 最后在整个科学的发展启示下算是逐步统一在"中庸"水平上,形成了一个"精神、物质"二象论结构. 自然,精神空间在现代科学上也已得到哲学式地承认.

精神空间是什么?那就是,在神经活动所产生的生化反应中,消耗的物质能转换成了一个个所谓"神精场",则"精神场"集及其运作范畴的总体叫做精神空间(见:高隆昌,卢淑和,李宗昉. 思维科学概论. 成都:西南交通大学出版社,2004). 一个个"精神场"能够产生所谓"精神作用". 它能够能动地反映客观世界,包括看得到的以及好多看不到的、本不属于物质空间的信息. 其实人对"信息"、"信息空间"的承认皆在于神经的精神场(因此记为神精场)的效果. 精神不仅能反映出客观信息,而且能"能动"地发射出神经所创造的信息. 因此也可说,精神空间就是种种带(收、发)信息的神精场的总体集合.

每个人皆有精神空间,每个群体(人的组合)也有自己的精神空间.

归结起来社会空间由如下几类构成:

(1) 物理空间,由社会的物质资源空间所决定.

(2) 信息空间,由社会上种种社会活动构成,每个人、人群、人与物的组合等等都有自己的信息空间.

(3) 精神空间，自人的神经发出的种种带信息的神精场的总体构成了精神空间. 所带的信息可来自反映客观世界，也可来自自身创造. 其实一切生物都有自己的精神世界，只是内容的丰富程度和层次、高级程度的不同而已.

思考题：请指出社会度量与工程度量差异的本质所在. 你还有哪些进一步的认识？

二、系统空间及其特征

这里所说系统即所有建模活动中可能遇到的一切对象，因而是贝特朗菲当初给出的最为广泛意义下的客观系统. 以几何观点来看客观系统时，系统叫做系统空间.

已谈到从总体上说来客观世界只有两大类空间，即物理空间和社会空间，分别又分做三种类型. 但这里讨论的“系统空间”是另一种情形. 简单说是在上述两大类、六小类空间基础上的一种组合. 它来自建模时对其对象的一种直接思维，现分成两点叙述.

1. 客观系统及客观系统空间

这里客观系统即 §4.2 节中的 Rs. 客观系统空间即系统空间，也叫 Rs 空间.

(1) 关于客观系统 Rs. 任何一个客观系统都有三大要素：

一是都有它的中心主题或核心目标. 常常一个系统的名称即标示着它这一核心主题和目标.

二是任一系统总有它的基本元素或基本部门，是构成这一系统的基本单元或基本块. 尽管可以说这一基本单元仍是一个系统，但那是另外的事，是超出了原系统特征、功能的又一个层次上的系统了. 系统的元素或部门也可有单层次或多层次之分，但作为一个确定的系统只能有有限层的元素(部门) 划分，因此总有着最终的元素层次和有限的元素数.

三是各元素之间有着各种关系，其中系统关系仅指围绕着系统的共同“目标”来说的关系.

(2) Rs 空间是“完全空间”. 所谓“完全空间”(记为 W) 系综合上述两大类空间形成的一个总体. 它既含物质空间(记为 Z)，又含社会空间(记为 S)，因此可记为 $W=(Z,S)$.

这是因为，从系统论角度考虑问题时，常常需要全面. 系统论本身也要强调系统的全面性. 即使一个纯物质元素集合，从系统论角度也应考察元素之间的关系. 比如物品运输问题中的车辆最优调配关系. 这种关系常常属于超物质空间的事物、信息空间了. 虽然也有仅属物质结构关系，从而系统空间仅属物理空间者. 比如物理学家所处理的对象系统即是. 但这只是所有系统中的少数，同时更只是

"完全空间"W 中的简化和特例，与我们从 W 空间作出的讨论并不矛盾. 因此把 Rs 空间作为"完全空间"来讨论具有一般性(后面将看到还有更多完全空间概念).

(3) Rs 空间是按系统概念的界定. 首先，任一个客观系统(Rs)都是"活"的. 因为其元素之间的关系，即使是物质结构关系，严格说来也是时变的. 所以总的来说，一个系统的元素间在"完全空间"意义下的位置关系都是时变的，从而系统在"完全空间"意义下的总体"形态"也是变动着的，所以说它"活". 特别把"运动"(也是变动)着的系统中任一瞬刻的状态，叫做系统的状态空间.

其次，按系统定义(三要素)，Rs 空间也应该是"活"的. 因为 Rs 空间是 Rs 的元素间所有关系，包括运动态(时序)关系和结构(状态空间)关系等的汇总. 从这一角度又可看到，所谓 Rs 空间实际上就是(在一定时间段上)所有状态(瞬刻)空间的集合总体，或说是所有状态空间沿时间轴投影到某一(t_0 时刻)状态空间所在空间上，形成的"相空间"(参见图 4.2).

2. Rs 空间的特征

这里仅就与建模关系较大的方面谈几条主要特征.

(1) 开放性与边界模糊性. 客观系统最大的特点是其开放性(哲学地说只有人为地才可能产生封闭系统). 而开放的特点是系统与其邻域(环境)系统间总存在这样那样的关系. 从空间来说(注意是"完全空间")即有一个模糊边界或叫过渡区域. 由于是"完全空间"意义下的，所以其模糊边界是高层空间的，这自然为我们建模带来了困难.

(2) Rs 存在"内环境". 所谓系统"内环境"，因为每个有限层系统 Rs 的元素都是有限的、确定的，这些元素对于 Rs 来说，仅担负着 Rs 定义所赋予元素的功能义务. 可是根据系统论知识，任一对象都是一个系统，所以 Rs 的每个元素都又是一个系统. 显然作为一个新系统，它的功能不仅仅是它担负的 Rs 的功能义务，还有更多. 那么每个元素的"剩余"的功能及其总体，既然不属于 Rs 就应该属于 Rs 以外，亦即属于 Rs 的环境. 可是说到 Rs 的环境，往往理解为 Rs 的所谓"胞腔"之外，这就没有包含来自元素自身的"环境"了. 所以把这种来自元素的环境叫做"内环境".

须知，Rs 的"内环境"也存在对它的正(促进)负(干扰)作用. 特别是社会系统、管理系统，这类作用更不可忽视. 即使物理系统，也存在这一不可忽视的"内环境". 比如经典物理系统以分子作为基层元素，现代物理系统以基本粒子作为基层元素，其内容和理论大大不同，即说明了这点.

因此对"内环境"的承认是有利于建模活动的.

(3) Rs 空间存在子空间，且很多. 对于任一个确定的客观系统，其实首先确定的是它的核心目标，从而才有相应的客观系统及其系统空间. 还应该承认，这时的系统底层仍然是有限的，因而没有达到极限的底层. 即使现代物理的前沿也还远远谈不上达到了"底". 所以这时任一系统(不管规模多么小)，作为一个系统，首先是还有更多的"子核心目标"，比如这时它的每个性质、特征或其组合特征都可以成为一个个"子目标"使其在原系统内，以此"子目标"为中心产生一种元素组合(元素子集)成为一个系统，叫做原系统的"子系统". 注意之所以叫"子系统"，其系统元素是没有新增的，仍属于原系统的基层元素. 因此说是完全在原系统范畴内来划分的. 当然，子系统也是系统，亦如所述，子系统也有其(子)系统空间，而且容易证明如下命题(用反证法即可).

命题：子系统 $\subset$ 原系统 $\Rightarrow$ 子系统空间 $\subset$ 原系统空间.

特别要看到，对于任一客观系统 Rs，这样的子系统是相当多的. 这是因为一个客观的亦即自然的系统，其元素往往是很多的. 建模时人为取定的有限个元素仅仅只能说是主要的而已. 那么如果设其客观存在的元素集为 X，则可有幂集 2^X 作为 X 的子集集，因而至少可有基数 $\# 2^X - \# X$ 个子系统.

总之，至少说任一客观系统空间都存在子空间，且很多很多，甚至是成族(无穷多)的.

(4) Rs 总存在与环境的能量交换. 首先说这里所说能量系指"广义能量". 这在科学的现代来提出是容易理解的. 所谓"广义能量"是说客观世界皆由系统能量构成. 五光十色的世界包括看得到的和看不到的甚至诸如社会组织关系等存在，都是一种基本能量的不同层次、不同种类的存在形式. 客观世界的种种活动、变异、迁移、衍化，都是不同能量间的转换而已.

进一步说，客观世界没有绝对静止的系统，而任一对象、任一系统的衍变都需要能量，需要能量的输入、能量的消耗和(剩余或他种)能量的输出.

因此任一 Rs 内部总处在变动中，这种变动是多层次的，包括化学的、生物的、精神的，等等. 这些变动，只有剧烈程度的不同. 再据系统耗散理论(I. 布里高津)，Rs 必然需要从外界(环境)输入所需能量，自然也将向环境中输出它不需要而"环境"需要的能量，总体上形成自然的、内在的能量交换.

这种"能量思维"在建模活动中也是重要的.

三、数学空间类型及其相应 *Rs* 的特征

以下讨论都将相对于"二"中客观系统 Rs 来谈，仍然按 §4.2 节的记号，记数学系统为 Ms，数学系统空间为 Ms 空间.

1. Ms 与 Ms 空间

一般的数学系统可分为两类：一类是出自数学内，由数学自身提出来的数学

问题所表系统，这是产生自纯数学内的事；另一类则是应用数学（也包含数学应用）的系统，一般是来自客观系统 *Ms* 的数学描述系统. 以后如无特别声明，一般仅指应用数学系统，简称数学系统，专记为 *Ms*.

（1）关于 *Ms* 概念. 数学系统既然是系统，也与 *Rs* 一样，必然包含系统概念三大要素，即目标、元素、关系. 与 *Rs* 最大的不同在于，在 *Rs* 中认识目标、元素、关系都是站在 *Rs* 客观系统、真实系统角度的考察. 换句话说是致力于解决"是什么"的问题，或说是一种哲学思考，需要尽量认识其真实性. 而在 *Ms* 中情况恰好是"对偶"的.

首先，考虑 *Ms* 是站在数学模型角度的，这时不仅有个反映 *Rs* 的真实性问题，也有数学的简洁性和可操性等技术实现的"紧箍咒"约束着它；同时（后面将证明），数学模型不可能绝对真实地表出 *Rs*，而只能是近似. 换句话说 *Ms* 解决的只能是"像什么"的问题，是一种技术问题而不再有哲学的精确. 可是毕竟不能在"近似"的口实下随意舍弃、随意远离实际，而必须在"像"字上下工夫. 这就产生了既要技术实现性能好，又要很"像"（精确）的"二难"压力.

总之，一个数学系统 *Ms* 是连接实际存在于数学运作之间的桥梁，既承受着来自 *Rs* 的真实性压力，又承受着数学过程要求简练易操作的压力. 这也是判定一个数学模型优劣的两条标准.

（2）关于 *Ms* 空间. *Ms* 空间同样是 *Ms* 概念范畴中的一个子概念，也与 *Rs* 空间一样，是一个"完全空间". 它由属于物理空间（这时叫做几何空间）的空间成分和属于社会空间的空间成分共同构成. 不过对 *Ms* 空间的构架和讨论，是直接从 *Ms* 系统概念出发的，不再从物理空间和社会空间出发，或者说是以一种综合方式进行的. 这里强调 *Ms* 空间与 *Rs* 空间的区别是重要的，也是建模者必须认识和重视的.

2. *Ms* 空间相对于 *Rs* 空间的重要特征

（1）*Ms* 空间具有数学的可处理性. 这在几何空间来说即具有坐标系统和可度量性等，在非几何空间来说至少也满足"拓扑学"的分析特征，即邻域、序列、收敛等数学手段. 显然这些都是与 *Rs* 的重要区别处.

（2）因此也说 *Ms* 空间具有了边界更分明、范畴性更强、定量性更强、技术处理更方便等特征，这些都是与 *Rs* 空间的明显区别.

（3）总的说来，*Ms* 空间具有数学内部的处理特征，更具技术性、度量性等；*Rs* 则更具客观空间的实在性、真实性和科学性.

（4）在上述意义下，容易给 *Ms* 空间一个新的定义：对于（数学系统）*Ms*，在任一确定的时段（记为 $[0,T]$）内把 *Ms* 在时刻 $t\in[0,T]$ 的状态叫做它的状态空间（记为 W_t），那么 $\forall t\in[0,T]$ 的 W_t 与 Δt 之积之和记为 $\Omega=\sum\limits_{t\in[0,T]}W_t\Delta t$，把 Ω 叫

做 Ms 的时-空空间;把时-空空间 Ω 沿 t 轴正投影后得到的空间记为 $W = P_{roj}W$,W 为 Ms 的相空间.

如图 4.2,仅在$[0,T]$上示意性作出 Ms 的四个状态空间 $W_0 \cdots W_4$,每个状态空间在正交于 t 轴的“平面”上,且仅以“三角形”表征.显然,因为系统衍变特征随时间之不同,不仅三角形的形状可能不同,其面积也不一定相同.最后形成的时-空空间 W 应为每相邻(时序)两“三角形”对应顶点间连线后形成的总体(未作出).同时 W 沿 t 轴正投影到它的原点后,即成图中(x,y)空间上的七边形 W,此即其相空间.一般也说(x,y)是系统 Ms 的相空间.

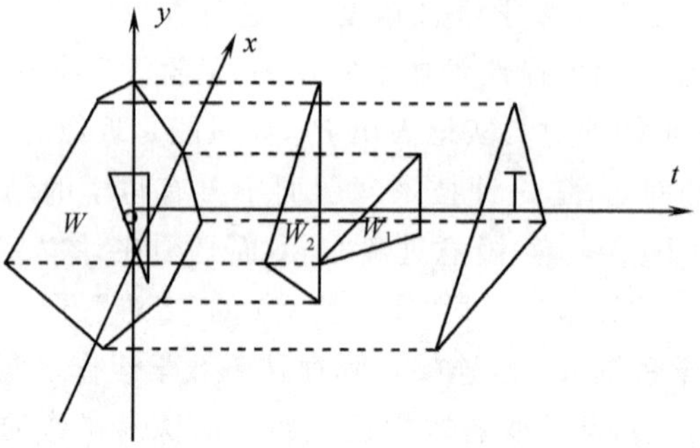

图 4.2

在此概念建设下,自然开辟出更多的可作研究的路子来.比如这时清晰可见 W 是 W_0 作“蠕动”的“轨迹”,叫做是 Ms 的一个算子轨迹,并且 Ms 的每一元素在 W 中也有了一条“轨迹”,投影在 W 上自然也有一条叫做“轨道”的.当 W_0 在“蠕动”过程中未受到干扰时,各条“轨道”将有其一般不相交的很好的性质等.这些都是一般“动力系统理论”早已得知的事实.

由此可见一个客观系统 Rs 本身没有上述漂亮的,便于数学描述、处理的特征,但成为 Ms 后即有了很好的“数学性质”了.

上面描述的仅是从空间(Ms 空间)角度作出的一点例示.

四、数学模型的空间转换实质及其评述

通过以上分析得到,数学建模把客观系统 Rs 映射成了数学系统 Ms,同时也使 Rs 空间获得一个转换,转到了 Ms 空间.虽然说转换成了 Ms 空间方便于数学处理,但毕竟数学处理不是最终目的,最终目的应该是要回到 Rs 中得到“甲方”的满意.所以这时仍然应该梳理一下这一空间转换中的各种情形,并对这一转换作出客观评价.

1. 物质系统建模后的空间转换特征

直观易知,物质系统是属于物理空间的.特别是介观世界的物质系统则更是

属于牛顿空间(R^3)或动态空间($R^3\times T\triangleq R^4$)的,仅是一般欧氏空间$R^n$的特例.这至少表明一般(介观)物质系统的数学建模,其空间转换是很小的,没有实质性差异.的确如此,但也不能说没有差异,它仍然具有下列改变.

(1) 毕竟牛顿空间或爱因斯坦空间系指非量的实际空间,而欧氏空间R^n系指坐标化、易量化的数学空间.虽然它们都有一个"几何空间"这一本质,但在模型内外的(非数而数)差异还是应该承认的.

(2) 特别是,毕竟客观空间(系统)是开放的,尽管它不如社会系统的开放性那么"强"、"活",其边界也存在模糊区,可是一旦形成模型,这一模糊区即被特殊处理而成为明晰边界了.这自然也是物质空间与欧氏空间R^n的差异了.

(3) 此外,显然在建模时,只选取了主要因素作为变元,从而使得对应的模型空间R^n中的n往往很小.但实际的物质系统除了几个主要因素外,一般都还有好些因素.因此客观地说一般Rs都应该对应一个高维的R^n,但技术上(模型上)并未实现.当然还有一种原因是认为没有必要.不过在认为有必要时(比如精密科学的需要)往往也只能去逼近它.

2. 社会系统建模的空间转换特征

已经谈到,社会系统的主要空间特征是非几何的,诸如信息空间、精神空间等.这点也与物质系统空间具有实质性的差异.当它转换到Ms空间,更有以下几点特征需要注意.

(1) 不管社会系统的模型类型如何,前面所述的三个特点它都具备.

(2) 多数社会系统的模型空间仍属欧氏的R^n.至少这是当前社会、管理系统所建模型类型的主流特征.当然这样的建模来得简单一些,而且数学处理方法也比较经典,更容易掌握.但是已经看到,这一来空间转换所产生的实质差异就大了.它是将非几何空间R^n转换为几何空间,已不只是非量而量的问题.前者就连可度量性和度量的客观标准都还不存在,这一切都需要人为地界定.这不仅增加了建模的难度,更主要的是增加了度量的难度.

(3) 当然也可以把社会系统转换到数学中的非几何空间(如函数空间).这也是可能的,而且也是当前建模的一种类型.不过它仍然存在如下困难:

① 在数学中非几何空间研究属泛涵、拓扑类领域.这在应用界还不像一般函数及微积分方法那样普及,常常只有来自数学和应用数学的部分人能使用.

② 虽然这时是非物理空间映射到了非几何空间,似有对应性,空间间似无实质性差异,但在数学既有的非几何空间知识中较为成熟的还只在于线性空间,而且只有几种特殊的线性空间,诸如度量空间、Banach空间(完备度量空间)、内积空间、Hilbert空间(完备内积空间)及其与拓扑空间复合成的空间等,相对于客观的非物理空间来说,也太特殊、失真太大.

3. 模型空间转换的评述

数学模型中建模将 Rs 空间映射成了 Ms 空间，其优点在于保证了定量分析的实现，因为定量分析的精确性、严格性过程必须借助一个严格的“平台”，而不能直接在 Rs 上去实现. 这个“平台”就是具有度量和可度量性的 Ms 空间.

但是也有其不足之处，那就是数学只是在其内部来说得精确、严格，相对于原系统 Rs 和原空间来，则是另一回事了. 特别是社会系统中的非几何空间系统建模时更是如此，而且这是实质性的困难，而且又离不开定量分析，因为比起既有的各种分析手段来，毕竟还是定量分析优越，所以还不得不采用定量分析. 于是只好寄希望于定量分析手段的进步.

但不管怎样，建模映射是一个十分关键的步骤，是必须把好的一关，若模型建得不好，再精确、再严格的数学都没有用.

§4.4　数学模型与同构原理

一、从同构及有关概念谈起

有人戏称，“数学就是映射，射来射去的”. 自然，一个对象经过一个映射之后所成的“象”与原象间，随着映射之不同将会产生各种各样的对应关系，这是容易想得到的. 也的确，数学早已总结出，象与原象间有着如下多种对应关系：

最为简单的叫恒同关系，也叫这样的映射做恒同映射（记为 Id）. 一般也说恒同映射是“平凡”的，因为它并未使象与原象间产生多大变化.

其次是同态关系，相应映射叫做同态映射. 为此首先回忆线性映射：对于对象系统 X，$\forall x_1, x_2 \in X$，设有映射 f 及数量 $a, b \in R$ 使得满足 $f(ax_1 + bx_2) = af(x_1) + bf(x_2) \in y$，$y$ 是一个新系统，则映射 f 是线性的. 严格说还要求系统 X 是线性的（仿照线性空间），这里主要用其思想，就不细述了. 那么所谓“同态”即可说成，若在线性映射（记为 f）下，一个系统 X 被映成了系统 y（记为 $y: X \to y$），则叫 X 和 y 是彼此同态的. 关于同态系统的特征认识放到下面比较性地给出.

第三个是同构关系，仍然可在线性映射意义下来给出：若有线性映射 f 使系统 X 与 y 同态，即有 $f: X \to y$，同时存在 f 的逆映射（记为 f^{-1}）满足 $f^{-1}: y \to X$ 也是同态，则叫 X 与 y 是同构的. 换一种说法，若系统 X 与 y 间存在“一一的线性映射”叫做是同构的，所谓“一一的线性映射”即线性映射（记为 f）满足“一对一”地映射，即一个原象“元”对应一个象“元”，反之（逆射）也一个象“元”对应一个原象“元”.

从一定意义上也说同构系统是等价系统.

现在来比较一下同构与同态的定义即可以掌握它们各自的特征，从而容易理解各概念的实质了. 这时容易理解到，若 X，y 同构，则两者的元素(元) 是一一对应的. 绝没有重叠元，亦即元的"个数" 在映射 f 中保持不变，那么两系统中元素间的距离是否保持不变呢?若真要不变，即成为 Id(恒同) 映射而特殊化了. 其实在线性映射中，点间距离是可能变的(由系数 a，b 来决定). 但是同构系统空间的维数是不能变的，亦即既不能提高维数也不能降低维数(降低维数常常叫做"投影")，可是系统的"体积"(空间范畴) 乃至形状都是可能变的，这就是同构映射的效果或叫特征. 简单地可比喻为同一空间的两个正常苹果不论其大小甚至形状的细节，都可以说是同构的.

相应地即可理解，同态的可变性则是较大的，因为这时 X，y 间不必满足一一对应关系，只满足单方向的单值映射 f:$X\rightarrow y$，于是比如 X 中可能多个"元"被映成 y 中一个"元"，这样实质上即产生了"投影" 效果，从而 X 的同态象 y 的空间维数可能降低. 这就是"同态" 相对于"同构" 的显著特征. 总之可见"同态" 的条件更宽，"同构" 的条件更严.

此外，再介绍一个概念(第四个) 即同胚关系. 这时不再强调映射的线性性了(当然也可以是线性)，只强调映射的连续性. 此即"系统 X 在连续映射 f 作用下映成系统 y，则叫 X、y 是彼此同胚的". 特别，从拓扑学角度也可说，如果 X 是拓扑空间(常常容易)，则连续映射 f 叫做拓扑映射，且 y 也必是拓扑空间，因而也叫 X、y 拓扑同胚. 如果 f 可导，则说 X、y 微分同胚 ……

在数学意义下有关两个集合或两个系统、两个空间之间关系的概念自然还很多，这里仅围绕主要用的同构概念简单回顾至此.

二、数学模型的同构原则

我们说"同构" 应该作为一个原则来要求于数学模型(数学系统 Ms) 与客观系统 Rs 间的关系. 这是因为：

(1) 定量分析的宗旨是通过数学内部的精确性来精确地认识客观世界，而不是数学的自我欣赏. 这就要求模型系统 Ms 应该与 Rs 等价. 因此我们(建模者) 应该致力于让自己的 Ms 与客观的 Rs 等价. 从上述意义讲，这里"等价" 就是更为确切的同构.

(2) 由于同构系统间具有元素的一一对应关系和相同的空间维数关系等，显然是有利于实现定量分析目标的. 尽管说 Ms 与 Rs 能具有恒同关系最好，但显然那只是"井底之月" 捞不着的. 我们只希望 Ms 与其原象 Rs 间能具备同构关系，那就该谢天谢地了. 即使拟同构关系也不错，最好不要成为同态.

(3) 由于这时的映射是"建模"，难以界定出真正的映射式(注意不是指模型中函数映射式) 和映射准确的线性性来. 并且建模映射"地跨'阴阳' 两界"，本身即不是数学内的映射.所以即使要实现一个“拟同构”,其难度也是可想而知的.因此要实现 Ms 与 Rs 的同构“原则”,非同小可.

(4) 但是不能因为实现“同构”原则难,就放宽或放弃这一标准;相反,必须把它作为目标来攻取.只要有人类科学攻取一切科学之谜的精神,再持之以恒、世代奋斗,终会逐步渐近于目标的.过去的历史也明显地显示出了这一趋势.

(5) 当然也不能不看到,当前的模型系统与实际系统还多是“同态”关系.比如即使在高维(多因素)的物质系统映射成低维(简化掉次要因素)的模型系统这点上,就有个“空间投影”映射问题,从而只能是个同态关系.当然目前只能力求其被“投影”掉的空间维数小一点,让相应的被忽略的因素弱一点也是有意义的、有实效的工作了.

(6) 特别在第六章(公理化论)将看到人们在建模中还创造了另一思想下的同构“技巧”,仍能使得建模保持着“同构原则”.

三、为何同构原则实现难

显然 Ms 与 Rs 的非同构关系是实质性的.尽管说 Ms 是人为的,也应该通过人为努力或世代努力逐步逼近其与 Rs 的同构关系.不过我们应该看到,这是科学技术对哲学本原的逼近问题,非同小可.

同时这里还因 Rs 类型的不同,与 Ms 间还存在难度的实质性差异:

(1) 对于物质的 Rs 来说,尽管其中也随其由硬至软的不同,所建模型 Ms 与其原象 Rs 的“同构”性有差异,但这里只是作为一个类型来看待,它们比起社会的 Rs 来,其建模映射在空间层次转换中的“损失”还算是小的了.不过这时仍然至少存在如下两个方面的损失或叫失真:一个是其空间维数的“投影”性失真.这还没顾及它由非量化形式的物理系统中多因素关系到量化的欧氏空间的深层次差异;另一个是 Rs 的不分明的系统边界(总存在)到 Ms 分明的系统边界所产生的失真.

(2) 对于社会的 Rs 来说,除了同样具有物质的模型失真(往往更盛)外,更有自己特有的来自空间实质性差异的失真.好在这已是从不同角度谈到过的差异,这里只简略地做强调.可从三个方面来谈:

一是,通常的社会 Rs 含事物空间、信息空间特别是人的精神空间,一般只硬性地将其映入 R^n 空间的 Ms,其中的(建模)映射是没有映射式的,全靠人的思维、理解、直觉,更谈不上线性性了,因此应该说这时连同构、同态以及线性性之类概念都还有待重新界定才能说得上作为标准去判定其差距和失真大小的问题,更说不上正面去实现“同构”目标了.

二是,虽然一些数学能力强一些的人可将社会的非物质空间映入数学的非几何空间,然后用现代数学方法去分析.但前面已说过,目前较为成熟的非几何空间是线性的，与社会的 Rs 差距仍然远，并且其知识和手段远不如一般函数分析方法和微积分方法纯熟和内容丰富．这些都决定了现代的 Ms 虽然离“同构”标准似乎近一点，但其困难性一样不减．

还可看到，即使在社会的 Rs 定量分析中（别说一般人爱用传统的定性方法），也常常爱用仅凭经验的直接量化法，也就是图 4.1 中虚线渠道标示的量化方法．它不建模、也没有基本度量，却能量化，亦属量化分析（具体说是社会度量）范畴．为什么它们不用建模方法（包括建成 R^n 中 Ms 和非几何空间中 Ms）呢？就因为这些建模法误差仍然很大，加上对一些规模较小、时间不够从容的 Rs 分析，人们就理所当然、毫无遗憾地用起这种“直接法”来了．这一现象既衬托出了社会 Rs 作 Ms 映射误差之大、实现“同构”映射之难，也显示出了难实现“同构”的实质性特征．

第五章　数学模型非唯一性原理与近似性原理

我们知道,生活中总是需要且可能运用本属形式逻辑范畴的白话语言来描述、刻画那种超越了逻辑思维空间层次的、心理感受之类的情感事物.那么,用数学模型来描述客观系统也十分类同于这一关系实质.

§5.1　关于模型的唯一性

一、关于客观系统的确定性与唯一性

首先说"确定性".这时有

命题1　任意指定的一个系统就是在哲学意义下确定的系统.

所谓在哲学意义下的系统就是在"一般"系统论意义下的系统概念.系指系统的客观整体.包括其"完全空间"、所有关系、各种层次与各种结构等,亦即客观的全局性.也就是说一个系统的确定性也是客观的,因而是哲学的、绝对的,而不是人为的、技术的、相对的说法.

所以,任一个指定系统就是一个确定系统.

其次说"唯一性".这时有

命题2　在哲学意义下,任一个确定系统就是一个唯一系统.

因为哲学说,"相异就是矛盾",所以任一个确定的系统在整个客观世界来说应该是唯一的,否则任何另一个存在都将与之存在相异,存在矛盾.

在上述讨论下即可看出了,生活中常说有相同的两条毛巾、相同的两枝笔直至一般说"相同的两件事物"是什么意思呢?显然这里"相同"只是个相对概念,具有技术特征,因此具有人为性,或说是非哲学意义的说法.

为了承接本段"哲学观点"与下段"数学观点"的过渡,先来讨论一个例.

例1　比如说"教室里有50个学生",请问它的确定性、唯一性如何?为什么?

答:显然这是从生活意义从而也是技术意义来说的.不过即使从生活意义讲如果说这50个学生是确定的(因为它是实际的存在),其确定性也是值得解释的,同时也是非唯一的.因为50个学生哪里都可以找到,即使说是"教室里的50个学生"也是容易另外找到的.也许会问,你另外找到的50个学生已不是原来的50个学生了.说得对,不过这时实际上已"悄悄"进入到上述的哲学层次了.即把50个学生"重新"作为一个"客观系统"来看,而不是只在"50个学生"这一数学概

念层次上了.

的确,从哲学层次(即绝对意义)讲,这 50 个学生(甚至一个学生)不仅是确定的也是唯一的(据命题 2).

那么“教室里有 50 个学生”这句话为什么既可从哲学意义看,也可从技术意义看?区别的实质在哪里?回答了这一问题即回答了原问中的“为什么”.

原来“教室里有 50 个学生”是已经数学化了的事物,或说已经就教室内“50 个”(本来非数的)客观系统映射成了数学意义下确定的 50 个“学生”.这里“学生”已经不再是原有客观系统而是经映射转换了的.因据哲学原理,50 个客观学生个个都绝对不相同,因此在哲学意义下不可能相加,至少不可以以每个客观学生作为同一个单位人来相加,但现在是这样做了,而且得到生活的承认,并习以为常了.这里实质上是做了“数学映射”的,因而是引入了公理假设的.首先表现在假设把“每个客观人(学生)作为一个标准人来看待”;其次表现在把原本非数的客观系统变(映射)成了一个确切的数“50”.须知数是数学世界的事物,因此这一量化“悄悄”展示了把客观世界映射到了数学世界、把客观对象映成了数学对象的实质.这就是个模型化的实质.具体到这里更是一个基本度量过程——特殊的模量过程①.

回头来则看到,在此问题意义下来说哲学,实际上是将问题返回到原(客观)系统去说的,而不能视为是对“教室里有 50 个学生”本身来说的.两者的空间都不一样了.前者是在客观空间,后者是在数学空间,而哲学地说数学空间,总是具有人为性、技术性的,其空间层次和维度皆低于哲学空间.

总之,看起来似乎是两种观点对同一对象“教室里有 50 个学生”在做理解,但实质上是各自站不同的空间说话.哲学是回到原(客观)空间在看问题,技术、生活则是站在数学空间即数学模型、数学度量角度在说话.

在这一讨论下,容易转入下段论述了.

二、关于数学系统的确定性与唯一性问题

作为数学系统(上一章记为 Ms),它的确定性和唯一性即成为一个相对性问题,而非哲学(在原系统 Rs 中)的绝对问题了.

相对性表现在,它的确定性和唯一性是有条件的.比如一个 Ms 如果模型已经建成功了,那么它在数学意义下(亦即数学内部)来说即是确定了的,也是唯一的,任何有丁点儿差异的系统都只能是另一系统.即使是一个描述“不确定性”的系统也罢.因为它们是不同层次的问题.既然只在数学中来说,一个 Ms 是什么

① 50 个(客观)学生的数学映射还可这样来做:设 50 个客观学生有个“平均学生”,把他作为一个“标准学生”来看,即便有“50 个学生”了.

就是什么，已不考虑它代表了什么、像与不像、准确不准确的问题，那么，它本身就是个存在，是个确定的、没有(绝对意义上)第二个的对象.

同时，一个数学系统(Ms)的确定性和唯一性，还不仅表现在模型本身。由于一个正确的数学模型必条件充足、逻辑结构合理，那么它的结论(也可广义地一律说成"解")也应该是确定的、唯一的(当然不是指解唯一，而是指解集合、解的整体唯一).

但是，毕竟这只是在数学内部来看的确定性、唯一性，这对于数学的应用是没有意义的. 因此应该跳出数学内部，相对于系统 Ms 的原象，亦即相对于原有的客观系统 Rs 来讨论. 这时说其确定性、唯一性就值得考察了. 比如这时首先即可表现为非确定性，从而也非唯一. 不仅因为一个客观系统 Rs 可以映射成多个数学模型 Ms，同时对于一个数学模型 Ms 也可以对应多个客观系统 Rs，可叫做"射来射去都是 1 对多"的.

例如通常有评价模型 $y=\alpha X$，其中 X 为评价指标，记为 $X=(x_1, x_2\cdots, x_k)$，α 为权重系数，记为 $\alpha=(\alpha_1, \alpha_2, \cdots, \alpha_k)$，标量 y 是评价值. 显然这代表着一大类客观系统的评价模型，即使在确定了 k(比如取 $k=3$)之下，也还有一大类客观系统，只是具体的客观系统不同、各指标 $x_i\in X$ 的内容不同、从而其(基本)度量不同而已. 比如要评价一个企业竞争力可有 x_1 表市场占有率，x_2 表投入-产出比，x_3 表资金周转率等. 若评价一个人才的绩效则可有 x_1 表完成工作量情况，x_2 表完成工作的质量，x_3 表服务态度和特殊贡献等. 同时即使一个确定的客观系统的评价也可以取不同的 k. 还可取多层评价模型，也可以用直接的调查、评定的初等统计模型，等等，可见其模型映射"射来射去都是 1 对多"的.

事实上现代流行的应用数学软盘也很好地说明，一个模型(Ms)能代表一大类客观系统(Rs)，只需输入相应系统的基本度量，一切工作(模型、分析、结论)都由它代劳了，其实它只有一套模型.

此外还可看到，由于数学是无量纲的，任一数学系统 Ms 的"解"的应用对象也可以是非唯一的. 简单的比如数学中 $20+30=50$，它可以用于教室里的学生，只要赋以学生人数量纲即可；可以用于桃树上果子计数，只要赋以桃的量纲即可；可以用于销售汽车，只要赋以汽车的"辆"数即可，等等. 一般的 Ms 模型"解"也具有类似特征. 总之，一个确定的数学模型 Ms 的"解"只有赋予了具体的量纲才能对应于确定的客观系统. 当然，在应用过程中，一个 Ms 与其原象 Rs 和应用对象是一致的(仍是 Rs). 所以在其数学分析阶段虽然暂时没有带量纲推算，也应视为始终是有确定量纲的. 因此从这一意义讲又说，在图 4.1 的一个具体的外循环(实线)中(周期过程：$Rs\rightarrow Ms\rightarrow$解$\rightarrow Rs$)，客观系统($Rs$)、数学模型($Ms$)和"解"，彼此间都是完全确定的和唯一对应了的.

三、模型对于客观系统总是非唯一的

这算是通过上述定性分析得出的一个结论.可叙述为如果说一个数学模型唯一只有在数学内部才可能的话,那么比较起它对客观系统的描述功能来,则总是非唯一的.虽然在数学内部来说也可能有所谓"等价系统"或叫"等价模型"说法,但是这里的"等价"已不是哲学的,因而只是相对的、只是有条件的了.比如往往定义"等价"为"具有同一功能的系统"或定义为"可以彼此推出的两个形式上不同的系统".

因此从哲学(绝对)意义讲可说一个数学模型在数学内一定是唯一的,相对于客观系统则一定是非唯一的.

其实正是数学模型在大自然中的这种本质上的非唯一性,造成了数学建模和模型的丰富而深刻的理论.首先即为下一节的讨论赋予了重要意义.

§5.2　非唯一的模型及其空间

对于一个确定的客观系统(Rs),已知它对应着非唯一的模型(Ms),那么它对应着多少这样的模型系统?这些模型系统的集合具有哪些基本特征呢?这就是本节所要回答的.简单说来一个 Rs 对应着一个 Ms"空间",它具有丰富的特征.本节的讨论只是个初步,尚有进一步深入的广阔余地.

一、几何点及其邻域"势"

皆知,对于一个欧氏空间 R^n,其中任一几何点(记为)$X^0=(x_1^0,x_2^0,\cdots,x_n^0)\in R^n$ 是一个没有大小、没有体积而只有其"位置"的一种存在.因此它只是一个"点",别无其他.特别地,总可经坐标平移变换 $X'=X-X^0=(x_1-x_1^0,x_2-x_2^0,\cdots,x_n-x_n^0)$使任一点 X^0 变到坐标原点去,因此以下仅取几何点 $X^0=0=(0_1,0_2,\cdots,0_n)$来讨论.

进一步,把 0 点附近所有点的集合叫做该 0 点的邻域,记为 $N(0)$.这时注意到几点:

(1)$N(0)$ 一般是个 n 维子空间,特殊时候也可仅表其(比如)k 维子空间($k<n$).记为 $N_k(0)$等.

(2)$N(0)$一般是以 0 为中心的一个圆域,一般是开集,其半径一般是不确定的(也无必要确定),只是个很小的实数.

(3) 把 $N(0)$中去掉(不考虑)0 点的集合叫做 0 点的空心邻域,记为 $\overset{0}{N}(0)$.

(4) 若记 $N(0)$的半径为 r,并记以 $N(0,r)$,则 r 可以取(定性地说)较小实数直到任意小实数直至无穷小实数.注意到"任意小"本质上仍然是一个可确定的数，哪怕只是“很小很小”的数．但无穷小则不同，产生了质变，被定义为“极限为 0 的变量”，因而仅指一个“很小很小”的状态而不再有“可确定的常量”这一本质了．

(5)这时，数学有结论，一切以 r(记为 $\forall r \in R$)为半径的邻域 $N(0,r)$(族)之并是个空心邻域，即有 $\overset{0}{N}(0)=\bigcup_{r\in R}N(0,r)$．或对偶地说有交集 $\bigcap_{r\in R}N(0,r)=\{0\}$．

(6)数学还有结论．$\forall r\in R$，$N(0,r)$都是一个所谓“连续统”，其中的(几何点)点数(“势”，又叫“基数”)为 χ，$N(0,r)$中的有理点(各坐标都是有理数的点)点数为 χ．(也就是自然数集的基数)，只是 χ_0 与 χ 之间的关系，数学尚未弄清楚，只知道 $\chi_0<\chi$．

换句话说，即使在 0 点的无穷小邻域中也还有 χ 个几何点．

(7)将几何点概念推广一下，比如可视一个函数(曲线、曲面)为一个“点”，这时上述各条性质和概念皆可推广性地成立．

特别，当推广欧氏空间 R^n 中几何点概念到一般的非几何空间，作为抽象“点”时，上述各条亦同样地可推广成立．进一步，一个数学模型(Ms)不管其所在空间(Ms 空间)如何——可以是 R^n(几何)的，可以是非 R^n(非欧、非几何)的，也可以是 R^n 和非 R^n 综合的，等等，皆可视为相应数学空间(Ms 空间构成的空间)内一“点”，亦即把 Ms 空间视为更高层次空间的点，从而也有它的邻域及 χ、χ_0 势等．因此今后将适时地运用有关概念而不再作说明．

二、一个客观系统 *Rs* 可能的数学模型

1. 准备

为了以后的讨论，这里先给出几个有关定义：

(1)模型系统空间．系指一个数学模型系统(Ms)的完全空间．它包括三大要素：①系统结构形式，记为 $F(\cdot)$．②系统自变量的变域(记为 X)．③系统参变量的变域(记为 A)．仍记 Ms 为系统的目标，则有

$$Ms=F(x;a),\qquad x\in X,a\in A \tag{5-1}$$

式(5-1)叫做模型系统空间，简称模型空间．

(2)不同模型空间．显然两个(5-1)型模型空间，仅当它们的三大要素分别相等时，才能叫做是相同模型空间，简称相同模型；否则，只要在一个要素上有所不同，即为不同的模型空间，简称不同的模型．比如，即使其函数结构式都是多项式，只要两个多项式的次数或项数不同也为不同．又如自变量的个(维)数不同，或个数虽同但其变域有实质性差异，也是不同．再若两者参变数间有实质性差异也是不同模型．所谓“实质性差异”包括独立的参变数个数不同，或虽然参变数个数一样但有的参变数所在“项”(模型的结构成分)不同等都叫做是实质性差异．

一般说,系统概念三大要素中若有差异,往往不止一个要素产生差异.

2. 以一例类来说明问题

假设某个大型商业部门准备用定量分析方法预测明年的销售量,以便组织生产,那么,这时若采用评选优秀模型的方式进行,不难相信将会有如下现象产生.那就是:

“不管有多少参评者,其模型都不会相同.”

这一结论来自一个经验.比如我国实行大学生建模比赛已有10多年历史,可是还未发现过在上述意义下真正相同的模型.须知建模比赛的题目都是已经加过工的,已经给出了初步分析,其条件可以说是搬上了舞台的道具只等去组装了.这比起完全的客观系统诸如上述商业部门的课题来,从问题的了解、认识到数据怎么采集、采集哪些、采集多少等都得自己去现作,需要完成的步骤和过程更多,所以更难有完全相同的模型.

3. 与一个 Rs 相应的 Ms 是又一个空间

根据第三章分析知道对于一个确定的客观系统 Rs,相应于人为实现的数学系统 Ms,二者是不可能同构的.再据§5.1节的讨论,这个 Rs 的数学模型 Ms 也是非唯一的.因而说对于一个确定的 Rs,它的任一个 Ms 都只能是它的近似.

既然 Ms 是近似的,那么在未限定近似程度之下甚至还可说,任一个可实现的近似模型 Ms 都还对应着无穷多个近似模型.

例2 对于熟知的评价模型 $W=\alpha\cdot X$ 比如只要换成 $W=(\varepsilon+\alpha)X$ 或 $W=\alpha X+\varepsilon$, $\forall\varepsilon\in(0,\delta)$, $0<\delta<1$ 都成为又一个新模型.因为它增加了一维变量,且结构式 $F(\cdot)$ 已不同.再说因为 ε 很小,所引起的 W 值的改变很小——不仅 ε 小,包括其(叫做)“摄动”量也会很小,因此围绕模型 $W=\alpha\cdot X$ 又增加了两个模型,并且大家都是同一个 Rs 的近似模型.显然同一思想下还可构造出更多新的近似模型.并且模型愈复杂这样构造的新模型将更多.一般地,比如对于式(5-1),还可表出其新模型为

$$Ms_{\varepsilon}=F(x;a;\varepsilon),$$

$$x\in X,a\in A\in R^m,\varepsilon\in\{R^1\cap(0,\delta),R^2\cap(0,\delta)^2,\cdots,R^m\cap(0,\delta)^m\} \quad (5\text{-}2)$$

在式(5-2)中,仅考虑 ε 的取法不同和参与 $F(\cdot)$ 中的结构不同已看出,将产生很多与式(5-1)同类型的近似模型.

又,若叫由 Rs 直接建立的模型为直接模型,那么本节前述表明,即使这种直接模型也是很多的.还要注意到“2”中说的只是可人为实现的直接模型.显然,如果泛指客观上存在的“直接模型”那还有、且仍然多,甚至更多,这也是可信的.于是再考虑到每个直接模型又有式(5-2)型的更多“间接模型”,则汇总起来即可以

说：一个确定的 Rs 可对应"很多很多"的数学模型.

要问，如果记这个 Rs 的所有数学模型的集合为 Ω，那么 Ω 的基数（又叫势，记为 $\#\Omega$）无穷吗？我们有猜测：$\#\Omega=\infty$，从而 Ω 是一个含有无穷多元素的模型系统的空间.

三、模型的空间 Ω 及其讨论

1. 元素 Ms 的空间

严格说来，模型系统 Ms 的空间（上述 Ω）是个非几何空间或说是几何空间 R^n 与非几何空间的混合型，但这里从另一角度作强调.

首先，作为 Ω 元素的模型系统空间 Ms，是指如下的完整空间.

以式(5-1)为例，完整空间系指其"乘积空间"$X\times A$ 、目标空间 Ms，及 $X\times A\times Ms\triangleq\Omega$ 中的"图空间". $Ms: X\times A\to F(X\times A)$. 为了解释图空间，比如特殊到 $X\subset R^1$，$A=a$（实数），$Ms=y\in R^t$，则有 $y\times X=R^2$ 上的函数图像 $y=F(x,a)$，$x\in X$ 简称（R^2 上的）"图"，当 a 取遍 A 时，所有"图"构成一个所谓"图空间". 显然，模型系统 Ms 的"图空间"只是 Ω_r 的一个子空间，并非充满它.

总之，具有无穷多元素的 Ω 的每个元素 Ms 都是个完整空间（Ω_r），也叫完整系统，通常说的模型系统 Ms 也指这一意义. 即有 $\Omega=\{\Omega_r\}$，所谓 Ω 的层次和维数皆取 $\{\Omega_r\}$ 中最高层次和最高维数.

性质 1　两个"不同模型系统空间"可以有相交子空间.

这点仅从"一个模型系统的'三要素'中只要有一个要素相异即为相异系统"这一特征即可判定.

性质 2　对于 $\Omega=\{\Omega_r\}$，基本上有：$\forall\,\Omega_{r1},\Omega_{r2}\in\Omega$，皆存在 $\Omega_{r1}\cap\Omega_{r2}\neq\varnothing$. 亦即 Ω 中基本上任二元素间都有相同部分或叫公共子空间，甚至可有包含关系存在.

所谓"基本上"系指 Ω 中的例外元素之（子）集的基数与 Ω 的基数不可比拟（或说产生"例外元素"的概率为 0）. 这是因为对于同一个客观系统 Rs，不管用什么方法映射成多么不相同的模型系统 Ω_r，它们总是 Rs 的一个近似，因而 Rs 中最主要特征应表现在所有模型中. 之所以说"例外元素"概率为 0 而非必然为 0，因为 Rs 的目标空间中"目标"可以很奇特，当奇特到"与之相应的'Rs 主要特征'"与一般的不同时，仍然可能产生"例外"情形.

性质 3　Ω 中每个元素 Ω_r 不一定有相同的空间层次或空间维数.

结论显然，解释从略.

2. Rs 的"标准模型"

已得知，对于同一个 Rs，其模型系统可有无穷多个，构成空间 Ω，那么其中

是否存在标准模型?

所谓“标准模型”即精确反映 Rs 的数学模型. 这里关键是“精确”性的理解问题,可从两个方面来理解.

一个是哲学地理解,即绝对的精确,亦即 Rs 的绝对等价系统. 但这只有在大自然中才可能有,而数学系统、模型空间都是人为的,非大自然对象. 根据“天衣无缝,人衣必缝”原理,要在 Ω 内实现 Rs 的精确(真正同构)映射是不可能的.

另一个是数学地理解. 这时须知,虽然也说数学是工具、数学是技术,是人为处理手段. 但亦当承认“数学处理”常常是超乎人工技能的,它的(数理)逻辑推理可以远远超乎人的直觉. 比如它对任意大(小)的处理远远超乎人工能力;它的“极限手段”可达哲学的境界. 据此,在这里数学对 Rs 的“标准模型”即可有两种方式来处理和对待:

一种是用叙列求极限的思想. 比如如果在 $\Omega=\{\Omega_r\}$ 中能判定出叙列 $\{\Omega_{ri}\mid i=1,2,\cdots\}$ 使得随着序号 i 的增加,系统 Ω_{ri} 的空间层次不减、空间维数不减、系统空间“度量”不减,则此叙列存在极限(可化为运用单增有界叙列必有极限原理). 由此可认定该极限“系统空间”(记为 Ms^0)即为 Rs 的标准模型.

另一种方式更接近可操作性. 此即采用求“均值”的思想. 因为在 $\{\Omega_r\}$ 中取任意多个子样,或随机地取 $\{\Omega_r\}$ 中有限个子样的前提下,统计学已能证明这时的“均值”空间是接近标准模型的,甚至在一定的“标准”性要求下,已能确定只需取适当的子样即可在某种程度上保证其“精确”性(参见一般统计学教程即可).

当然也可结合统计“均值”与求“极限”两种思想,比如可依秩取一序列的子样空间,求出一个“均值”空间叙列(记为 $\{Ms^j\}$),然后求此叙列的上极限[①] $\overline{\lim\limits_{j\to\infty}}Ms^j\overset{\triangle}{=}\overline{Ms^0}$,则能够证明 $\overline{Ms^0}$ 是可以达到任意“精确”性的,从而可以取作 Ms^0.

当然也需要看到,尽管这里“数学地理解”中说到的理论基本上都没有做下去,最多只作了提示,但显然它们都是可以严格地得到的,只是还需要更多条件准备. 有兴趣的读者不妨继续做下去. 不过仅就这里的讨论已能说明,数学地理解的确比哲学地理解方法性强,从而可操作性强、实证性强. 同时数学(比如极限)还可以探知哲学的边际. 不过也应当看到,比如问题进展到这样的非几何世界,既有的数学方法也是不顶用的,往往只能用其思想,至少需要推广才行. 比如这里的“均值”,即使从概念上都是需要推广(简化成有限情形)的. 所以这时只能用其数学思想.

但要看到,数学思想就是方法论,从而就是哲学,所以在这里数学和哲学走到一起了.

---

① 上极限 $\overline{M}^0s$ 定义为 $\overline{M}^0s=\overline{\lim\limits_{j\to\infty}}Ms^j=\bigcap\limits_{m=1}^{\infty}\left(\bigcup\limits_{j=m}^{\infty}Ms^j\right)$.

3. 标准模型 Ms^0 的性质

性质 1　标准模型 Ms^0 具有唯一性.

根据“标准模型”定义直接可知，虽然在数学处理中也可用诸如“均值”、“上极限”等概念来代替，但作为“标准模型”概念只有一个.

性质 2　Ω 是 Ms^0 的邻域空间.

因为 $\forall \Omega_r \in \Omega$ 都是 Rs 的一个近似模型系统，而 Ms^0 既然是标准模型，即是最精确者，所以所有近似模型只能分布在以 Ms^0 为中心的一个非几何空间邻域内，若记 Ms^0 的该邻域为 $N(Ms^0)$，则这时应有 $\Omega \subset N(Ms^0)$.

反之，设 $\forall Ms \in N(Ms^0)$，由于 Ms 与 Ω_r 是等价的，由 $\Omega_r \in \Omega$ 必有 $Ms \in \Omega$ 从而由任一性必 $N(Ms^0) \subset \Omega$.

所以有 Ω 是 Ms^0 的邻域空间，即有 $\Omega = N(Ms^0)$.

性质 3　Ms^0 存在“广义半径”ι，使得 Ms^0 的 ι(半径)邻域(记为 $N(Ms^0 \cdot \iota)$)内所有元素(Ω_r)之交非空.

注意：这里“广义半径”未给出严格的数学界定，只作为一种(数学)思想提出，因此这里不作数学证明，而只作(哲学)思辨认识. 这时易知，愈靠近 Ms^0 的模型愈精确，同时具有适当精确度的模型一定都包含原系统 Rs 的主要特征. 那么 Rs 的主要特征将是适当“半径”ι 邻域 $N(Ms^0, \iota)$ 内所有元素的共同部分了. 理解毕.

四、Ω 进一步研究的问题

显然，对 Ω 空间的研究是有意义的，不仅属数学模型论的一大理论领域，可望对社会系统等复杂系统也有借鉴意义. 当然其难度也是可想而知的，但总可从简单、特殊情形做起.

由于 Ω 空间属于非几何(非点元素的)空间，对其研究应属于现代数学范畴，但仍然可以从简单的做起.

比如首先可考虑用一般拓扑学和线性泛函的方法去做. 这是因为：

(1) 在 Ω 中已不便用笛卡儿坐标系来讨论，这时可以用一般拓扑学的方法. 比如一般容易界定 Ω 为一个拓扑空间(见一般拓扑学教科书)，从而可以用诸如邻域、叙列、覆盖、交并运算、连通性、收敛性、发散性等不必在坐标系下来表述的概念和手段去做研究.

(2) Ω 空间虽然抽象，但 Ω 空间与其元素空间具有很好的对应性，而且 Ω 的元素虽然各式各样，它们毕竟都是同一个客观系统 Rs 的模拟和近似. 这些都决定了空间 Ω 一定具有较好的数学性质. 的确，比如首先即容易界定 Ω 上具有较好的线性空间特征. 因为根据线性空间定义——满足数乘运算交换律、结合律的

加群(对加运算封闭且有零元、逆元的集合叫做加群),叫做线性空间.(参见一般《线性代数》教科书).这里数乘的交换律、结合律容易界定,还可界定"加"运算为"并"运算;零元自然易给,但减法的界定有困难,主要是两模型空间(按一般减法)相减后余下的空间往往很小,一般不再具 Rs 的近似性,因而不属于 Ω(即一般减运算不封闭),且逆元素也难界定.这些都是需要创造性处理的.比如也许可以界定一个"半群"(只有加运算)的特殊线性空间,然后探索其特有的性质(从而也是 Ω 的性质).这些都留给有兴趣的读者去做好了.

此外,也可以在泛函的意义下,界定 Ω 上的度量特征和线性泛函(满足 $f(ax+by)=af(x)+bf(y)$,$x,y\in\Omega$,$a,b\in R$ 者)特征等(参见一般《线性泛函》教科书).

(3) 当然也可以结合线性空间与拓扑空间(成为"线性拓扑空间")等复合空间的知识和手段去作研究.

(4) 此外,还可从其元素的模型特征出发,直接探索、寻找其本原性,在此基础上对空间 Ω 做出分类(子空间划分)等.

§5.3　模型的近似性及其原理

近似与精确说法是对同一对象站在不同角度来说的.因此虽可说近似就是非精确,但近似性问题也可说是精确性问题.数学模型作为一个数学系统在数学内是精确的、严格的,即使在运算中或取值时产生了误差也是可以推算的,因而是明白的.从这一意义来说数学模型在数学内总是精确的、非近似的.

可是数学模型相对于客观原象系统 Rs 来即总是近似的、非精确的.或说 Rs 的数学模型(Ms)总存在近似性和精确性问题.它的实质在于如下问题.

一、空间门槛与度量悖论

这里将进一步表明,模型 Ms 的近似性问题和精确性困难,主要来自一个空间门槛和度量悖论.

1. 空间门槛

仍然从 Rs 为物质系统和社会系统两个类型分别认识:

(1)Rs 为物质系统时所对应 Ms 的空间,属欧氏空间 R^n.具体说:①当 Rs 为物质或单个物体时,系统变元仅为诸如质(重)量、容(体)积等物理量,这样的系统叫做物理系统或叫"硬"物质系统,它对应的 Ms 属 R^3 或 $R^3\times T$ 空间;②当 Rs 由离散物体组成时,元素变量除含物理量外,还有物体间关系变元,诸如商品运输、存储、资源配置、车辆调度等运筹优化问题即是,叫做"软"物质系统,其模型

空间属一般的 $R^n(n>4)$ 空间；③Rs 还可以是所谓“更软”的物质系统，诸如金融问题等虽然不是直接联系物质体的系统，但仍然不直接涉及人参与的系统，因此仍属“物质”系统. 更主要是此时系统模型所属空间仍为 R^n，亦即仅由一些实数域内的变元构成.

关键是应当看到，Rs 作为物质系统的几大特征：

1° 它们的模型皆属欧氏空间 R^n；

2° 但随着 Rs 软度的增加，在映射成模型 Ms 时，其空间损失(失真)逐步加大，初步显示出由 Rs 到 Ms 时在空间“同构原则”上之困难，形成一个“门槛”，叫做空间门槛；

3° 不过毕竟对于物质系统的 Rs，其“空间门槛”还不是本质性的.

(2)Rs 为社会系统时情况要复杂一些. 因为社会系统是人直接参与的系统，诸如各类(经济的、社会的)管理系统即是.

已谈及，社会系统空间是超物质空间的，诸如事物的、事务的、信息的、精神的，等等，但它们映成的数学模型 Ms 空间有两种：一种是几何空间 R^n 的，另一种是非几何空间的. 前一种是把原则上不可实现技术度量的 Rs 强行地变成了原则上可实现技术(工具)度量的 R^n 空间问题. 这是一种质的改(豪)变. 严格说它所执行的依据和原则在自然科学意义下是找不到的. 因此可以说这时是“跳”过了一个实质性的“空间门槛”.

至于后一种情形虽然未强行跳过但仍未得到实质性的扭转，而是仍然遇到了“空间门槛”. 因为这时的映射虽然是将超物质(几何)空间对象映成了超(非)几何空间模型，但一方面出于数学的需要这时的非几何空间不得不特殊化为线性的，因而是简单的，与 Rs 相差(失真)仍然大. 另一方面虽然变成了直接在这样的非几何空间上作分析，更优一些，但最后落实到量化、度量时仍回避不了在非几何空间对象上作几何空间式的度量. 因此仍然存在一个“空间门槛”问题.

归总(1)、(2)知，不管哪一类型客观系统 Rs，在映射成 Ms 系统后虽然都存在着“空间”上的差异(失真)，只是维数(前者)的不同，但在精确性问题上却遇到了不同程度的困难，那就是“空间门槛”.

2. 度量悖论

“空间门槛”都将造成模型 Ms 相对于原系统的精确性问题，具体体现在度量问题上造成所谓“度量悖论”的，则仅指社会系统.

这是因为社会系统空间是非几何空间，这里的元素不是几何点，而是不属于几何(物质)空间的事物、事务、信息、精神场之类. 在这样的空间里，无坐标系、无参照点，在其上的分析虽可借助泛函、拓扑思想，直接对函数、算子之类非点元素用邻域、序列、敛散、极限、交并运算等作分析，但最终涉及量时仍不能不回(跳)

到几何空间来，这就涉及非几何点(信息)对象与数(坐标系下几何点)间的转换问题. 但要知道，这时涉及一个悖论，叫它做“度量悖论”. 因为这时：① 原则上不存在一个度量器具、设备来客观地完成其基本度量；② 也不可能仅在 R^n 空间来逻辑(公式)地实现其导出度量；③ 这时涉及的是实质性的“空间门槛”，要超越这一门槛，突破这一(实质上是)逻辑悖论，不得不借助人的直觉、经验之类心理的(从而是超逻辑的)测度能力.

这就是社会生活中常常遇到的“不严格”的量化实践和仅用上一些简单、初等数学的所谓“社会科学用不上数学”的实质所在. 并不是因为社会系统简单、初等，而是人的能力、科学的能力(相对来说)尚处简单初等.

不过人类科学还是摸索出了一些方法，正在继续摸索着.

二、模型的客观比较标准

这里继续以社会系统作为背景来讨论. 已谈及这时关键是产生了“度量悖论”，而度量悖论的实质是“空间门槛”. 亦即一般度量，包括基本度量和导出(公式)度量仅在(形式)逻辑空间内即可完成，但社会系统的空间层次已超越形式逻辑空间层次，进入了心理的非意识(包括潜意识、下意识等)境界. 因此说这时是在形式逻辑范畴来判定、度量、处理一个本属更高空间层次的系统，没有不产生实质性困难的.

但在这时——处理社会系统时，人类从来就运用和体现着一个如下的能力.

1. 人性中的心理(主观)度量能力

人类在其天性中从来就有一种“定性的度量本能”. 比如自家居室门前的楼梯，虽不曾数过有多少阶，但无论夜间上下楼还是一门心思考虑问题时，一般都不会失足“下整楼梯”. 可见人体有一种“记数”能力. 又如，深住偏街小巷的人，初住进去的一段时间进出都得留心认路，但“习惯了”之后一样可以漫不经心地进出自便，可见不只是老马才有这一识路能力. 又，卖肉的屠工日子久了也有个“以刀为秤”的量化能力.

种种现象表明人有一种并非来自理性的“计量”本能，因此它只能是来自心理的，是来自整个躯体中每个细胞(尽管不均等)对环境中对象的一种综合反映的汇集，因而也就是一种主观度量能力.

但人的心理度量天赋颇具局限性，一个是相互间的差异性大. 另一个是在“精确度”上受限.

2. 社会系统的比较标准：主观度量的客观化

虽然人人都有天赋的心理度量能力，但毕竟是主观的，它必然受着人的心理、心情、偏好、利益和性格特征影响.尽管说人类(正常人)在某种大的层次上有着共同的美感、度量感和价值观,但当科学和生活深入到细致时也会产生差异,显现出其局限性来.这时多人的度量结果间必然产生矛盾.所以说在处理社会系统时,既要利用人的心理度量天性,又不可直接利用,这就需要做科学的加工.总的一个思想叫做(如下的)"主观度量的客观化、科学化".具体说来就是要设立一个客观的比较标准.

3. 设立社会系统比较标准的方法类型

(1) 指标体系法.这实际上是将一个本来复杂(甚至称"巨复杂")的社会系统纳入 R^n 中来处理.这就是已很流行、广为熟悉的"评价学"方法的要义.这里仅在于指出,它的机理源出于人的心理度量的客观化、科学化.不过这里仍然很粗糙,相对于人的心理空间层次来,简化太大.它使得本来具有非数的、抽象的心理量化特征变成了十分粗浅的量化和实证化特征,但失真相当大.那么是否可有宁可方法深刻、困难一点而使得失真小一点的方法呢?人们正在这样做,尚待继续探索(读者不妨试试).

(2) 两两比较法①.在没有统一的比较标准时,用两两比较法不失为一个好方法,也是人类生活中凭天性拥有的一种自然的方法.当然这时仍然存在一个优劣标准和各自心中(主观)的标准差异问题,仍然需要多人评定、统计计量、求其均值(实为抵消正负误差)的方法.

(3) 统计均值法确定标准模型.这是就多人同时分别对若干模型作出评价后,取其均值,以确定为标准模型的方法.这也是一种既利用人的心理量化天赋而又防避其局限性,使其主观度量客观化的方法.它具有科学性,表现在随着参评人数或被调查人数的增加和受评模型数量的增加而增加其客观精确性.

归纳上述多种方法看出几点特征:

1° 一个社会系统的度量,根本上还是少不了人的(心理、主观)天赋度量;

2° 社会系统度量处理中少不了统计方法,最基本的也是统计方法;

3° 对典型(人的)社会系统所用统计方法仅在于寻找人们共通的那个"心理度量"值,把它作为自然值、客观值、科学值、标准值.这是与物质系统度量的客观标准的获取具有本质差异的.根本的是需要承认人类有个共同的"心理度量"值,是自然规律的客观存在;

4° 可以看到在诸如人类学、社会学、社会管理学中之所以历来都自然而普遍地运用着所谓"社会统计学",本身就是一种自然规律反映.反过来也说明人们

---

① 猜测:也许在模型空间 Ω 中用两两比较法,还可给出一个模型序列(记为 $\{Ms_i\}$).若能进一步描述出模型随序列序号 i 的变化规律,便可以用极限思想探寻出一种最优模型.

创造性采用的统计方法，是正确的路子；

5° 不过人的“心理度量”的另一局限性——精确度有限的弱点，却还未能得到较好的解决.

三、模型优劣判定中的近似原理：满意度与鲁棒性

这里继续就社会系统的模型来讨论.这就涉及心理度量及其心理学原理了，也就是近似性原理.

本来嘛，一个模型的好坏，只要把它分析(解)出来后回到实际的 Rs 中即知道了.但本章是在模型 Ms 空间 Ω 中来考虑优劣性，自然不可能如此做出一一地检验了.

这时只好从另一方面去思考.对于任一模型 Ms，如果能用某种方法使之获得一个相应地量值表述，那么其优劣性自然也是会一目了然的.原则上这是可以做到的，也就是调用人的“心理度量”天性.不过，心理度量的两条局限性却是需要对付的.比如对于其“个体偏差性”已有上述统计法来对付了，现在涉及的是另一局限性——精度难以提高的问题.

遗憾的是“精度难以提高”这一局限性的确难以突破.首先是精确性度量的主观心理特征难以改变.它不像“心理度量”的主观偏差性那样可以通过统计法得到一定的消除，且能变成客观标准，可谓漂亮.

看来心理度量的精度不高和主观性弱点等，只得继续承认了.不过由此也产生了如下两个原理.

1. 满意度原理

人凭着自己对一个模型的经验体会和心理感受的程度大小叫做满意度.常常用一个不名数(百分比)来表示.

据此可见“满意度”具有如下特征：首先承认这是一个个人(主观)心理度量值；其次，表明了在“满意度”概念下最优(最满意)值为100%.不过据§5.1节这应该是个唯一的极限值；再则，据§5.2节在100%以内(1以下)每一个值都应该对应着模型空间 Ω 中一个子空间.

实际上“满意度”作为一种心理实质，从来都在社会事物中流行着.这里仅多了一个赋予他量的含义，也算是一个归纳提升罢了.

一个人(比如课题、项目、甲方)对一个系统 Rs 的模型要求本质上存在一个心理度量下的“满意度”(记为 r_o)，一般地若记满意度为 r，则有个区间 $[r_0,1)$，使得这个模型的满意度 r 只要达到 $r\geqslant r_0$ 都算是满意的了.

从心理上说甲方仅对 r_0 这个“临界点”十分敏感，也十分重视，一旦进入了 $[r_0,1)$，心理改变程度就不那么大了.

如图 5.1 所示,其中"拟 s"曲线代表甲方心理满意度函数曲线,当其 $r<r_0$ 时满意心理急剧下降,而当 $r\geqslant r_0$ 时则较为平稳(这也是卡尼曼-特韦斯基的"prospect 观点"). 换句话说,对于一个系统 Rs,甲方有个心理阀值 r_0,亦即允许模型可有 $1-r_0$ 个的失真空间,并非一味苛求 100%的.

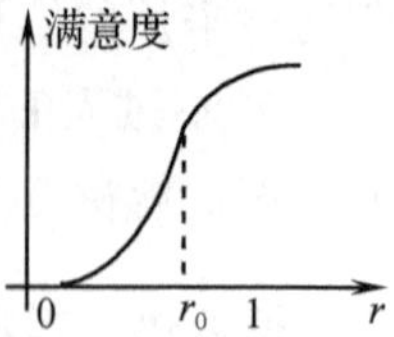

图 5.1

2. 鲁棒原理

这是来自控制论的一个重要原理. 在历史上对于一个系统的控制总以 100%精确作为标准去操作,往往成本花费很大,还难以实现,甚至一般都不可能实现. 更主要是一般系统的技术要求并非 100%,而只要适度精确(仍记为 r_0)即可. 为此鲁棒氏提出只需把 r_0 作为控制目标,只要保证系统状态(度量值 r)处于 $(r_0,1)$ 中即可,这一来从成本上、技术上都大为简省了,但控制效果一样.

鲁棒原理已被移植用到很多方面,实际上甲方对模型的"满意度"要求也正是在这一原理之下的.

§5.4　模型非唯一与近似性原理是建模者的福音

一、对于同一 *Rs* 可从多个角度建模

首先再次看看已谈到过的一个特例. 历年来各种形式的数学比赛和数学建模比赛中都同时出现了一种现象,在获得各级奖的获奖者中甚至在每级奖的多个获奖者中都是针对同一个问题(也算是 Rs)的模型,但它们当然的不同,甚至来自不同的数学方法和数学专业领域. 这一现象正好说明了本章获得的模型非唯一性原理和近似性原理的客观性. 同时说明对于同一个客观系统 Rs,从不同数学专业去理解和建模都可能得出好模型. 所以说模型的非唯一性原理和近似性原理是所有应用数学与数学应用者、所有建模者的福音.

其次显然,数学竞赛的题目是经出题者加过工的,已经不是原汁原味,已自然地灌注了出题者的建模求解倾向了. 即便如此都还存在来自多专业、多方向、多角度的不同建模,何况当 Rs 是货真价实的客观系统时的建模呢.

的确比如§5.2 节中提到的一个商业系统需要预测明年的销售量课题,那就是真真实实的 Rs,连分析"表演"者需要什么"道具"都得自己去(经分析)提取. 在这一意义下,简单说来即可能有这样的几类解决思路:

一种是完全依赖历史数据,在历史的数字表格中去看规律. 这也是一种简单的统计模型,只要数据充分,也会得出"满意解"的;

另一种是将数据纳入坐标系,做出历史数据的时序散点图及其函数曲线(折

线),以做直观分析判定;

第三种是建立解析模型来分析. 这才是解决方法的主体,它是一大类,其中至少可以分作如下几类:一类是用统计外推的方法;另一类是用模拟系数的方法建立一个能够较好拟合该系统历史轨迹的解析函数,以此作外推预测. 既有的方法比如灰色预测法等即是;第三类是动力系统方法,这又可分作离散动力系统和连续动力系统两类,既有方法如流行的系统动力学方法等即是. 此外计算方法在现代不仅是以上各方法公共的工具,本身也是一类方法,诸如仿真学等.

既然存在非唯一的、各自独立的建模和分析方法,且各有其特点,从而也有各自特有的优点. 再据模型评价的多指标特征,则可说各类建模法都可能产生优秀模型. 这应该是自然的结论.

总之,已经看到,仅就一个预测问题即可有如此多的路子(方法类型)去解决,何况每一类中也会因建模者的不同而有所差异. 所以说对于同一个客观系统 Rs,甚至可有来自不同数学专业领域的建模.

二、建模者尽可扬己之长去创造

既然任一客观系统 Rs 都可以有来自不同数学领域的多类建模分析法,对于投标课题和建模者即是一大福音. 因为这就意味着原则上并非一个 Rs 只对应一个数学领域或只对应一套方法. 任何具有一定数学修养者,一般说都可以接受任何实际课题去做定量分析,无须更换原有的数学专业领域或学习新的数学方法,只需扬其所长,充分运用既有的数学手段和能力即可(当然还要加上创造精神). 特别对于来自纯数学专业的专家搞应用课题更是这样,他尽可用其既有的专业能力和数学的总体修养去应对广泛的客观世界,不必犹豫、不必顾忌. 比如在一个"确定数学"的数学家面前,即使一个具"随机性"的课题,在近似性原理下他也可以从确定数学角度去得出好的成果来. 反之对于一个看似确定的问题,在随机数学家看来也可以是随机的,也可从随机角度建模分析出满意的成果来. 原因是客观世界随机性是普遍的,确定性是相对的,但数学只对确定性问题能力更强. 鉴于模型的近似性原理,就使得确定的数学工具与随机的客观存在互融了.

三、社会系统建模精确性并非唯一要求

由于在社会系统中,其精确模型的概念和标准都难以"精确"界定,加上客观实践中一般存在和容许的是非唯一性原理和近似性原理(也就是实践承认非精确性,承认"满意性"和"鲁棒原理"),所以说在社会系统的定量分析中精确性已不是唯一强调的了.

的确,比如由于一般社会系统都是"复杂系统"(对非线性性、过程不可逆性和不确定性"三性"满足一条及以上者),甚至"巨复杂系统",其模型往往很繁杂,

以致分析处理起来十分冗繁，这既是对定量分析者、建模者能力的挑战，也是建模者、招标者、项目主持者从多方面、多标准去评价模型优秀性的依据.

总之，对于复杂的社会系统建模，需要从多方面去做努力才是.

§5.5 再论优秀模型及其调试过程

一、关于优秀模型概念

模型，似乎它的本义应该是对原象——客观系统 Rs 的映射、表述和写真. 因此一个优秀模型似乎只有一个标准，那就是对 Rs 的同构、那就是精确的写真，可叫做写真型优秀模型. 但是通过本章前几节的讨论，不能不承认写真型优秀模型难以实现，不仅 Ms 与其原象 Rs 真正的同构难，即使要能反映的稍微真切一点也会成为一个十分繁冗、复杂的模型，且与 Rs 间仍然还得有个质的差异，十分不划算. 这是因为一个社会系统其空间层次本来就高，且是个非几何空间，却要将其映入几何空间来，并作量化的转变，免不了产生质的改变.

所以写真型优秀模型只能是一个理想概念，相对于模型的功能——利于定量地做出实证分析、指导决策来说，难于操作、难以分析，因而难以实现其应有的功能.

为此，人们给出另一种优秀模型概念，可叫做适用型优秀模型.

二、适用型优秀模型

把既简洁、适用、易操作而又精确、写真、满意的模型(Ms)叫做适用型优秀模型. 这也是通常所说"好的模型"、"优秀模型".

显然，适用性与精确性是个矛盾概念，因而要实现适用型优秀模型是个"二难"问题，不可同时获优，只能作"中庸"处理，取一个适当的归一化权重配置. 这就是适用型优秀模型概念的核心思想.

换句话说，一个适用型优秀模型得同时满足两条：①它较好地反映了原象 Rs(有较好的"满意度")；②它较好地便于分析处理. 当然具体在一个模型中两者的权重不一定是对等的，可根据具体理解和情况做适当调整.

例 3 再看 C-D(柯布-道格拉斯)生产函数.

$$Q=AL^{\alpha}K^{\beta}=F(L,K) \tag{5-3}$$

其中，Q 为产量，L 为劳动，K 为资金，A 为管理系数，$\alpha+\beta=1$ 为相应权重(对数权)指标.

该模型之所以有名，更主要的在于它的简洁性. 它在微观经济学一般理论中十分形象鲜明，很能说明问题，亦即它的精确性在一般理论层次上已够用了. 但是当要对一个生产企业的产量做出深入研究时，则嫌其太粗糙了，亦即精确度不够了.这时无须抛开重创，而只需在式(5-3)中做深入研究即可.比如可将劳动因子细化，成为$L=L(l_1,l_2)=W(l_1)\cdot l_2$，其中，$l_1$为人才，$W(l_1)$为人才的才能发挥函数，$l_2$为普通劳力.又，可将管理因子$A$细化成$A=A(a_1,a_2)$，即成为市场应对效能$a_1$与内部管理效能$a_2$的函数，等等.显然，深化之后的模型精确性更强了，但简洁性却差了.

总之，就是这样根据需要灵活地在"适用、便操作"和"精确、满意度"两个矛盾条件之间作权衡调整.

三、适用型优秀模型的获取

一般说，一个好的数学模型，或说一个优秀的数学模型都不是一次即成，一蹴而就的，常常需要若干次地循环、迭代，是个自学习式地修改渐近过程，而且这种"循环"从小循环到大循环可归为几类，见图5.2示意.

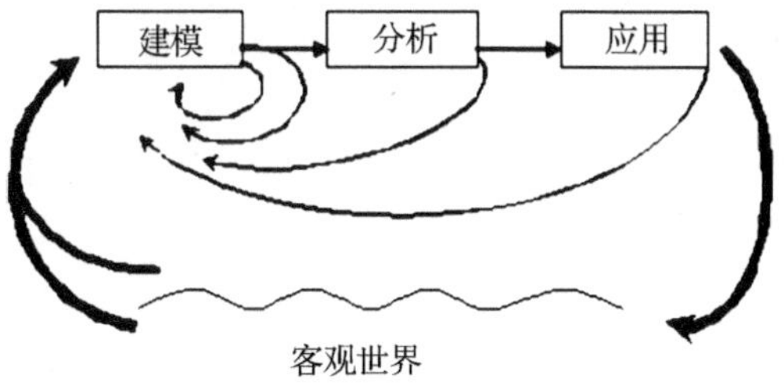

图5.2

图5.2实际上是显示了图1.4所示数学应用全过程中，站在建模角度来看的一个模型初建、修改过程，包括小修改到中修改再到大修改，直至最终得到各方认可、接受、满意.对于著名模型、重要模型更要得到全社会、全科学的接受等整个过程.

其中在建模"块"画了两个循环回路，表明在建模之初的反复试探、自我设问、自我修改过程.有过经历的人都知道，在这一阶段都将有很多次自我修改乃至"拼凑"的过程.细观之莫非一连串的小循环和迭代形式，其效果是逐步形成一个令自己满意的模型；否则，即谓失败，得另选他种建模思路，重新作上述自我修改、完善过程.

当模型初步结构自我满意后，可进入数学试探阶段.一种是为了做出模拟分析以确定模型系统，完成所需模型形式；另一种是做出分析结果比如求出解(数学的或计算机的)，以判定模型是否"满意"；若不行，则回到模型作进一步分析(找原因)、修改直至"满意".这是又一个为完善模型做出的自学习式循环修改，叫它做中修改.

在中修改完成后意味着至少在课题组内得到"满意"模型了，于是可以征求专家(包括甲方)意见，或正式向甲方提出结题报告．这时必然有个专家组评审过程．实际上从完善模型角度说是又一次大的修改循环过程．当专家组和甲方的正确意见和要求得到实现后，即意味着模型成功，也是课题胜利完工．

特别，对于任一重要模型，仅此还不够，在公之于世之后还会得到学界和社会的广泛关注，还可能提出进一步修改的正确意见使模型逐步臻于完善．历史上这类事例很多，诸如 1844 年(英)发生在水波观察上的具有孤立波解的数学模型 KDV 方程：经几十年才形成了"满意"模型，同时至今还在"求解"之中．又如建立于 1876 年的关于电场 E 和磁场 H 传播的数学模型麦克斯韦方程(参见 §1.3 节)也是经过多次修改才达完善，至今它仍然葆有场学基础的地位，等等．

关于形成模型近似性和精确性的影响因素，还可进一步做出技术性分析，这点留到第九章去进行．

第六章　建模与公理化论

由第四章、第五章得知，一个数学模型 Ms 与其原象系统 Rs 是不可能完全精确对应的，只能近似. 那么精确的 Rs 与近似的 Ms 间是怎么逻辑地关联起来的呢？当然直观地说即是在一系列假设、条件、约束、限制之下实现的，十分自然. 不过要知道这一“自然”的实践活动从数学来说是有着源远历史的，从客观世界来说也是有其哲学渊源的，总的可叫它做“公理化原理”.

为了说明“公理化原理”，我们做如下观察. 客观世界一切事物中相对性是普遍存在的. 作为这一“相对性”的一种体现，一切事物中的结论都是有条件的（否则将是无条件，成为绝对的了）. 不仅一个语言结论中有条件，一个定义中有条件，一个定理中有条件，一个理论中也有条件. 如果论述一个理论或结论（不管是定性的还是定量的）不涉及条件，那是不可思议的，至少也应该是隐含了条件的. 现代理论主张明确标示出理论的条件. 那种只把前提条件作为“当然的”、“习惯的”，或认为是不值得提出的，让其隐讳地存在的做法都是不科学的，即使在现实生活中也被认为是低层次的、修养不高的行为.

要特别说到的是，建模也是有条件的，且必须充分强调条件，否则是不严格的，甚至说没有严格的条件是建不成数学模型的.

那么进一步更可看到，这里所说的“条件”可归为两类：一类是已经经逻辑证明了的结论，作为条件或依据，去得出新的理论；另一类则是未经证明的结论，被作为条件或依据，用于得出新的理论. 后者的出现常常比较多，情况也更为复杂，从生活中平凡事物到已经经观测、实验得到的定律等都有. 但不管怎样，我们把所有经过和未经过逻辑证明的事实作为条件来运用时，都叫做公理.

本章专门讨论建模的前提条件中公理类的有关认识，也包括生活、实践中一般的公理思想认识.

§6.1　数学中公理化史小谈

一、有关概念

尽管在数学史中比如有关公理的某些概念是逐步得到明晰的，但这里仍然一并首先给出，这样更有利于接受. 主要有公理、公理系、公理化等.

公理　不加证明而直接用作理论依据的事实、术语（或得到承认的命题、概念)等,叫做公理.

公理系　又叫公理体系,系指满足如下"三性"的公理条例集(或叫公理组):

• 独立性. 公理组每个公理不依赖于其他公理(比如不能被其他公理逻辑地推出),又叫做公理组相互无关.

• 协调性. 即公理组中所有公理间不能有任何形式的矛盾.

• 完备性. 直观说,当独立、协调的公理组能够构成一个完整的理论体系时,该公理组是完备的. 完备的公理组好比一个坐标系的几个无关坐标,它们能共同构成一个完整的(理论)空间. 对一个公理组的完备性的确定和检验都是较难的.

公理化　把一般采用公理条例直至采用公理体系来作出的理论研究都叫做公理化研究,或叫做公理化方法、公理化手段.

二、第一次数学危机催产了公理化方法

皆知,数学认识实数是沿着整数→有理数→无理数道路过来的,当初在"整数→有理数"阶段曾闹过一场历史性"笑话". 古希腊大数学家,曾在算术、几何、音乐、天文等"四艺"上颇有研究且独立发现了勾股定理和"黄金分割"者毕达哥拉斯,曾根据经验观察到"所有测量值都是有理数(n/m 型,m,n 为整数)"而贸然宣称"一切线段间都是可公约的",从而犯了一个"低等"错误. 换句话说,他简单地认为用一把尺去量所有线段皆可量尽,皆能得到整数或有限小数,最多为无限循环小数,而这些(且仅仅这些)皆可化为有理数. 进一步说,他是过激地相信他的算术(在当时就是"四则"算术)与客观世界已经完美和谐了.

其实未等多久,就在他还在世时其错误即已被发现. 甚至在欧几里得的历史性名著《几何原本》中还给出了简单的证明. 因为四则运算一旦发展到"六则"运算,马上可用反证法立即得到,比如$\sqrt{2}\neq n/m$.

尽管毕氏也很快知道自己的结论错了,也曾错误地想到捂住这一丑闻,但终于还是传出去了,并且引发了数学史上第一次危机,从而作为推动数学前进的一个伟大错误而被载入数学史册. 这就是今天说的"线段可公约悖论",或叫数学的"有理数危机".

数学的有理数危机,大大地推进了数学和哲学前进一大步,主要表现为:

(1) 正是作为"线段可公约悖论"的突破而产生了并非无理的无理数.

(2)正是这一错误促成了哲学的谨慎,比如促使哲学家柏拉图对概念、定义和穷举法等的格外重视,引起其学生亚里士多德对逻辑学的深入研究,等等.

(3)鉴于这一错误出自"直觉",使数学家警惕到,仅凭人的经验观察和直觉是靠不住的. 对于深入不到的层次,最好是明确地、公开地提出来,"说破了的鬼不吓人". 比如当时的年轻数学家欧几里得也意识到了这一点,于是在他的《几何原本》中创造性地采用了一个也许连他自己也未曾料到的、贯穿了整个数学史的

"公理化"方法.

因此说是欧几里得开创了"公理化"思想的先河.他当初提出的有五条公理和五条公设,前者如等量的等倍是等量,二量分别加等量得等量,二量分别减等量得等量,两量重合必等量,整体必大于部分等;后者如两点能连一直线,线段可任意延长,直角皆相等,过定点、定半径可作一圆以及将谈到的第五公设.

的确,如果带着公理化思想回到毕达哥拉斯的当初,即可看到,如果把他的结论叙述为:在"以人的度量能力(技术精度)作为基本单位"这一前提(公理)下,一切线段都是可公约的.这样一来即不会犯错误了,当然此刻也不涉及对实数进一步认识的突破性问题了.

三、几何学发展史的公理化道路

也许是一种偶合,在数学中公理化方法不仅最早创生在几何学中,而且在整个数学史中仍以几何学的公理化方法讨论和发展最为突出,形成了它的一大历史特色.现分以下几步(也是几个阶段)来叙述:

第一步是欧几里得几何学的基础地位形成.主要表现为形成了任意 n 维的欧氏空间 E^n 并证明 E^n 与 n 维实空间 R^n 等价,从而对 R^n 得到广泛的应用与研究.比如对于 n 元函数,n 个变元的系统等都归为 R^n 空间问题.

第二步是非欧几何的突破,问题发生在《几何原本》中提出的(量式的)5 条公理和(图式的)5 条公设(今天即可统一说成 10 条公理)的讨论上.尽管当初还没有"公理体系"的理念,但由于第五公设叙述较长(说若一直线与两直线相交,且同侧所交内角之和小于 π,则两直线必交于该侧一有限点),显得像一个定理.后来翻译成"过平面上一条直线外一点.能且只能引该直线一条平行线".在简化研究中有人猜测道,第五公设可能从前九个"公理"推导出来.若这样,它将不独立了.由此引起了"第五公设独立性问题"的旷日持久的讨论.最为激烈的讨论是在进入 18 世纪以后.

最为典型的是 19 世纪初有罗巴捷夫斯基(俄,1793～1856)于 1829 年从逆向思维出发去证明第五公设的独立性.他提出一个惊人的公理:"过平面上直线外一点能引无穷多条该直线的平行线",以此来替代第五公设,从而纯逻辑地推出了一套理论,被叫做"罗巴捷夫斯基几何学".由此宣告几何学的发展从欧氏几何时期进入到"非欧几何"的突破时期.

第三步是非欧几何引起的几何学爆胀性发展时期.非欧几何的得到承认曾经经历了艰苦的几十年,直至 1857 年黎曼以"过平面上直线外一点,一条平行线也不存在"来代替第五公设,推出了又一套非欧的几何,叫做"黎曼几何".终于使数学承认了“非欧几何”①，从而立即在几何学上产生了一场革命. 关键人物是克莱因(F. Klein，1849～1925)，关键事件有二：一个是克莱因于 1872 年提出的所谓“爱尔兰根纲领”，画龙点睛地指出几何学就是在变动(映射)之中求不变(不变性，不变集)的科学；另一个是克莱因对几何学作了整理归纳提出了“射影几何学”，又叫克莱因几何. 它在适当意义下概揽了所有几何学. 要强调的是，这一切活动都是在公理化思想下进行的.

第四步是在几何学爆胀性发展的同时，公理化方法和思想认识迅速得到扩展，并在诸如集合论、分析学等各方面的应用迅速得到扩展，由此进入到数学公理化发展的“公理学”时期.

第五步是希尔伯特的《几何基础》问世(1899 年)宣布了欧氏几何的完善. 它主要是在“公理学”思想下再反回去考察《几何原本》的公理体系，发现它显得十分不完善了，于是希尔伯特这位被誉为数学“无冕之王”的名家立即挑起了完善欧氏几何这副担子，终于构建出了一套五组 20 个公理的公理体系，并于 1899 年完成了这一数学史上第一部完善的公理体系学科著作《几何基础》，垂留数史.

四、现代数学的公理化特征与公理学

1.“公理学”及其发展特征

形成“公理学”的基本历程. 已知，在围绕着欧氏公理集(或叫公理组)中第五公设的独立性讨论之中，不仅发生了“非欧几何”这样的历史性突破，而且提出了公理集中两两间的协调性和独立性这样的理论问题. 进一步又提出了公理组的“完备性”问题；从而把一个同时满足独立、协调、完备“三性”的公理集叫做一个“公理体系”，简称公理系. 一个“公理系”的特征是，它能独立形成一个所谓“完备的”理论体系或叫完备的逻辑体系，亦即由这样的公理系出发得到的所有的逻辑结论是无矛盾的、内敛的、封闭的体系，因而是有且含“边界”的一个范畴. 比如希尔伯特的《几何基础》的五组 20 个公理的公理集即是数学史中第一个真正的公理系.

当然，要获得和判定一个公理集是否公理系(关键是判定其完备性)是很难的.

哥德尔的“不完全性定理”(20 世纪 30 年代)只可以用来判定一个公理集的非完备性. 往往是当判定出一个公理集是完备的(从而判定出“三性”)时，相应公理系下的理论体系(简称公理化学科)也就容易建成了.

总之可见，随着数学的发展，公理、公理化、公理化方法和公理化思想已逐渐

---

① 特别在后来的爱因斯坦相对论中用上黎曼几何，更巩固了非欧几何的地位。

变成数学家的一大思维特征，人们自然地称它为一门“公理学”. 其实并没有这样一门专门学科.

2. “公理学”中形成的两个分野

一个是刚才说的，建立正统的公理体系及其相应公理体系下的“公理化学科”. 这是较难的. 且据哥德尔不完全定理，数学学科不可能都存在公理化结构. 同时一个用公理化方法刻画的“公理化学科”要求一开始就要给出相应的公理完备系，而不是在推理过程中去逐一给出. 这些都使得数学中真正运用公理化方法去研究的学科不多.

另一个是通常的公理方法，它也重视公理化思想，但不在乎给出的公理集是否“完备”，也不必顾及哥德尔定理，它也不必一次给“足”公理，而是在推理过程中按需求可随时加入公理. 这样的推理形式常常是先有一些公理(包括定义、假设等)，然后推出一些命题、定理，这时可以再加入一些公理、定义、猜测之类(皆属公理). 结合既有的公理集和结论、成果集，继续推理，如此滚雪球似的下去. 这样的推理形式是现代数学中最常用的方式，可叫做“通常的公理方法”.

有一种比较形象的说法，说公理与逻辑的“矢量和”即为数学理论，直观地可表示为：$\overrightarrow{\text{公理}} \oplus \overrightarrow{\text{逻辑}} = \text{数学理论}$. 或如图 6.1 所示情形. 它可表征上述公理化数学和一般公理数学两种情形，不过更确切的是表示了后者. 因为在一般公理数学中提出公理和运用逻辑尚可多次交错地进行. 但在“公理化数学”中却要求一次性给出公理系，然后全是逻辑推理过程，显出了公理前提与逻辑推理的先后性鲜明特征.

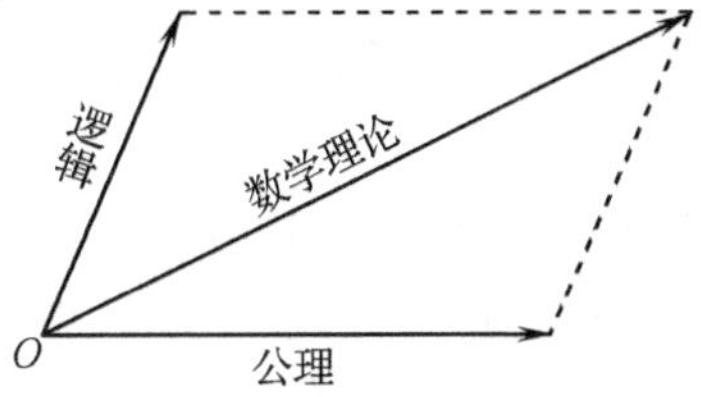

图 6.1

3. 公理化与逻辑学的关系

尽管图 6.1 说的是任一门数学都是公理与逻辑的向量合成，但也可说任一门理论学科都应该是这样的. 不过这些都仅仅是一种形象的说法或比喻罢了. 那么公理与逻辑的真正关系是什么？简单说，因为逻辑即是推理，那么公理则是为了保证推理的初始前提、推理过程中概念的分明性和范畴边界的清晰性而设置的. 或者说公理只是为了保证推理的事物内涵与外延之间的分明性，为的是确保推理的严格性. 也就是说一般说来公理(集)只与外延有关，而与内涵无关或说与事物的推理本身无关了.

从另一角度说,公理(集)在某种条件下也可以与所推理的事物内涵有关.这就是公理能保证公理所界定成的范畴内逻辑推理的完整性.这个条件就是,公理集应满足所述的"三性".也就是说如果能构造出一个独立、协调、完备等"三性"的公理体系,那么这组公理界定出的范畴(系统)则是"完备"的,亦即其内涵将构成一个逻辑体系.否则如果只有零散的公理集,而不能保证其成为公理体系(简称公理系),则所界范畴不可能成为"完备"的,相应系统的内涵也不可能形成完整的逻辑体系.这也是符合哥德尔不完全定理的.

总之我们看到了,公理与逻辑之间的关系并非只有条件与推理的或外延与内涵的间接关系,而没有直接的决断关系.事实上只要公理集能够构成公理体系,这时的公理集也同时决定了该系统的内涵或说其逻辑完整性.

4. 数理逻辑学的公理化特征

数理逻辑学是继几何基础后的又一个典型的公理化数学学科.§3.2节已从一个方面谈及,这里所说数理逻辑实际上是指现代数学逻辑学.它勃发于19世纪末20世纪初康妥集合论引发的数学悖论背景和康妥的"连续统猜测".因为由此引发了数学的寻"根"工程.特别在20世纪30年代初哥德尔不完全定理问世后,即正式地、严肃地开始了数理逻辑学的征程,先后产生了公理集合论、证明论、递归论、模型论和非标准分析等分支,共同的一大特点是采用"公理化"手段.这也是整个数理逻辑学的一大特征,即作自己封闭的"谓词演算".因为哥德尔不完全定理证明了谓词演算具有"完全性",可实现"公理化".

正如所述,数理逻辑谓词演算中的"公理化"前提是几套符号、一套变元、一套原则、一套公式(见§3.2节),只是学科分支不同、所确定的"公理化"体系内容不同而已.

特别,比如在"公理集合论"中至今在其两个主体方向上都还远未构成自己的一套公理体系.诸如所谓ZFC(策墨洛-弗雷格-科恩)公理系都还在其"选择公理"的独立性上折腾(不过"选择公理"的重要性和基础性却已显出,并先后用在多个领域的著名成果上了).

但也应再次看到,运用公理化方法建立一门学科,虽然严格却往往很繁杂、艰难且抽象,一般不利于流行和推广,也不利于作教材,所以只在纯理论上意义强一些.

总之看到了,数理逻辑学在现代数学中是最具公理化特征、坚持采用公理体系方法的一门学科,但道路是艰苦的.

5. 现代数学中一般公理方法

鉴于公理化方法中建立公理系的困难性和运用公理系方法建立的学科的抽

象性、封闭性，致使"公理系"方法的推广性小，所以一般不用纯粹公理系方法. 可是公理化思想却是十分重要的，既能增强严格性也不增加困难度，因而得到广泛推广. 实际上在现代数学中除了几何基础和数理逻辑外，所有数学学科分支及数学研究都自然而广泛地运用了公理思想，都能自觉地提出公理或公理集，但并不重视公理集的"三性"讨论. 这一来即十分宽松了. 既然不必关心公理集的"三性"（特别是其中的完备性），就不必关心该门学科或自己研究的领域是否能公理化了. 比如数论系统、算术系统虽已被哥德尔定理论定不能公理化，可是在其论述、推理中运用公理却是可以的，且也在充分地运用着. 又如在现代数学中的大量定义都是采用所谓公理方法来叙述的. 尽管说它们（从思想上）已很接近公理化方法了，但它并未宣布采用公理化方法，也就没有义务去论述"三性"，落得宽松，在推理过程中也"宽松". 比如泛函分析中距离空间、度量空间、内积空间等定义及一般拓扑学中拓扑空间定义，以及动力系统定义，等等，都采用的"公理式定义法"，现举如下两例。

例 1 拓扑空间定义

设在集合 X 上存在一个开集族 $\tau\subset 2^X$（X 的幂集），满足如下三公理：

1° $X,\not\subset\in\tau$

2° $t_1,\cdots,t_n\in\tau$，则 $\bigcap\limits_{i=1}^{n}\tau_i\overset{\triangle}{=}\tau'\in\tau$

3° $\{t_i\}_1^\infty\in\tau$，则 $\bigcup\limits_{i=1}^{\infty}\tau_i\overset{\triangle}{=}\tau''\in\tau$

则叫 X 为以 τ 为拓扑的拓扑空间，记为 (X,τ).

例 2 动力系统定义

对于拓扑空间 X 和时间轴 T，若有拓扑映射 $\varphi:X\times T\to X$ 满足如下二公理：

1° $\varphi_0(x)=x,x\in\tau$

2° $\varphi_{s+r}(x_0)=\varphi_s(\varphi_r(x))=\varphi_x(x_r)=x_{s+r}\qquad s,r\in T,x\in X$

则叫 φ 与 X 构成动力系统，记为 (X,φ).

这种定义方式即是公理式的，叫做定义的"公理式定义法"，但是当前拓扑学和动力系统理论（至少其流行的教程等）并未能运用公理体系的"公理化"方式来叙述.

总之，至此已经明白，数学的现代已经对"公理学"认识十分清晰，不仅认识到了"公理化"的实质，知道了"公理化"之严格性和困难性，也知道在必要场合之重要性和不可替代性. 同时还体会到了一般的公理思想、公理方法和公理式的叙述所蕴涵的重要意义. 因而加强了数学及所有数学活动中自觉的公理性思维和公理式的叙述. 这已经成为今日数学（包括基础数学和应用数学）一大思维模式和思想方法.

最后顺便强调一下公理思维、公理意识、公理方法的重要性，在理论研究中虽然一般不必(也不容易)实现公理体系化,只用公理集方式,不要求“三性”检验,但也应汲取“三性”思想.注意到公理不足将不够严格,公理多了也是坏事,特别是公理的重叠和相互蕴含等更是不应该的.比如一个公理集中若有某一公理是别的公理的推理结果,那就应该是定理而不再是公理了.又如某两公理如果矛盾了则必然会出问题,等等.因此对于公理集虽不要求检验“三性”,但对其独立性、协调性的直观检验至少是需要的.

§6.2 公理的思辨

本节将阐明,公理、公理化思想、公理化方法不是人类的发明,只是人类的一种发现.它原本就是客观世界存在的一种机制,也是人类生活中从来都运用着的一种无意识的存在.只是要看到,当人的意识发现了它从而对其作了发展、推进之后,又反过来对人类科学产生了更大的推动.

一、公理的哲学本原

1. 从“居中原理”谈起

在人类还不认识太阳系时,曾经认为我们居住的地球是大世界的中心,后来知道太阳系结构后,又以为太阳系是中心……,其实这是人在无限(包括无知)状态下的一种通常的心理反映.比如当人处在茫茫大海中或茫茫沙漠里,即使已位于边际,但只要自己未看到边际,就有一种“居中”感.甚至在客游一个校园时,尽管它面积不大,但当你不知道边界就在近处时,仍觉得它茫茫浩大.包括夜行道路上的心态等都表明,人有一种居中心理.

其实何止人才有这种居中心态.比如任何一种昆虫尽管它们的寿命如此短,但它并不“忧虑”,也不紧迫,一切按部就班地执行着它的生命程序.实际上它们认为它是世上最恰当、最居(适)中的生命.同样,显然每一个种群都有它自己的“居中”感.

归总这所有的居中心理,可叫它做“居中原理”.也许它正与“圆周上(或无穷直线上)没有中点,却点点都可以做中点”有个相同的逻辑实质.同时也算是从另一个角度证实了中国古典的中庸哲学的正确性.

由于心理规律也是自然规律,这一“居中原理”即使在非生命的物质世界同样存在.比如在“上帝”看来,地球是悬在空中的,太阳及太阳系都是悬着的,一切星球天体都悬着哩.可是它们各有其程序、各得其所.它们“知道”自己并不处于极端而是居中的,否则将产生突变,形成新的“居中”状态了.即使在我们所处的地球上自然山川也一样存在这种“居中原理”,处于极端、突变状态的只是短暂的情形.

2. 科学不能“居中”

这是很明显的,因为科学是推理、是思维.一句话,科学是逻辑活动,形式逻辑是其主流、主体,而形式逻辑一个重要定律是“排中”律.它不容许模棱两可,而“居中”姿态即存在这种“模棱两可”实质,所以科学活动,包括思维等一切理智活动及其结论都不可“居中”.换句话说,科学和一切理智活动都需要精确,因而需要“着边际”,需要有一个“底”.比如经典物理学的“底”是分子,经典化学的“底”是原子,经典生物学的“底”是细胞等.又如语言中需要有个前提,这也是个“底”.

那么这里说“科学不能‘居中’”这句话本身似乎就没有前提,没有“底”了是吗?其实只是因为这里科学概念范畴广,且只在生活意义下来说,可以“模糊”一点罢了.事实上只要稍作深入或细致即会发现它原来是需要前提的,也是有前提的.那就是这里只是在“二值逻辑”这一经典的也是主流的形式逻辑下来说的科学,它不包括多值或无穷值逻辑下的诸如模糊、随机等科学概念.

其实,生活常识也有个“底”,亦即即使是生活常识也是建立在它的“底”上的.比如行人靠右、横穿马路走斑马线等规矩和生活上见死不救是小人、己所不欲勿施于人等文化习俗和乡规民约,都是些生活准则或做人的标准,一般都不再问为什么.

总之,一个是客观世界的不着“底”——居中原理,另一个是科学生活的需要“底”,其间产生了一个根本性的矛盾.

那么,客观现实是怎样克服这一矛盾的呢?

3.“相对底”——公理思想

“相对底”是对上述矛盾取折中、中庸和调和的做法.这是十分合理的.因为真要使一切事物都直接建立在客观世界终极的“底”上,将有不可想象的难.何况客观世界终极的“底”至今尚未找到.比如任何建筑都有个(基)底,但它不可能从“地球的底”上建起,而只能取个适当深的层次去建起.又如建房的基本单元是砖块、企业的基本单元是人,企业的组织条例是纪律、规则,等等,都是些相对的“底”、约定的“底”.

总之,这种折中的、相对的底表现在社会生活中是十分普遍的,诸如基本的概念、准则、条例、规矩、纪律、法律、制度等,科学地说来都是一些定义和公理,统一称作公理.

正是公理调和了“居中”与“求底”的矛盾.公理思想、公理方法也是一种自然的存在.无怪公理现象在社会、科技、生活中普遍存在.特别在意识到了公理,用起了公理方法之后,人类科学得到了进一步地促进.同时对公理本身的认识也得到了进一步深入.

特别,随着每一学科分支的深入,其"底"也在深化,其公理集合中的公理也在深入和细化.正如建筑一样,随着它的增高,其基础也要加深.比如现代物理学的"底"已由经典的分子加深到"基本粒子";现代化学的"底"已加深到量子;现代生物学的底已加深到分子,等等.此外也可看到,随着数学的现代化深入,其"底"正向着"连续统"结构进发,其公理思想也已发展成为"公理学",并以前述(§6.1节)两大特征方向展现出来.又如在社会上随着市场经济的深入,有关法律越来越细致;随着社会的发展其宪法也逐步变得更加完善,而宪法、法律、法规以及制度、政策、纪律直至乡规民约、文化习俗等都是不同层次、不同形式的"公理".

二、人类生活的一半在公理世界

人的精神世界是由心理和理智或叫做心性和理性抑或叫做显意识(有意识)和非意识(无意识)两个对偶的部分构成的,恰好心理世界是属于客观世界的.因此心理规律亦属客观规律.这时心理在有限境界中自然以其边界为"底".在无限境界中实在不着底时,反映出的则是"居中原理";理性属于独立思考的主观世界,不过它在任何境界中表现出的逻辑思维都需要一个"底",这个"底"要么是"理论依据"——已被逻辑证明了的结论,要么是人为设定的一个"底".这就是"公理"——无须证明而采纳的结论.

总之,人们不管在抽象的还是实在的对象面前,当该对象给人的感觉是有限的(具有有限境界)时,心理和理性思维都一样表现为有边界、有依据,显得踏实.这时心理和理性间显不出多大差别,可统一地叫做无意识的"公理"现象;当该对象是无限的(且无限境界)时,则表现出很大的分野.这时在心理上反映为"居中"感觉,在理性上则表现为不踏实,感到空虚、需要一个"依靠",即使没有理论依据,哪怕来个人为约定的"依靠"也行.这就是人们在显意识下给出"公理"的机制所在.

归总上述讨论可表述为图 6.2 中逻辑关系.

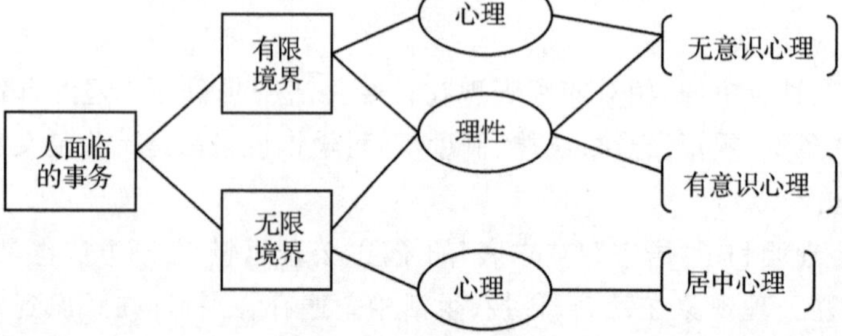

图 6.2

三、无意识公理对思维突破的障碍

亦如前面所述,“无意识公理”系指在具有有限境界的事物面前心理和理智皆表现出的一种边界感、一种心理依赖、一种思维前提、一种推理依据和实在感. 尽管它在人的思维中已作为“公理”来用了,却不一定意识到了它,更不是有意识确定的、标定的公理. 因此它常常显得究竟是理性的还是心理的,往往分不清. 比如已为社会学、行为学公认的人们常有的“习惯思维”现象和“固有思维模式”现象,即广泛存在这种未被意识到的“暗设前提”和“暗设公理”,有意识无意识地认为它是天经地义的了. 这样的事例在生活中多到谁都可举出“一大筐”. 比如长期活跃在娱乐世界和文艺游戏中的“脑筋急转弯”中的无尽趣题,绝大多数都属于对人们的习惯思维模式和无意识的假设前提、固有观念的挑战性问题. 这是谁都饱有经验的,即不再举例了. 现另举几个稍有意义的例子如下:

据载,当年哥伦布发现新大陆获得荣誉之后,一天在一个酒吧受到几个浪荡仔的轻蔑和嘲弄. 为了制服这伙不逞之徒,哥伦布指着碗里的熟鸡蛋说,“你们能干,那么谁有本事将这个熟鸡蛋在桌上立起来?”一个个都试了,没一人能完成. 这时只见哥伦布拿起这熟鸡蛋重重地往桌上一杵,鸡蛋即立起来了. 这伙人才明白原来并没有限定不准把鸡蛋杵破,是犯了个“习惯思维”模式(无意识“公理”)的束缚.

再来看看科学中的实例. 比如今天已知的“二象对偶论”中,“二象”概念的存在似很自然,却它在被人类意识到的 20 世纪初曾是相当难的. 当初是经历了光的波动说和粒子说两大学派的长期斗争后才逐步意识到光存在“波粒”二象结构特征的. 为什么经历了长期斗争才认识到呢? 原来大家都有一个固定前提,认为一切物质不是“波”就是“粒”,能且只能居其一,不可得兼. 事实上并没有人证明过这一结论,这是一种来自无意识的“固步自封”阻碍了人类的思维开拓.

又如 19 世纪中叶数学家哈密顿在建立“四元数系”时遇到两个因子不可交换的乘积问题,于是老想不通居然被这一问题阻碍了 15 年之久才在一天傍晚散步时一下“醒”了,悟道“乘积不可交换就是四元数系的一个性质嘛,干吗一定要它可交换呢?”,于是问题一下子就用不解决的方式解决了. 这才意识到 15 年来一直缠绕着自己的是一个潜意识(实则无意识的“公理”),认为乘积因子总是可交换顺序的,其实谁也没规定过,更没有证明过,原来是自己的一个无意识“公理”作祟. 这就是代数第一次遇到乘积因子不可交换问题时的“遭遇”,这在今天已成自然,比如矩阵乘积就不一定满足交换律.

总之,“公理”机制已深深地进入了我们的潜意识、下意识等无意识之中,在支撑起我们日常生活的同时也给我们的思维突破和意识创新带来了极大的无形羁绊.

那么,人类为什么会产生这类思想羁绊呢?显然只能从进化过程中找原因,可能有如下几点:

一个是远古人类无论是树上筑巢还是地上栖居都需要一个眼前(有限范围内)实在的基础,从而进化成了思维上的"实在感"需求.对于这一实在依托只要是眼前够得着的,认为"实在"的即放心了、着底了,至于它的背景、它的基础和垫底又是什么就不必去管了.比如乡村民居喜欢背山面水,但往往不去追究山是否会滑坡、塌方,水有多大的洪灾概率等,即属这一思维实质.

另一个是长期惕防野兽和敌人,需要有一个认为实在的背托、依靠,至于它是否真的实在这一进一步的问题尚无能力去过问,从而进化成了生活中一种模模糊糊的实在感(无意识的"公理"意识)和思维模式.

第三个是因为人的能量和能力有限,特别是所谓"直觉空间"的有限性,使之进化成一种只在"直觉"的灯光下找钥匙的思维习惯.

总之,也许正是在上述诸进化因素下形成了人类今天不利于发展和突破、创新的思维习惯,以致今天必须刻意去修炼、培养,以增强我们的创新思维意识和能力.

§6.3 科学与实践中的公理化思想

一、公理化思想渐成时代特征和方法论

在今天以数学为代表,对公理化在思想上形成了意识并上升成"公理学"以来,逐步扩张其影响,以致今天可以说终于波及整个科学界了.比如不仅理工科的论文中,作者能够做到明确把一些既定的、前提性事实陈列出来,然后再进行论文的论证过程,而且人文社科类论文也能注重这一思想了.比如有文说"我们是在非完全理性假设下来讨论组合投资……"这是一种公理化思维,又如有文说"……我们是在正常条件下来调查班车的守时问题.所谓'正常'即排除有雾的时段和道路遇阻和道路维修时期……"这是用一个定义的概念作为限制性公理的情形.

尤其是现代培养出来的年轻知识分子,他们知道了在论文中把一些过去认为不起眼的、常识性的、平凡的事物明确地作为前提、公理列出并非多余的事,倒是比不提出而直接应用更为合理、更为严格.这是一种现代科学修养表现.

特别,由于在包括整个物质世界和社会生活的大自然中饱含"公理实质",因此今天有如此繁盛的公理化实践和公理化思维是十分正常的.换句话说,今天已经或正在形成一个"公理化方法论",这是十分自然的.因为方法论是把挖掘出来的大自然的普遍规律、深层规律作为一种思维工具、作为一种世界观,用以观察

世界，那么公理化思想正是合符这一实质的. 不过从另一方面，毕竟只能说把公理化作为"方法论"来认识的时代才刚刚开始，还有待进一步促进，还有待于今天和今后的知识分子进一步加强对它的意识和升华，并形成"习惯思维".

公理，作为不加证明而采用的事实，亦如"定义"一样，一般不存在错与否的问题，只存在恰当与否、承认者的多寡与否的问题. 同时存在所设定的公理的宽严问题和层次高低问题. 比如上面提到的只在"完全理性"(严格逻辑思维)下的市场研究与"非理性"(既含理性又含心性、情感)下的市场研究即存在宽严的差异. 又如常说在哲学意义下的研究和在技术意义下的研究即是个典型的层次差异限定，包括其空间层次和逻辑层次都不同.

二、谈谈辩论中的公理问题

公理不仅是作为科研、思维的基础，也是人类生活交流、交往的公共依据和依托，尤其在生活中发生摩擦、断理、辩论时更需要这种共同承认的道理. 其中既有得到了证明、证实的真理，也有经验所得的原理和事实. 现就辩论中共同遵守的公理问题多谈几句.

首先说辩论双方是一对既对立又统一的"对偶子"这是容易理解的. 这时它的对立性是其主体，表现在观点的相互背离上. 它的统一性则表现在公共遵守的规则和共同承认的真理准则上了，其中即不乏公理. 这种公理有着多种类型，比如当辩论"是笼中鸟幸福还是林中鸟幸福"时，显然这里存在一个"幸福"概念的问题，争论的实质就是对幸福概念的理解. 又如对于"汽车业该不该发展"的辩论，显然是受益者说好，环境保护者说不好，但必须有一个"国家既需要发展经济又需要保护环境"的公理. "广告业该不该发展"的辩论，必然广告商家说好，消费者不说好，电视观众说不好；但也得有个统一的公理，那就是"社会需要增加就业机会". 特别当辩到"大学生应不应该谈恋爱"时，大学生既应该好好念书却又是谈恋爱的年龄，这些都应该是互相承认的、统一的公理.

总之所有这些辩论其对立之处往往仅在于给予共识的公理组所赋权重大小上的争论. 公理总是有的. 其实即使如"儿童争日"之类幼稚"辩论"，辩论双方也有个"公理". 那就是都承认随着时间不同太阳有大小之分. 又一则笑话说，警察告诉搭着一个女人的骑自行车者，"不能在公路上随便搭人"，骑车人回答"我搭的是我妻子，没有随便搭人."这里好笑处即在骑车人歪曲了警察说的"随便"的含义，也就是失去了公共的公理. 又一笑话说，邮局服务员告诉投信者说，"信超重了，还要贴一张邮票"，投信者说，"再贴一张邮票不更重了吗?"显然，问题出在失去了共同公理. 再如近闻，某市一位参加世界小姐选拔赛的小姐在主持人问她"钱和国，你最爱谁"时，竟然回答爱"钱"，引起了举国哗然. 虽然也引起了一些辩论，但为之辩护者也只强调她说了真话、实话实说，而不是说她爱钱胜于爱国好.

这说明了一点，即全民皆承认一个公理——必须爱国. 的确这应该成为一切行为的公理、准则，在任何国度都这样.

三、建模中"技术同构"思想与公理化

虽说公理化应升华成为一种思想、一种方法论，但毕竟是用来指导实践的，包括生活、科学和技术的实践活动. 这时叫它做公理化方法、公理化手段和公理化技术. 本段即回到建模的公理化技术上来.

在§4.4节谈到建模的同构原理，那只是一种理论、一种理想标准. 真要实现 Ms(模型系统)与 Rs(客观系统)间的同构，需要弥合技术与哲学之间的差异，这是不可能的. 但是作为一个奋斗目标，努力去逼近它总是可以的，也是需要的. 那么在公理化思想下的公理化技术则为之提供了一种努力. 为突出这一实质，赋予它一个名称，叫做"技术同构"原理.

所谓 Ms 与 Rs 间的技术同构，即首先利用公理削除 Rs 中一些较弱的因素、次要的空间层次以及 Rs 与其大自然意义下的环境中较弱的联系，从而使 Rs 成为另一个较为理想的、便于处理的系统(记为 Rs_0)，然后再对 Rs_0 来建立数学模型 Ms，使得 Ms 与 Rs_0 满足数学意义下的同构关系. 这时再来看 Ms 与 Rs 的关系时，可叫它"技术同构"关系. 亦即这是经过对 Rs 实施了公理化技术，使 Rs 被削弱成为 Rs_0 后再行同构的. 比如一般企业的人力资源部建立人才的度量模型时，通过对一般人才的调查分析归为有限个主要因素，诸如完成的项目、获得的专利、发表的论文、获得的奖励等，然后建立这些因素的函数(建模). 其中"归为有限个主要因素"即属建模过程中"公理化"的主要步骤，也就是其中的"技术同构"过程. 所谓公理化"主要"步骤是说，将看到从整个建模过程看，这还不是全部，还存在一些细致的公理程序.

此外，这里"技术同构"原理多是从理论、认识角度来说的，至于实践中、实际建模过程中则不必直接提出"技术同构"概念和步骤，而是表现为一个"公理化"步骤. 换句话说，建模过程有"分析、公理、建模"三大步骤. 那么其中的"公理"或叫主要公理的建立步骤，其实质就是这里的"技术同构".

总之，这里是把建模过程中的公理化手段分成了两部分. 第一部分是将 Rs "技术同构"于 Rs_0 时采用的公理. 这是主要公理或叫公理假设部分，因此把这一部分也叫做(建模的)"公理化"步骤. 但这一部分虽是公理化的主体，却还不是公理化的全部. 这第二部分即是用于建模阶段最后部分的公理，亦即将 Rs_0 同构于 Ms 阶段的公理.

不过下一节专门对公理的类型作出划分时，不必以这一建模程序来分，而是综合地按公理的性质来分.

四、再谈建模公理化与严格性

公理化主要是用来实现所谓"技术同构"原理的,也就是为了保证模型及其数学过程在逻辑上的严格性,或者说就是为了保证作为数学过程的初始状态——模型,满足"充足理由"律(形式逻辑中同一律、矛盾律、排中律、充足理由律等"四律"之一).为此须使模型成为一个"完整系统",不能与外界特别是与原客观系统存在拖泥带水的、不明不白的、藕断丝连的关系.否则,即保证不了数学过程的严格性.

换句话说,公理化仅在于保证模型(Ms)数学过程的严格,并不是为了更精确地描述客观系统.但是我们既不能把公理措施看作是模型对客观系统(Rs)的抛弃,也不能看作是对客观系统的逼近.因此不要认为公理愈给的多愈好,但也不是愈少愈好,应该适可而止.特别是前面所述由 Rs 至 Rs_0 这一步所赋公理,具有削减 Rs 的功能,如果给出的公理过多,自然对 Rs 削掉的成分更多,所成的模型虽然可能数学处理更方便、严格,但它反映系统 Rs 的真实性会更差.但反之,若赋予的公理太少,对 Rs 削掉的虽少,却建模更难或建的模型太复杂、抑或所建模型的"完整"性更差等.这也是会影响到整个定量分析成果的,也是坏事.所以说在这个"二难"问题面前,公理条例应"适可而止".至于适到什么"度"而止,是个活的问题,因事、因题而易,这就是对建模者能力的锻炼和挑战了.

不过将看到,公理类型是很多的,上述"适可而止的"公理所在类型只是其中一类,只是最重要的一类罢了.对于其他的,诸如符号的设定、概念的界定等类公理,常常只是因需而定,一般不存在过多过少问题,不在话下.

§6.4 建模过程中用到的公理类型

本节从公理概念出发,对建模过程中用到的、具有公理特征的事实作出分类认识.

显然,从"公理"概念出发,诸如建模中用到的假设、前提、猜测、约定、条件、限定,乃至定义、界定等等都应该属于公理范畴,现对它们作分类描述.

一、符号约定类公理

已知,数学建模是把非量的 Rs 映射成量化的 Ms,为此首要的是需要将所有的对象系统符号化,以便最终形成形式化的模型 Ms,以利于进行数学运作.据此可知,这样的通有的符号也应该是一个系列.的确如此,且这一符号系列又可分作若干子类型,此即:

- 文字符号.这是一类事物性或说名词性的对象,诸如系统目标(因变量,

可记为 $y_1, y_2, \cdots\cdots$ 等)、影响因素(自变量,可记为 $x_1, x_2, \cdots\cdots$ 等)、参变量(可记为 $a_1, a_2, \cdots\cdots$ 等)以及控制变量(如 $u(t)$),干扰变量(如 $\xi(t)$),等等.

· 序关系符号. 主要是 $=$、$>$、$<$、$\geqslant$、$\leqslant$ 等.

· 集合符号. 比如 $\{a, b, c, \cdots\}$ 或 $\{a_i\}$ 抑或 $\{a_i \mid (a_i$ 定义$)\}$ 等等.

· 运算符号. 主要是所谓"十则"运算,即加、减、乘、除、方幂、开方、指数、对数、微分、积分等(简称加、乘、幂、指、微及其逆运算)以及各种括号等.

· 映射符号(或叫函数),比如记 φ 为某映射,其定义式记为 $\varphi: \underset{x \mapsto y=\varphi(x)}{X \to Y}$,其中 Y 为象空间,X 为原象空间,$x \in X$ 为自变量,$y \in Y$ 为因变量,$y=\varphi(x)$ 即为函数. 此外比如 $\|\cdot\|$(向量模或范数),max(或 min)$\{\cdot\}$,$[\cdot]$(取整映射,阶梯函数),等等,都是些映射符号.

· 逻辑关系符号. 主要的有 $\neg$(否定),$\vee$(合取),$\wedge$(析取),$\rightarrow$(蕴涵),$\leftrightarrow$(等价). 不过这些符号除后两者($\rightarrow$、$\leftrightarrow$)外主要用在数理逻辑学中,对于应用数学用得较少. 根据应用对象特征还可给出推广性符号,比如对于 $\vee$、$\wedge$ 则有集合意义下的 $\cup$、$\cap$ 和张量意义下的 $\oplus$,$\otimes$,又如仅就 $\wedge$ 有向量间的 $\cdot$(内积)和 $\times$(外积)以及张量间 $\wedge$(尖积)等等.

· 组合符号,即各类符号按某个确定思想的组合,因此它是一种语言叫做形式化语言,又叫公式,也就是一种数学模型,因此是因对象而异,因问题而异的.

注意:典型的数学模型完全由各类符号组合而成,因此模型中符号很多,这里列出的仅是一些流行的、主要的符号. 但要注意,在模型中对于真正流行的符号一般不必作出(公理)约定只需直接取用. 比如上述各类符号基本上都是流行的符号. 不过这里特别指出:

(1)符号是可以自行独立设定的,大可不必拘泥于既有的符号.

(2)但不要为独立设定符号而独立设定符号,不要作秀,仅当真正需要时才去创造性地设定. 一个好的符号设定也是一种创造.

(3)对于非流行符号必须交代(即设定). 特别是自己临时取用的符号,或式中用到具有特指含义的新符号时,必须在式前设定或式后交代,这些也属于"公理"约定.

二、定义类公理及一个附录

在建模以及一般理论中往往少不了定义. 因为理论越深入,要求有关概念越明晰、越确切. 由于定义具有这样的格式:"如果满足……,则叫它做……"(注意若变为"如果满足……,则必然……"型即是定理了),它符合公理的"不加证明而采用的事实"这一原则,因此说定义属于一类公理.

此外也已看到,一个定义即使是描述性定义常常也不存在正确与否的问题,只存在好与不好、接受的人多与少的问题. 至于公理性定义，本身即是“公理”，更不存在接不接受的问题，因为有关理论都是建立在这一公理性定义之上的. 比如(§6.1 节中)拓扑的定义、动力系统定义、线性空间定义等数学理论中的定义都是“公理性”的. 总之，不管哪种定义原则上皆具有“公理”的特征，因此也属于引入公理的一种形式.

附录：

这里顺便指出，通常说来一个概念与其定义往往被看作是等价的，其实它们是有较大区别的. 比如上述“定义属于公理类型”的说法中，即需强调其与“概念”的差异. 特此正面谈谈概念与其定义的如下区别：

(1) 概念. 系指一件事物的本来面貌，客观上是什么就是什么，或说是其哲学意义下的原貌. 因此在介绍、描述一个事物的概念时，不要求精炼的语言，常常用举例、比喻加上比示等一番述说，目的是要在受听者脑子里建立起一个“真实的原貌”，原则上要求不能失真. 但这在实践中常常很难做到，所以实践中叙述一个概念存在着欠正确、有缺陷、不真实、有错误、被歪曲等评价. 也因此，不能说以一个“概念”作为公理. 也因为它作为一个客观的哲学存在，不需要谁来承认，也不需要谁来公理化地设定它.

(2) 定义. 定义分作公理性定义和描述性定义两类(尽管皆具公理性，但前者更为凸显自不必说)，因此这里主要以生活和一般科技中常见的描述性定义作为背景来叙述，自然其结论对两者皆真. 定义是用精炼、准确的语言描述出的某一事物，虽然它也致力于“精确”地描述出该事物，但常常不可能，特别比起概念式的叙述来，更是如此. 所以说定义语言虽比概念表述的语言来得简练但相对于该事物的哲学客观来说，失真必然很大. 实践中人们是承认这一点的. 因此人们运用定义常常只是为了描述语言的简洁，只是强调该事物的技术性“真实”而非哲学性真实. 总之，对于定义，比如描述性定义虽说也致力于描述相应事物的客观，但重在技术、重在应用，重在给受者一个明确“概念”映象，便于交流. 甚至可以说，相对于概念强调的客观性来说，定义倒具有一定的主观性. 因此比如科学上对“系统”的定义已有三十多个，对“数学”的定义有两百多个. 可以说凡是描述性定义都是非唯一的，但谁也不能说自己的正确、别人的错误. 原因即在于要用精炼语言描述一个哲学的存在对象本来就难(甚至不可能)，因此每个定义往往只能强调该事物的某个方面特征. 正因如此人们已习惯于站在定义角度，从定义出发去看问题. 当强调事物本身时则从概念角度去看问题. 所以说定义具有“公理”性. 特别是“公理化定义”，诸如抽象理论中的定义，数理科学中的定义本身即是由条条公理来界定的，不妨说它完全是站在给出定义者主观角度做出的事物，乃至社会治理中的法律、条例都具有这一公理特征.

由此看来，即使对于同一件事物来说，它的概念与其定义也是有区别的，甚至具有实质性的区别.

一般说来,概念与定义的区别是哲学性与技术性的区别;是客观本体与主观写照的区别;是“是什么”与“像什么”的区别.

定义与其本体概念的关系类同于模型与其原象(客观系统本体)的关系.

总之,当说到定义(包括描述性的和公理性的)属于公理类时,不能与其相应的概念混为一谈了.

最后,不得不声明一下,上述过程旨在强调定义与概念的区别一面.这是因为通常容易视为二者是完全等同的了.那么我们的最终观点是,既不要将定义与概念视为完全等同,也不能因此视之为完全的不同.正确的认识存在于两个极端之间(中庸也).从权重上看二者的共通性是主要的,都在于尽量真确地描述同一对象,只因任务倾向的不同才产生差异.

三、假设、猜测类公理

在科学论著中常常见到假设或猜测之类术语和内容,这里说明两点:

一个是,它是“前提”性的,是作为理论的基本条件而提出的.比如“猜测”即存在结论性猜测和前提性猜测两种.结论性猜测是需要去证明的,比如近代数学中费马猜测、哥德巴赫猜测等激起人类历经几百年时间去攻克它,终于在1994年证明了费马猜测,但哥德巴赫猜测至今未获最后证明.前提性猜测,比如牛顿力学或说经典物理学即是建立在三大猜测(绝对时间、绝对空间和时-空的平直性)基础之上的.又如爱因斯坦的相对论也是建立在两个猜测(光速不变猜测和运动系与参考系的相对性猜测)之上的.这时的猜测只用作前提、基石和基底,需要无条件地承认它,而不是作为攻克目标来对待.因此说猜测可分作结论性和前提性两类.而后者才是我们这里谈到的猜测.

此外也应该看到,前提性假设中也有一类是“当事人”无意识下存在的“实质性假设前提”.比如在市场竞争中某商家企图以单方面降价策略来实现其市场份额的增加时,其中往往隐含了一个“假设竞争对手不作价格响应”这一前提假设,亦即只有别人无价格反响时他才能如愿,可是他不一定意识到了这点,所以只能说“实质上”他有一个前提假设.

另一个需要说明,这里说的假设或猜测只能叫做“科学”的假设或猜测,并非生活中才能见到的那种毫无道理的臆想、臆测.亦即它总是来自一定的科学依据和科学思维,具有一定的实际背景或逻辑背景、思维背景,抑或说是在“合情推理”(波利亚)意义下提出的,仅仅是还没有得到确切的证明或证实而已.但在这里并非要去证明或证实它,而是作为“成果”来承认它,把它作为依据去推导进一步的成果.即使当初罗巴捷夫斯基和黎曼的“第五公设”假设(见§6.1节),也是他们事先有一定的逻辑认识和思维功底(仅待证实),才可能提得出来的,所以也应该属于科学假设.如果当初他们未能成功也一样属科学假设.从某种意义说,科学家在科研中提出的假设、猜测,不管成功与否都是在一定科学意义下提出的,皆属于科学假设或猜测.

至此我们看到了,不管是前提性的猜测和假设,还是科学性猜测和假设,都具有"公理"的实质,因此也属于公理化中公理的一种类型.

四、法则、定律类公理

现实生活、实践中所遵循的法则类和公认的定律类都具有公理的特征,都可以作为公理来应用.

法则类包括法律、准则、条例、条款、契约等约束条件都是.它在理论叙述和建模中是作为条件限制来运用的.比如规划论模型中的限制条件"s.t"即具有公理特征.又如判定市场完全竞争还是非完全竞争类型的"四条"准则(竞争者是否"无穷"多,进出市场是否有阻尼,单个竞争者是否能影响市场,市场信息是否对称)也是公理性的.甚至比如说"假设影响商品品牌的因素只有产品质量、产品特色和售后服务等三个",这也是个公理化式地叙述.因为其中有限定语"假设……只有……"而客观上,原因本来还很多.此外,社会生活中的法律、法规也是符合公理特征的,因为法律和法规一旦公布,它是"不讲情和理"的,只得服从,即使解释权也只握在少数专人手里.

至于定律,尽管说是人们甚至是人类科学的共识,但毕竟不是经过严格的逻辑证明的,这时在理论推导中来用它只能作为公理来用.比如已谈及的牛顿力学三大定律:万有引力定律($F=g\dfrac{m_1m_2}{r^2}$,符号意义自明)、作用力与加速度定律($F=ma$)、运动定律($s=\dfrac{1}{2}at^2$).实际上也是作为公理来运用的.的确如今已知,牛顿三定律也只能是在牛顿三大假设前提下才能得到的相对性结论,并非绝对真理.即使在隶属于形式逻辑范畴的"物质宇宙"中它也只能在非高速和"局部"时空下才成立.也就是说在牛顿公理下只能推出牛顿的"经典物理学".进一步,凡是人们仅凭经验、观察、观测得到的规律都不一定绝对靠得住,往往具有局限性,在运用时只能视其为"公理",作为公理性的依据.当然在明白这一实质之下,即可返回来看到,常常说的定律或类似定律(如某些共识、原理等)的事实,都只能属于公理类.

第七章　数学建模基本过程论

§7.1　从课题的团队分工谈起

一、项目、课题与习题

一般把工程技术类任务叫做“项目”，把理论、社科类任务叫做“课题”. 对照起课程中习题的特征，更容易衬托出项目或课题的特征了. 那就是“习题”：一是任务要求明确；二是所给的条件充分（有人把它比喻成舞台上的道具，既没有多的，也没有少的）；三是习题多是命题者编造的，已被完成了的，或说是已被嚼过的馍.

但项目和课题与之比较起来，除了第一条相同外，其他两条不仅不同，而且恰好相反. 亦即项目、课题的特征：一是任务明确；二是任务客观，一切条件就是系统本身；三是它们都是还没有完成的甚至没人做过的工作. 是一个“新鲜的馍”，需要自己去嚼. 亦即对于项目、课题，原则上包括它需要什么条件、信息，如何去获得这些条件、信息等都得自己去设计，自己去完成. 这就注定了要完成一个项目或课题并非做习题那么容易.

一般说任一项目或课题虽然主持者常常是一个人，但都是由一个个团队来完成的，因此课题和项目中的数学建模也常常涉及团队的配合. 这里着重对课题中的团队分工问题作考虑. 特别将对照起工程项目的团队分工特征来作考虑.

二、课题团队分工特征认识

相对于项目运作中的情形，我们只需对“课题”强调一点. 那就是课题的分工不宜太明确地分段、分人，不宜横断切块、各自包干，最后总装. 至少得有主笔者自始至终贯穿全局. 这是因为项目具有硬性，课题具有软性. 一般说软性对象的整体性较强，因而可分割性较弱. 对于项目类，比如要改进一台设备，尚可明确地分作设计、制作两大块，制作又可分作零件制作和最后装配两个阶段，总共三个阶段皆可由多个工序去分头分人包干执行. 但是一个（软性的）课题则不宜这样. 比如为完成一个工厂的市场形势预测，尽管说从课题论证到全过程设计可以且往往是由课题申请者（主持人）或其委托的第一主研一个人完成，而且往往是按时间过程，分阶段任务设计并依秩去完成. 但是在作人力分配时却不可将全部人力都分到阶段任务上去. 比如分谁去查资料、谁去收取数据、谁去作现状调查、谁负责建模、谁负责模型分析、谁负责软件制作、谁负责总结、写出课题报告等,却没人负责全过程,这显然是不合理的. 这是受技术项目分工模式影响的结果,是忽视了或根本没有意识到硬项目与软课题间具有本质性差异. 简单说来这一本质性差异就是“硬”与“软”的差异(参见:高隆昌. 系统学原理. 北京:科学出版社,2005). 如果说工程项目中分段独立完成的“块件”在其下游工段或总装段尚可精确度量出误差并予以修正,理论课题则没那么荣幸了. 因为它的“总装”只能首先反映到总装者的脑子里来才行. 但这时没有全过程经历的他就连是否有误差也难以感知.

根据笔者经验,我们应该承认一种现实,那就是不可能课题的每个参加者都自始至终全程参与,尽管说这是最好的、最利于高质量完成课题的也罢. 但也必须做到至少应有一个“主笔”者不仅以全力的身份而且站在主体的地位参与全过程. 须知即使多人编写一本书都少不了统揽全程的主编,何况课题呢? 即使课题中的某些阶段可以由“主笔”安排人员参与,但也只是帮助主笔工作,至少在思想上不能代替其主体地位. 比如他可以安排课题组不同的人帮助他收集数据、查阅资料、信息调查,但也都要及时汇总给他,特别要汇集到他的脑子(思维)主体中来. 如果他想“偷懒”,这些事全让别人去“跑腿”,尽管别人可以很好地总结汇报给他,都只能是二手资料,都是不利于他藉此基础建好数学模型的. 也就是说数学建模者必须亲自历经调研过程,才有利于建出满意模型. 自然,模型的数学分析过程最好也应由建模者作为主力参与. 也许可以说只有其数值处理,诸如编程、模拟、计算之类工作尚可以另外派人执行. 或者说仅只在这一环节上,“主笔”人才可以“偷一点懒”. 特别在最后的总结、组稿、结题上,仍然只有参与了全过程的人,特别是思想上参与了全过程的人,才可能得出更为准确、全面的相对满意的结题报告来.

此外,我们建议在课题运作过程中即使不是每个人都在上述意义下全程参与,也应在如下意义上“全程参与”. 那就是应在(比如)课题论证、调研、建模、分析和总结等阶段上适时地分别召开至少一次全课题的学术讨论会,其意义自然不必赘述.

下面仅站在“主笔”者、贯穿始终者的角度来讨论本章内容.

§7.2 阶段Ⅰ:系统理解

不管是以定性分析方式还是以定量分析方式完成课题,在此第一阶段都需要对其课题对象作出定性认识和分析,不妨把它叫做“系统理解”,以强调其深入性. 现进一步从以下几点谈谈系统理解中的有关事项.

一、注意两大区别

1. 注意到与课题论证时的“系统理解”相区别

亦即在这时的分析中应站在课题进程角度来认识系统，不能继续站在课题论证的角度去看问题. 这是因为二者间既有联系又有区别. 正是其关联性使我们容易产生混淆，但毕竟其区别才是主要的. 它们主要表现在一个是站在系统内的，一个是站在系统外的(当然都是站在课题内的)；一个需要具体、细致地去认识系统，一个主要是客观地谈“伟大意义”；一个的目标是为了完成课题去尽量客观、准确地认识系统，解决“是什么”的问题，另一个的目标只是为了批准课题，需要说服课题评审者.

例如，为要申报“研究型大学本科教育战略分析”课题，在申诉理由时自然是强调研究型大学中一种普遍的、易犯的毛病是重研轻教，然后倾诉其危害；指出对于研究型大学，其本科教育系统资源是丰厚的，搞得好大大有助于提高本科教育，搞不好极易被忽视；同时，说明目前这方面研究极少，即使专门研究“研究型大学”的国家课题也没有这方面的专门内容……总之，一个目的，说明该课题研究具有“伟大意义”，很有必要. 但是，拿到这一课题任务之后该怎样来系统地认识、分析这一课题呢？自然上述诸现象和理由同样成立，同样存在. 但现在要求的将更具体、更细致，也更全面、更客观了. 不仅要看到遏制影响其本科教育的因素，也要看准支持、有利于本科教育的因素，并找出各种利弊因素之差距，看清问题的本来面目，这才说得上正确的战略决策. 可见申报课题前后的系统分析虽然有联系，主要的还是差异. 至少有已述及的几点差异，值得重视.

2. 注意到定性分析与定量分析在这时的“系统理解”上的异同点

根据第二章对定性分析和定量分析的认识，虽然它们的区别很大，但在此“系统理解”阶段共通性也是比较大的. 共通性主要表现在调查研究的“调查”上，区别仅表现在“研究”上. 在“调查”中都需要查阅文献资料，向甲方作情况了解、咨询以及相关信息数据的搜集等. 至于这里的“研究”，并不是与“调查”严格分立的一个阶段，而仅表现为贯彻始终的一种思维、思考、理解、释惑过程. 可以说“调查”活动只是为这一“研究”(分析、理解)过程服务的.

一般说打从脑子里装上这一课题任务之时起，即开始了这一分析、思考、理解的“研究”过程，从而产生的疑问和盲区，也才引起了调查咨询的需求；正是随着调查和咨询的深入，脑子里构建的课题系统才逐步清晰，从而“系统理解”也才得以逐步实现(自我满意).

从另一方面说，定性分析与定量分析在这一“系统理解”阶段上体现出的不同仅在于“目的性”上.定性分析者需要在既有的调查信息上直接去解决问题,因此仅这些还不够,还需要细分、细腻、对比、提取等哲学思辨的深入,其工作自然还很多.定量分析者这时脑子里酝酿的则稍带宏观性,比如系统的结构特征、运行特征、演化特征和系统的开放性特征、环境特征等.总之,定量分析者对系统理解的思维常常具有“数理”性,表现为空间的、结构的、动态的、关系的等认识.自然这一理解、认识过程本身即是系统建模的孕育过程.

二、定量分析中的定性分析容易产生的误区

最大的一个误区是,容易误解为定量与定性决然不同、既然是定量分析就不必定性分析等.这是在第三章中也已谈及的问题.根本上说是一个认识问题,是对定性分析与定量分析间的关系与地位没有认真思考过,因而有意无意地把二者看成互相孤立的了,甚至认为既然定量分析更先进、更高,就不必顾及定性了.

可以说,仅仅在这一误区的导引下(甚至不一定已形成明确的错误观点而只是朦朦胧胧的下意识状态),都可能引生出如下系列的非正确的误区.

首先是在执行课题的第一阶段,表现为“重调查轻分析”,即一开始就着手数据收集、资料查阅,而不是建立在认真的初步分析,自然地提出问题之后有的放矢的行为,显得有些盲目和浮躁.

其次是分工上容易蹈入§7.1节中提到的“工程项目”式的分工方式.特别在一些从工科专业转到社科、管理类的研究生身上更容易犯这一毛病.当然这仍然来自他们对第二章所述定性、定量分析间的辩证关系缺乏研究性的认识.经验告诉我们仅仅听到别人讲过的理论(不只是一个信息),尽管你是接受的,但若对它没有过“研究性的认识”,在用到它的时候往往仍会失去“自觉性”.

再则,是在课题研究过程中忽视了第一阶段的“系统理解”,而一般直接进入建模的准备阶段,因此也才有直接收集数据、急于进入建模阶段的“急躁”行为.这自然是难以建出满意模型的.特别一些人说到建模,脑子里最容易产生的响应是首先想到在经历过的模型中去仿照既有的模型.这虽然不是错的,但不利于创新,不利于创造新方法.究其原因,不应该归于诸如“我不是来自数学的,不善于建模”,“说起建模,脑子里一片空白,所以只能仿照”等说法,往往在于对其对象系统了解不够、理解不够,因此脑子里才有“空白”感;其次在于建模的信心不足,已经谈过建模并非数学专业人士的专长,也并非他们的必修课.

还要说一点,人们看到的定量分析论文一般在建模前,虽也都有一个定性的叙述过程,但都很浓缩、精练,语言很少.这不能误认为他们把定性分析放得很弱,因而认为定性分析不重要了.原来只是定性分析的内容和过程不宜像纯定性分析文章那样细述出来,否则即啰嗦了.因而只能摘取精练部分扼要写出.一般说好文章的定性叙述部分都是这样.但凡定性部分少却不精、不深者,往往其文

章质量也不好.这种情况一般出自对定量分析文章的定性分析部分认识不足,因而下工夫不够引起的.

总之,这里是再次说明了,建模之前对系统充分了解和理解是必要的、基础的,否则谈不上建立一个满意的模型,也谈不上创新、创造.即使去仿照同类系统模型也只能是勉强的,因为不理解自己的对象就谈不上主动权.

§7.3　阶段Ⅱ:模型类型的抉择

事实上在§7.2节对"系统"作"理解"的过程中,由于我们脑子始终处在课题状态,始终有个课题任务感,即会自然地开始这种模型的类型考虑.只是到了这时才进入专门的模型抉择期罢了.这时需要注意如下两点:

一、三种问题类型

根据系统和问题的特征来确认模型类型,一般说可有三种问题类型,从而有其相应的模型类型.

1. 度量型问题

已知度量型问题分为工程(技术)度量和社会(事物)度量两类.其度量方式皆分作基本度量和导出度量两类.工程度量中的基本度量借助工具、仪器来完成.社会度量中的则只能用所谓"基本统计"法来完成.从直接清点数目到问卷调查和历史数据收集等,皆属"基本度量".至于导出度量,即寻求一种公式,它是由基本度量值来表征的.比如力学公式 $F=ma$ 即是力 F 的导出度量公式,其中 m(质量)、a(运动加速度)是其基本度量(这里只是个相对的说法,实际上$a=\ddot{s}(t)$,路程(函数)$s(t)$才是基本度量).导出度量的公式本身即是一个数学模型.它可以是经经验、猜测而检验、验证构造成的,也可以是直接的数学模型(本质还是猜测而成的).诸如投入-产出模型、层次分析模型、神经网络模型等.当然所有导出度量都具有两个特点:一是以基本度量为基础(在公式中可以是符号表征);另一个是必须经计算或推导、推算方能得出具体量.已说过度量模型可有广义和狭义之分,那么这里是指狭义,或者说这里的"度量问题"仅指具有数值(标量或向量)性解的问题类.对于那种不具有"数值性"(度量)特征的问题和模型可归于下述情形.

2. 分析型问题

分析型问题是一个大类.它表现为函数特征很强,又叫做数理模型.比如尽管导出度量的表达式或其推导过程具有或用到函数形式,但它的基本特征不具有函数性.例如其表达式中没有明确的自变量、因变量界定.原来是它不需要从函数式角度去讨论问题.从函数角度的讨论叫做函数分析，包括函数曲线或曲面、超曲面的连续性、可微性和几何特征分析等.后者诸如函数的间断性、非光滑性、凹凸性、升降性和极值点、均衡点、反弯点以及利用函数的定义域作外推预测等等都是.而判断、讨论这些特征的工具即是函数的连续性判定和微分学手段.此外也包括模型结构关系的探讨，尽管在这方面更多地表现为"度量"问题也罢.

属于分析型问题的模型类，主要有结构型模型和动态型模型.前者不具时变性，用于描述课题系统各元素(或叫部分)之间的构架关系.这又可分作直接的函数构架和微分构架两种，如某些函数方程类等.这些结构模型除了表示"构架关系"外还有更多的用处.比如上述的"几何特征"和模糊结构等的判定，都是在直接或间接构建的函数表达模型上才能实现的.所谓"间接构建的函数模型"即比如某些不含时间意义的偏微分方程(如 $\Delta u\triangleq\frac{\partial^2 u}{\partial x^2}+\frac{\partial^2 u}{\partial y^2}+\frac{\partial^2 u}{\partial z^2}=0$(拉普拉斯方程)及 $\Delta u=F(x,y,z)$(泊松方程)等椭圆方程)甚至谢留德方程($f(x)=h^{-1}(h(x)+a)$等，是首先通过它们求解(函数)，再对其解函数来判定上述"几何特征"的情形，所以是间接的.

至于动态型模型则是含时间(记为 t)意义者.模型中可以显含 t 也可隐含 t，模型中显含 t(t 直接出现在式中)的关系叫动态系统.将谈到这类系统不具有典型的讨论意义.所谓隐含 t 的模型一般只能为动力系统情形，即 t 不直接出现在式中，仅含因变量对 t 的导数(变化率)或对离散时间(比如 $t=1,2,3,\cdots$型)的增量式的情形.建立动态模型和对动态模型研究最多的正是这一"不显含 t"的情形，管它做动力系统(简记为 DS).比如动力系统形式 $X=F(X)$ 和 $X_{n+1}=F(X_n)$ 即是它的典型情形.此外也有一些隐含 t 的偏微分方程具有动力系统特征，诸如

热传导方程：
$$\frac{\mathrm{d}u}{\mathrm{d}t}=a^2\Delta u(X)+F(X)$$

式中 X 为欧氏空间自变量向量.

波动方程：
$$\frac{\mathrm{d}^2u}{\mathrm{d}t^2}=a^2\Delta u(X)+F(X)$$

麦克斯韦方程

$$\begin{cases}\varepsilon_0\dfrac{\mathrm{d}E}{\mathrm{d}t}=\mathrm{rot}H-J_0 & \varepsilon_0\,\mathrm{div}E=\rho_0\\ u_0\dfrac{\mathrm{d}H}{\mathrm{d}t}=-\mathrm{rot}E-J_m & u_0\,\mathrm{div}H=r_m\end{cases}$$

$$\begin{cases}\dfrac{\mathrm{d}\rho_0}{\mathrm{d}t}+\mathrm{div}J_0=0\\ \dfrac{\mathrm{d}\rho_m}{\mathrm{d}t}+\mathrm{div}J_m=0\end{cases}$$

其中 ε_0、u_0 为常数，满足：$1/\sqrt{\varepsilon_0 u_0}=c$（光速）；rot 为旋度，div 为散度；$E$ 为电场强度，H 为磁场强度；ρ_0、J_0 分别为电荷密度、电流密度；ρ_m、J_m 分别为磁荷密度、磁流密度等.

不过既有的研究不只是偏重时间意义（而是时-空意义）的，显然也可以从时间意义上亦即从动力系统的角度去分析它. 从这一意义可叫它为“广义动力系统”.

3. 随机型问题

顾名思义，这是运用统计方法来解决的问题. 当然不是指社会的“基本度量”层次上的统计，而是一类需要正式启用数理统计的问题，比如其中回归分析、计量分析和非参数估计问题等. 一方面是这类统计任务容易实现的情形. 比如当历史数据记录多且全（病态数据少），或容易调查、实验以获得所需的起码样本量时即如此. 当然有一些是属于度量类的数字特征问题，这里没必要过分去区分. 另一方面是容易通过统计回归得出系统在有限区间上的结构函数，从而进一步通过定义域（往往大于所考察的区间）做外推预测的情形. 这一任务也可说是属于分析型问题中的，甚至可说本类型亦属分析型问题中的一种特殊情形. 其特殊性在于它的样本数据多或可获得的样本数据多.

其实，真要从客观的存在来说，一般系统问题都是随机的. 皆因模型的近似性，当其随机性不是主要考察对象，或考察随机问题所需的“样本量”这一前提条件难以保证时，才仍然使用更为丰富、成熟的必然数学的理论和方法去解决问题.

顺便提到，对随机问题作样本数据的统计处理，其方法的机理是：样本数据本质上是系统复杂机制和复杂条件下的一个个泛函值，而泛函是无法直接找到反函数的，那么本质上说统计方法正是寻找这一“反函数”的一种技巧. 是通过系列泛函数（样本数）去实现的，十分高妙.

二、一个课题中往往不止一个模型

经验表明，一个公开课题不管是科研部门资助的（竖向课题）还是实用部门资助的（横向课题），不管是自拟课题还是招标课题，从理论到应用，一般都具有一定规模. 作为定量分析，它的解决往往也不是一个数学模型所能解决的. 换句话说，一个课题往往或者需要分作多个子课题去分头解决再综合汇总，或者需要分作几个阶段任务去逐个解决. 但这两种情形都可能需要分别（分作子课题或分阶段）建模解决. 因此说一个课题往往不止一个模型，甚至可能在一个课题中上述三类问题和模型还会同时遇到，应该根据情况适时选择.

此外也要看到，这些子课题和阶段任务既可能是在课题设计中给出的，也可能是在研究过程中临时提出的. 因为研究就是开创，包括所走的路子都不可能完全预先给定,同样需要开创性. 所以常常是预先设计加适时创新,甚至多次改动原设计、原计划都是可能的. 当然这并不是所希望的,这实际上是课题设计不周密、不理想的表现. 但也应该有应对这种现实的思想准备. 总之是为了更好、更完美地解决问题. 整个过程都得报着灵活、创新、更好的激情去做. 后者也可说是属于思维模式类的问题.

特别是课题总带有理论性. 一般说从理论的角度,任一课题都容易找到多个理论焦点,包括应用课题都是这样. 比如在应用过程中一些环节或转换点,分支的关节、结点处,往往容易发现需要或可能做出理论深入的地方. 而每个这样的部位都可能生发出至少一篇论文的子课题工作,从而至少有一个(子)模型甚至一个独立模型需要去做.

例如有某部门的一个专业技术人才预测、规划课题. 按照课题规划,第一阶段是在一般情况介绍之后,要求课题组成员各自独立去做这一方面的理论研究,目的是发挥多个脑袋的作用,分头去理解和探索. 能写出论文最好,否则也要有自己的一些创造性意见和见解,然后再汇总交流、沟通,作脑风暴碰撞. 最后才进入到针对课题任务的预测、规划性研究和设计. 这样一来在一年多的时间内便写出了大大小小 20 篇论文,其中有理论性较强的,有应用性较强的;有纯定性的研究,如"论社会主义市场经济下的人事工作特征"等;更多的是定量研究论文,诸如"人才市场与人才动力学研究"、"对岗位'定编'工作的理论探讨"、"目的规划中一个构造目标函数的新方法"等,应用基础理论文章发表刊物的级别也较高. 又如"人才预测纵横统计推进模型"、"××部专业技术人才系统评价模型"、"××部专业技术人才规划模型"和"等级制人事系统层次结构演变规律及稳定状态分析"等应用方法型研究,都是具有独创或较强独创的研究成果. 由于有这样坚实、宽广而深厚的理论研究垫底,最后形成的预测和规划模型及其软件支持系统,得到评审专家一致的好评,并由相关人事司发文在全系统推广应用.

三、根据自己的特长建模

比如在上段所举课题例中,对同一课题写出的 20 余篇论文并非出自同一种定量方法而是分别由长于数理统计的人、长于动力系统的人、长于优化理论的人写出的. 这就说明,对于同一课题,从不同的专业特长看去,皆可以看出实质性的东西来,皆可以有工作可做,也说明对于一个课题并非一定要用某种或某类定量方法才能解决,不管来自客观的还是主观的课题皆如此.

实际上即使落实到具体任务其模型也不是唯一的. 比如为要作预测,也不只一种预测方法,即使流行的也还有模糊预测、灰色预测、统计推断预测、模拟外推预测等. 何况尚可根据对问题具体了解和理解而"即兴"创造呢. 这时往往更能针对性更强地建立预测模型,建成后再给它定名称. 比如上段谈到的"纵横统计推进模型”,即是根据脑子里那个“实在”,用模型表述出来后才给定的名称.尽管说最后发现它并没有多大的独特性和推广价值,但它的确是根据具体任务量身度体而独立创建的.

又如,在历年的数学建模比赛中也没有出现过同一题目下完全相同的数学模型,最多也只是“十分相近”.尽管说那是些考试题目,是经过命题人锤炼过的东西,所给出的条件本身即已给人以解决问题的思路诱导了.它完全不同于自己独立从实践中去捞取信息而建模,也不同于只给了一个题目、一个任务(下达型或招标型课题即如此),要求自己去设计,从提出信息需求和信息聚集做起.所以说对于任一个课题甚至(具体的)题目,其数学建模方法和建出的模型都可以是很多很多的.

其实,第五章已从理论上谈到过,任何一个客观对象的模型皆属近似、皆非唯一,从绝对意义上讲甚至是无穷的.同时表明原则上解决任一问题都不是局限于唯一方法的.不过对于同一问题的不同方法和不同模型间存在优劣差异却是事实.比如一个人长于多种定量分析方法时将发现对于不同的问题,最适宜的方法可能是不同的.这就说明同一问题虽可有多种方法去解决,但也存在此时此题(此人),某类方法更方便、更容易或更精确的事实.

不过得承认,比如对于一个题目虽然客观上说用解析方法更漂亮,但我更长于统计方法,这时与其弃长就短地去生硬地用解析方法(因而效果不会很好),倒不如精心运用自己的统计方法.这时所获得的结果值当不会亚于非长方法下得出的成果.这是从理论和经验都得到共识的结论,即不再举例了.

总之,共同的结论是,在课题中我们应该扬长避短,就自己的特长去直面问题、直面建模.即使是(认为有必要或不得不)引用、移植既有的定量方法,也应该选择自己熟悉的,才能说得上创造性的应用.当然初学的人、刚刚步入的人例外.这时只需取其上述精神即可.

§7.4　阶段Ⅲ:建模准备与广义公理化

至此,假设已对自己的课题或题目对象作了较为充分了解和理解,并根据自己之所长确定了建模的专业方向.比如已确定是用动态分析方法还是结构分析方法,是用解析方法还是数值方法、统计方法等.这时候就得为着心中那个“愿景”去做建模准备了.

所谓“建模准备”,实则着手将客观系统(Rs)逐步升离客观而步近、满足一个严格数学模型(Ms)的要求所应做的一些手段和措施.从这一意义说来,建模准备可归为符号假设、概念界定和条件设定等三大类工作.这些都是服务于模型系统的目标确定、问题简化、因素确定和关系确定等的.这些只需凭经验去揣想由

客观的 Rs 到数学的 Ms 所应该施行的手段即可理解了. 不过比如问题当简化到什么程度为宜,可是没有定论,需要临时决策的. 它将取决于条件准备中条件的强弱.

此外,根据第六章精神,从广义意义上讲也可把这些"准备"过程一并归到一个公理化过程中去理解,从而可把这一过程叫做"广义公理化".

具体说来,"广义公理化"可解释为以建立"公理体系"的架势去构建公理组. 只是因为一方面公理体系要求的条件高,难以满足独立、协调、完备"三性",特别是其第三性不得不放宽一点. 另一方面,在"公理体系"意义下的公理内容较多,包括基本符号、基本语句、基本条例、基本关系等等(见§6.1节),也只能是尽量去做.

总之,作为建模准备而谈到公理化条例,应该致力于从全面的(公理体系)的角度去考虑. 仅当真正的"公理体系"实现不了时,才退而求其广义的公理化条件——"广义公理化".

事实上在§6.4,已较为全面地举出从广义意义讲,或说从"公理体系"意义讲建模所需的各种公理类型,这里不再赘述,只以一例来说明之.

例 1 一类商品市场振动模型的建立.

某市"九五"规划课题中,在作副食品市场的调研时感悟到,商品市场系统也与物质系统一样具有基本的力学性质. 比如猜测到市场受到"冲击"后将会产生市场"振动",这是真的吗? 须知社会上,市场上(经济中)什么"弹性"、"冲击"、"振动"、"波动"等术语已成常用语,见惯不惊了,但真要问它们是否力学作用、是否能量功用,还没有过专门论述. 一般人只把其作为一种比喻、文学修辞、熟以成真,少有深究. 正因如此也许真要从力学、能量学角度做出描述,并不值得吃惊.

这里即试用数学模型描述出商品市场在通常说的"冲击"意义下所产生的"振动"现象,最后表明它的确与力学上的振动模型具有同一实质.

步骤 1:对象系统定性认识. 主要即上段所述,实践中这部分考虑更多、更细,但不必在此一一赘述.

步骤 2:建模准备,实则系列公理的列述:

(1)设市场系统空间为(P,Q),其中 P,Q 互为所谓"对偶空间",$P\subset R^{n}$ 为价格空间,$Q\subset R^{n}$ 为商品空间;又设市场上总需求为 $D=(D_1,D_2,\cdots,D_n)$;总供给向量为 $S=(S_1,S_2,\cdots,S_n)$,显然 $D,S\subset Q$;

(2)设市场上 n 类商品相互具有弹性替代关系(实践中等价地代之以各价格在历史样本中统计出的关联度);

(3)问题简化. 将替代系数高于 0.9 的商品归为一类,并取一个商品作为代表参加讨论;对替代系数低于 0.2 的商品视为无关商品;则最后总结为少数几种商品(记为 k 种)讨论;

(4)设消费预算向量 $W=(w_1,w_2,\cdots,w_k)$不变，但据市场经济特征，价格向量 $P=(p_1,p_2,\cdots,p_k)$可变；

(5)设某一商品需求受到一次“冲击”，D_i 变成 $D'_i=S_i+\Delta S_i, i=1,2,\cdots,k$，以后仍回到 $D_i=S_i, i=1,2,\cdots,k$ 状态，即考虑市场受一瞬时作用力后的振动情形；

(6) 设第 i 种商品对第 $j=1,2,\cdots,k$ 种商品的替代系数向量经归一化后成为 $b_i=(b_{i1},b_{i2},\cdots,b_{ik})$，即满足 $\sum_{j=1}^{k} b_{ij}=1$，分别取 $i=1,2,\cdots,k$ 后即得替代系数阵 $B=(b_{ij})_{k\times k}$.

这里为着建模的完整性，继续写出模型备作下一节参考.

步骤 3：模型建立. 本模型为一离散动力系统（第三节），记为序列$\{F_i\}$. 下面先列出$\{F_i\}$的基本过程，然后给出说明.

F_0	s_1	s_2	$\cdots$	s_k
D_1	S_1	0	$\cdots$	0
D_2	0	s_2	$\cdots$	0
$\vdots$	$\cdots$	$\cdots$	$\cdots$	$\cdots$
D_k	0	0	$\cdots$	S_k

⇒

F_1	s_1	s_2	$\cdots$	s_k
D'_1	$(1+\Delta p_1^1/p_1)S_1$	0	$\cdots$	0
D'_2	0	$(1+\Delta p_2^1/p_2)S_2$	$\cdots$	0
$\vdots$	$\cdots$	$\cdots$	$\cdots$	$\cdots$
D'_k	0	0	$\cdots$	$(1+\Delta p_k^1/p_k)S_k$

F_2	s_1	s_2	$\cdots$	s_k
D_1	$S_1+a_{11}^1$	a_{11}^1	$\cdots$	a_{1k}^1
D_2	a_{21}^1	$S_2+a_{22}^1$	$\cdots$	a_{2k}^1
$\vdots$	$\cdots$	$\cdots$	$\cdots$	$\cdots$
D_k	a_{k1}^1	a_{k2}^1	$\cdots$	$S_k+a_{kk}^1$

⇒

F_3	s_1	s_2	$\cdots$	s_k
D'_1	$(1+\Delta p_1^2/p_1)S_1$	0	$\cdots$	0
D'_2	0	$(1+\Delta p_2^2/p_2)S_2$	$\cdots$	0
$\vdots$	$\cdots$	$\cdots$	$\cdots$	$\cdots$
D'_k	0	0	$\cdots$	$(1+\Delta p_k^2/p_k)S_k$

F_4	s_1	s_2	$\cdots$	s_k
D_1	$S_1+a_{11}^2$	a_{11}^2	$\cdots$	a_{1k}^2
D_2	a_{21}^2	$S_2+a_{22}^2$	$\cdots$	a_{2k}^2
$\vdots$	$\cdots$	$\cdots$	$\cdots$	$\cdots$
D_k	a_{k1}^2	a_{k2}^2	$\cdots$	$S_k+a_{kk}^2$

⇒

F_5	s_1	s_2	$\cdots$	s_k
D'_1	$(1+\Delta p_1^3/p_1)S_1$	0	$\cdots$	0
D'_2	0	$(1+\Delta p_2^3/p_2)S_2$	$\cdots$	0
$\vdots$	$\cdots$	$\cdots$	$\cdots$	$\cdots$
D'_k	0	0	$\cdots$	$(1+\Delta p_k^3/p_k)S_k$

其中 F_0 表示供需均衡的正常情形.

F_1 表示：某周期中需求增至 D'，从而产生暂时短缺，由于 $D_i'=S_i+\Delta S_i$，根据市场经济特征，这时商家做出相应提价反应. 以使得有 $p_iD_i'=(p_i+\Delta p_i^1)S_i$ 所以 $D_i'=(1+\Delta p_i^1/p_i)S_i$；$D_k'=(1+\Delta p_k^1/p_k)S_k$

F_2 表示：F_1 中超需求量 ΔS_i 不可能由 S_i 来供给，于是在提价 Δp_i^1 之后由商品间弹性替代关系将 $\Delta S_i=(\Delta p_i^1/p_i)S_i$ 按 $b_i=(b_{i1},b_{i2},\cdots,b_{ik})$的比例自然地分配到其他商品去购买，这就是 F_2 中矩阵形式，其中有

$$a_{ij}^1=b_{ij}\frac{\Delta p_i^1}{p_i}S_i,\sum_{j=1}^{k}b_{ij}=1,\quad(i=1,2,\cdots,k)$$

F_3 表示:经 F_2 的自然分配后,S_j 列向量即为对 S_j 的新的需求向量,它等价于 D_i 的新需求

$$S_i+\sum_{j=1}^{k}a_{ij}^1\overset{\triangle}{=}S_1+\Delta S_i^1$$

据 F_1 的理由这时 S_i 商家做出的新的减价 $p_i+\Delta p_i^2$ 使得 $S_1+\Delta S_i^1=(1+\Delta p_i^2/p_i)S_i$;

F_4 同 F_2,F_3 中 S_i 的超需部分 $(\Delta p_i^2/p_i)S_i=\Delta S_i^2$ 自然地按 b_i 中各分量的比例分配给其他商品去购买,即成为 F_4 的分布状态,亦即 $a_{ij}^2=b_{ij}(\Delta p_i^2/p_i)S_i$.

如此类推即得序列 $\{F_i\}$,$i=1,2,\cdots$

步骤 4:模型的解释.

(1)$\{F_i\}$属离散动力系统. 为证明这点,先记 I 为元素皆 1 的 $k\times k$ 矩阵,并记 $I(S)$为以向量 $S=(S_1,S_2,\cdots,S_k)$为主对角线的对角阵;$I(\Delta P^{\cdot}S/P)$为以向量

$$\frac{\Delta P^{\cdot}}{P^{\cdot}}S=\left(\frac{\Delta P_i^{\cdot}}{P_1^{\cdot}}S_1,\frac{\Delta P_2^{\cdot}}{P_2^{\cdot}}S_2,\cdots,\frac{\Delta P_k^{\cdot}}{P_k^{\cdot}}S_k\right)$$

为主对角线的对角阵;若 A 为矩阵,则 $I(A)$表示以 $\mathrm{diag}(I\cdot A)$为对角线的对角阵. 于是有

$$F_0=I(S);F_1=I(S)+I(\Delta P^1S/P);F_2=I(S)+I(\Delta P^1S/P)B$$

$$F_3=I(S)+I\left(I\frac{\Delta P^1}{P}S\right)B=I(S)+I\left(\frac{\Delta P^2}{P}S\right)B$$

$$F_4=I(S)+I\left(I\left(\frac{\Delta P^1}{P}S\right)B\right)B=I(S)+I\left(\frac{\Delta P^2}{P}S\right)B$$

一般有

$$F_{2k-1}=I(S)+I\left(\frac{\Delta P^k}{P}S\right)=I(S)+I\left(I\left(\frac{\Delta P^{k-1}}{P}S\right)B\right)$$

$$=I(S)+\overset{k}{I}\left(\overset{k-1}{I}\left(\cdots\overset{1}{I}\left(\frac{\Delta P^1}{P}S\right)\overset{1}{B}\right)\overset{2}{\cdots}\overset{k-1}{\ }\right)\overset{k}{B}\Big)$$

$$F_{2k}=I(S)+I\left(\frac{\Delta p^k}{P}S\right)B=I(S)+\overset{k}{I}\left(\overset{k-1}{I}\left(\cdots\overset{1}{I}\left(\frac{\Delta P^1}{P}S\right)\overset{1}{B}\right)\overset{2}{\cdots}\right)\overset{k}{B}$$

为叙述方便,再构造序列 $\{f^i\mid f^i=F_i-I(S)\}$,则有 $f:P\times Q\to P\times Q$ 且 $f^0=0$,

$$f^{2(k+r)}=\overset{k+r}{I}\left(\overset{k+r-1}{I}\left(\cdots\overset{1}{I}\left(\frac{\Delta P^1}{P}S\right)\overset{1}{B}\right)\overset{2}{\cdots}\right)\overset{k+r-1}{\ }\overset{k+r}{B}\Big)B$$

$$=f^{2k}\cdot f^{2r}=\overset{k}{I}\left(\overset{k-1}{I}\left(\cdots I\left(\frac{\Delta P^r}{P}S\right)B\right)\cdots\right)\overset{k-1}{\ }\overset{k}{B}\Big)B$$

$$f^{2(k+r)^{-1}}=f^{2k}\cdot f^{2r-1}=I\Big(\overset{k\,k-1}{(}\,I(\cdots(f^{2r-1})B)\cdots\overset{k-1}{)}\,B\Big)^{k}$$

至于 f 的连续性,不难由 $p^q\cdot s^q\to p^0\cdot s^0\,(q\to+\infty,p^q,p^0\in P,s^q,s^0\in Q)$ 及 $f(p^q,s^q)\to f(p^0,s^0)\,(q\to+\infty)$ 得知. 所以 $\{f^i\}$ 是 $P\times Q$ 上离散动力系统,从而易转述为 $\{F_i\}$ 属离散动力系统.

(2) $\{F_i\}$ 对应于振动模型. 为证明这点只要能使 $\{F_i\}$ 对应于一个经典的振动模型

$$\ddot{\alpha}+A\dot{\alpha}+B\alpha=G(t) \tag{7-1}$$

即成. 这时,严格方法是通过"扭扩"(suspension)及商流形的方式将离散轨迹 $\{F_i\}$ 嵌入到一个(7-1)的振动流去,不过这得做更多的准备(兹免). 这里只简单说明动力系统 $\{F_i\}$ 与振动模型(7-1)具有内在关系.

为方便计,取短缺变量 $\alpha=D-S$ 来讨论,这时在参数空间 P 上 α 在 Q 中的离散运动轨迹即上述序列 $\{f^i\}$. 但(7-1)的轨迹是光滑的,为做出对应,需要在系统 (P,α) 上建立一个相应的微分系统.

设 $\alpha\in C^2(Q)$,通过市场的直观观察,容易得到一个方程组

$$\dot{\alpha}=-ap+b\alpha,\ \dot{p}=c\alpha \tag{7-2}$$

其中 $a,b,c>0$ 为调整参数. 显然 α 与 $\dot{\alpha}$ 是呈正比关系的,但 p 增大了将迫使消费者调整需求致使 $\dot{\alpha}$ 为负. 这就是(7-2)中前式的原理;至于后式,因为短缺增大自然会引起 p 上升,但 p 本身的大小与 p 的变化无明显关系,所以 $\dot{p}=c\alpha$.

现进一步对(7-2)求导,并化为对 α 的讨论,即有

$$\ddot{\alpha}=-a\dot{p}+b\ddot{\alpha}=-ac\alpha+b\dot{\alpha}$$

或

$$\ddot{\alpha}-b\dot{\alpha}+ac\alpha=0 \tag{7-3}$$

此即(7-1)中一类齐次振动模型.

由于 $\{f^i\}$ 从而 $\{F_i\}$ 与(7-2)同是一个市场系统 $(P,\alpha\in Q)$ 中在短缺作用下(即同一市场背景下)产生的运动,但(7-2)直接等价于(7-3),所以 $\{F_i\}$ 也应对应于一个振动模型.

还可看出,$\{F_i\}$ 是一个双曲映射序列. 其中 F_{2r} 是扩张型映射(沿横行),F_{2r+1} 是压缩型映射(沿竖列).

§7.5　阶段Ⅳ:模型构建

在阶段Ⅰ、Ⅱ、Ⅲ的基础上,不仅模型的大致类型已定,而且大致特征、结构形式也有了个逐步清晰的"腹稿"了. 那么现在可以正式来构建它了. 正如§7.4节例中所记,在步骤2(建模准备)之后便是建模工作,这里从更为一般的情况谈谈.

一、具体建模基本过程

1. 一般过程

粗模→初模→修改→定模.

当其确定了问题的目标(或叫因变量,比如记为 y)和因素(自变量,记为 x),则可直接写出

$$y=f(x) \tag{7-4}$$

这就是"粗模",它是不能工作的.可是它至少把我们心目中的一个因果关系、模型构架建立起来了.从心理上和实践上都算是走出了一步,也是接近成功的一步了.那么下一步则是具体的构建 $f(x)$,然后针对问题的目标和任务,对 $f(x)$做出修改.最后达到基本满意才算确定下来,形成最后的模型.似乎这样说来比较抽象,现以一简单例子来说明.

例 2 设要建立对某一商品 y 的需求函数模型,分析认为消费量 y 与其价格 p 和消费者的收入 I 有关,因此首先有类似式(7-4)的粗模 $y=f(x)=f(p,I)$,为进一步得到"初模",根据实际特征,可有 $y=f(p,I)=\dfrac{\Phi(I)}{p}$,进一步考虑后可有 $y=\dfrac{\alpha I}{p}$,这里 $\alpha\in(0,1)$,表明用收入 I 的一部分作为消费 y 品的预算基金,这是合乎情理的,所以最后有

$$y=\alpha\frac{I}{p} \tag{7-5}$$

其中,相对来说 I、p 可算已知量,唯有 α 是待定系数.在函数分析中,保持符号形式即可,仅在最后当实践需要时再对其做出数值度量.

2. 一些特殊情形

上述具有(7-4)型的初模或说以形式(7-4)作为出发点的情形只是一般情形,并非全部.还有一些特别情形,也可说是(7-4)的广义情形.比如§7.4节例中所述模型即是如此.因它的目的是要描述市场受到"冲击"后的运动情形.这还没有过成熟的模型.尽管可以猜测它与力学上运动方程类似,但还没有证明,不能直接取用.从某种意义说,目前正是需要证明它与力学运动方程的一致性.总之,根据这些全面地考虑,我们选择直接描述市场运动状态的方式去摸索,而不是从(7-4)形式出发.因而最后得出了式(7-4)的一个特殊却更具体的形式.当然如果硬要从式(7-4)出发去建模也并非不可.比如这时可事先构建一个市场的功能函数,然后考察该功能函数受冲击后的波动方程也是可以的.不过也并非易事,这也正说明一个问题可有非唯一的模型.这里再给出一个例,它虽具有上一

例的程序但也有自己的独立性.

例 3　决策过程及最优决策时刻分析模型:一个多层建模类型.

显然,为解决这一课题,最好的方法是做定量分析,为此必须建模.对其决策"过程"似乎是个时序问题,可用动力系统模型,但考虑到需要求过程中的"最优时刻",于是想到最好是用非动态的结构式函数,以利用微分求最优点.由此提出一个决策函数概念,记为 u.

经对象的定性分析和理解,得到决策好坏依赖于相应过程的从容性大小和时机的把握.因而有粗模

$$u=u(f,g) \tag{7-6}$$

其中,f 表示从容性,g 表示决策机会.显然 f、g,还不是决策的最终自变量,亦即它们仍然是函数,须继续分析和描述.经定性分析进一步得到 f(叫做从容函数)依赖于对所需信息(记为 $I=I(t)$)的掌握程度和处理信息的能力大小(记为常数 e),并进一步有

$$f=f(e,I(t))=e\cdot I(t)$$

其中,$I(t)$经定性分析,可表述为动力系统(具体为一个初值问题)

$$\begin{cases}\dfrac{\mathrm{d}I(t)}{\mathrm{d}t}=k(1-I(t))\\ I(0)=a\end{cases} \tag{7-7}$$

的解

$$I(t)=1-(1-a)\mathrm{e}^{-kt}.$$

其次讨论 g(机会函数).根据决策问题的不同可有多种类型,这里取作拟高斯曲线型,

$$g=\begin{cases}e^{-a\frac{(t-t_1)^2}{\sqrt{t_2-t}}} & 0\leqslant t\leqslant t_2\\ 0 & t>t_2\end{cases} \tag{7-8}$$

进一步本着简化的意义,取"定模"为

$$\begin{aligned}u&=u(f,g)=u(f(e,I(t),g(t)))\\ &=f(e,I(t))\cdot g(t)\\ &=e\cdot I(t)\cdot g(t)\\ &=e[1-(1-a)e^{-kt}]\cdot g(t)\\ &=\begin{cases}e[1-(1-a)e^{-kt}]e^{-a(t-t_1)^2/\sqrt{t_2-t}}, & 0\leqslant t\leqslant t_2\\ 0, & t>t_2\end{cases}\end{aligned} \tag{7-9}$$

至此模型建成.可看出它仍然是沿粗模→初模→修改→定模过程而来的,但它是经过对"自变量"的多层加细后得到的 $u=u(t)$ 函数.

继续对(7-9)求导、分析即可得到所求的"最优决策时刻"及相关更多的成果(兹免).

总之,作为建模的出发点(粗模),虽可说一般都具有式(7-4)形式,但也并非

绝对. 真正说来,灵活才是金,不要过分依赖一种模式往往孕育着创新.

二、建模过程中一些注意事项

(1)注意到所要建的那个模型早已开始在心中酝酿(见图7.1中Ⅳ),早已成为心中一种"愿境". 只是这时才作为一个专门的阶段正式来拼装实现它罢了,绝不是到了这一阶段才现来考虑. 当然只要是独立作课题,一般也不会到了"模型构建"阶段才开始思考模型的事.

(2)建模既是实现心中酝酿的那个模型(Ms),也要随时注意到它是心中理解的那个客观系统(Rs). 虽不可能真正同构,但其"技术同构"也不能失真太大. 亦即心中总是装有映射两端(象与原象)的意境,是在这一"二难"窘境中斡旋. 不管对于新创模型还是移植、仿效既有模型类型,这一心境和心理状态都是自然会有的,随时在进行调度. 因此建模者事先应对此有思想准备才是.

(3)一个模型从"粗模"到"定模"的过程, 往往不是单程的,不是一线通,而是要经历自审、修正、自学习等回复过程. 首先是在建"初模"时,也会反复试验、拼凑多次才能初步满意;然后再进一步修改向着最终的"定模"进发的过程中,甚至还要反复更多遍才能逐步收敛到一个自我满意的"定模"来. 一般是越成功的模型或越高级的模型,其修正、回复、自学习过程越多. 同时这个"修正"还有着多个层次,一个是建模者的(最小范围内)自审、修改;另一个是课题组范围内的讨论修改;再一个是走出去,征求甲方或咨询专家抑或有经验者的意见做修改;第四个是到实践中去试用模型,做最终的观察、实验、验证、修正. 如果这些都经历了,所得到的模型自然是会得到甲方或课题评审委员会首肯的.

当然,根据具体情况的差异,也不是每一模型都一定会经历其中每一步,也不一定每个模型都有那么多步骤可经验. 但其中自审阶段是一定有的,且这一自审、自改、"自我答辩"的重要性也是毋庸置疑的. 相信这时的严格性也是能够做到的,只是往往难以保证其效果. 这里主要的还是个人能力问题,不必诉说,但也有一种所谓"自我心理陶醉"问题. 需要将其搁置一定时间,让其放"冷"了之后再拿出来自审. 这时往往还会发现一些新的问题,甚至可能发现有"低级"错误,令自己暗自汗颜. 相信人们都有过这类经验,包括平时自我修改论文也是这样,所以说论文应自我"三审"方能提出. 愈是深刻的论文愈是这样.

总之,建模是一个"创造+实现"、"艺术+科学"的一个综合实践过程,每一步都应该有克服困难的准备,但也不是不可及的,不必畏惧.

§7.6　建模各阶段纵观图及一例示

一、纵观图

图 7.1 表出了本章列出的建模四大阶段的特征和彼此关系. 图中画出的 1、2、3、4 四条曲线可叫做功能曲线,它们分别示意性地表示出了建模过程中某项工作的强度或叫力度. 线 1 表示对所针对的客观系统 R_S 的定性认识和理解力度,这在第Ⅰ阶段力度最强,但也不是仅在Ⅰ阶段才理解,而是坚持始终的,可以说只有它的坚持力度最强、过程最长. 又如曲线 2 表示模型类型的选择功能强度,虽然这只在第Ⅱ阶段最为强烈,但它在第Ⅰ阶段的思维过程中已逐步提上日程了,而且也至少应坚持到建模准备阶段结束. 因为即使在建模准备(提出公理)的过程中也还有可能产生更改模型的可能. 对于功能曲线 3——建模准备也不是到了第Ⅲ阶段才产生的,而是在第Ⅱ阶段中也会自然地有所思考,只是到了第Ⅲ阶段才正式进行公理设置罢了. 至于功能曲线 4——模型构建至少也是随着公理条例的考虑已开始打腹稿了,开始在心里构型了,到了第Ⅳ阶段则正式进行拼装、实现.

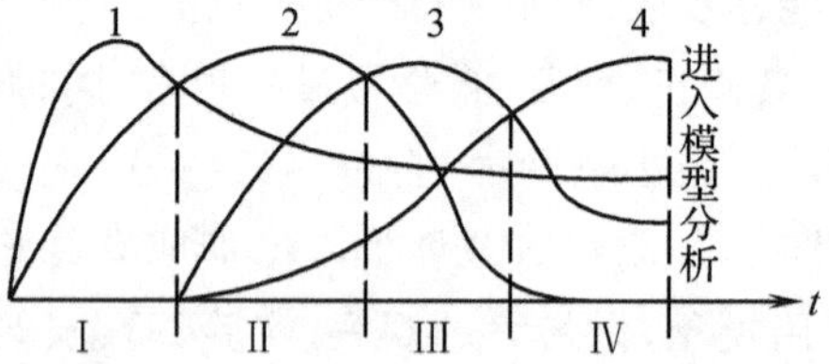

图 7.1

显然,至少曲线 1、3、4 还应该继续延展下去,直到模型分析、求解结束.

由此表明了,阶段与阶段之间并非截然分明的,仅仅是相应功能曲线更强一点罢了. 这就说明在创建模型的过程中,综合思维、灵活处理很重要. 所谓几个阶段仅仅是在这一原本综合着思考过程中显现出的一个"不同阶段存在不同重点"特征而已,不可视它为"教条",执行起来仍然应以灵活为重,以现时、现地、现课题的具体条件、环境为准.

二、一个安全问题建模例

曾经在一个有关安全的课题中,面临一个建模分析任务(子课题),我们也是自然地沿着Ⅰ～Ⅳ阶段进行的. 在系统认识理解的定性分析阶段内容本来很多,想到的、询问的、查阅的都不少,但要都写出来就啰嗦了,只能就其要点表述出来. 首先说,系统安全问题或说事故表现是不少的. 比如在金融系统中、社会系统中,风险问题即是主要的安全问题,但在机械系统中则主要是指事故、灾祸问题了. 其次虽然造成两类不安全的具体因素大为不同,但归结起来不外乎都有经济损失. 至于不安全的原因一般皆可归结为所谓随机因素、管理(能力)因素(机械系统即为操作因素)及设备、人员的疲劳因素等类.因此从这一层次上可以对一般(如机械、社会等)系统实行模型描述.

以上就是定性分析认识的基本内容.现进入选择模型描述的专业方向,亦即选择建模类型.比如是选择建立函数结构模型,还是随机统计模型,抑或动力系统模型,抑或简单的度量问题……对于本课题,鉴于安全事故是与经济单位(比如对企业来讲)的效益和安全投入量大小直接关联的.假设企业的生产投入和安全投入之和(叫总投入)不变,则可化为直接建立一个以企业总效益为目标,安全投入为自变量的时变函数,属结构模型类;也可化为效益目标与安全投入间动力系统来讨论.这里就前者来叙述.

在建模方向选定之后,开始作建模准备.这时需要给出系列公理设定,以便最终构建成一个"可以工作"的严格的模型.

为此,设企业总效益为 y,总投入为 A,A 可分作两部分,记为 $A=(X^0,X^1)=$(生产投入,安全投入),若再设为适当短期内的考虑,则可设 A 为常量,即有 $A=X^0(t)+X^1(t)=\text{const}$.再设系统有各种非安全因素共 k 个,对于第 i 个非安全因素 $i\in\{1,2,\cdots,k\}$,记相应的安全投入为 $x_i^1(t)\in X^1(t)$,$i=1,2,\cdots,k$,记 $g_i(x_i^1(t))$ 为第 i 非安全隐患,它与 $x_i^1(t)$ 成反比,积分 $\int_{t_0}^{t} g_i(x_i^1(t))\mathrm{d}t \stackrel{\triangle}{=} G_i(x_i^1(t))$ 是最近一次事故期 t_0 以后的时间 t 的非减函数.整函数 $[G_i(x_i^1(t))]=\begin{cases}0 & |G_i|<1\\ 1 & |G_i|\geqslant 1\end{cases}$.

则这时可以表出效益函数 y 为:

$$y=y(t)=y(X^0)-y^*(X^1)=y(X^0)-\frac{\alpha X^1(t)}{\sum_{i=1}^{k}a_i\{1-[G_i(x_i^1(t))]\}} \tag{7-10}$$

式中 $y(X^0)$ 是 X^0 的正比函数,比如可取作 $y(X^0)=\beta X^0=\beta(A-X^1)$,$\beta$ 和 α 皆调节系数,$\{a_i\}$ 为 k 个非安全因子的危害权重系数,显然 a,b 和 $\{a_i\}$ 都是待作的基本度量.此时 $g_i(x_i^1(t))$ 也是待作的导出函数.

可以认为模型(7-10)有两个功用,一个是用作"硬"的实证分析(实为"度量"值的分析),那就需要具体给出其中 $y(X^0)$ 和所有参数如 α、$\{a_i\}$ 等.另一个是直接运用式(7-10)作"定性"分析(就是通常说的分析),诸如对函数 $y(t)$ 的几何特征分析,对 $y(t)$ 在 $A=\text{const}$ 条件下作优化分析,从而找出 X^1,X^0 间的最佳配置关系等.

但是,如果事先能确定为偏重于从"度量"值来作"硬"分析的话,一般不必建这样的需要多层度量的模型(注意到在模型的非唯一性原理下,自然也存在因用途不同而选择不同的模型类型的可能).事实上,当初在分析过程中,笔者心里(脑袋中)即已酝酿着建立一个用以作"定性"分析的模型了,而且是结构型的,所以建成后是如斯形式.

可以看到,实际上在作公理设定的过程中也已顺便做起建模工作来了,甚至有些公理设置的交代也是在给出模型之后才补述的,这样更显出叙述的简练性.总之可见,虽然从建模的逻辑步骤上看有那么几个阶段性工作,但真正做起来,还是以灵活方便为主,不必为了突出阶段性而"生硬"地去叙述了.

三、市场中一类竞争模型建模例

在市场经济中商品越来越丰富,各类商品都面临着竞争局势.是否能给商家提供一个定量模式,使之能用以随时量度局势、预测未来、以利决策?此即建立本模型的动机.

市场也是个"灰箱",且本例讨论的是一个泛指的商品类,所以建模阶段Ⅰ的"了解"和"理解"过程就不必在此赘述了.

作为阶段Ⅱ,通过阶段Ⅰ分析知道,这是个竞争问题,所以考虑到参考生物数学有名的"捕食-被捕食竞争模型类"的思想.另外也考虑到我们的模型应该是个动态的计量经济模型,即模型中参数应该经过统计得出具体系数才能提供商家运用.当系数还原成(参)变量时,即成为数理经济模型,可作理论分析.此外,也可考虑成连续模型,必要时总是可以离散化的.

阶段Ⅲ,通过公理化作问题和建模准备.

(1)市场上,对应于同类商品有 n 个商家,怎么办?根据问题的宗旨,我们只要任意站在一个商家(x)方面考虑即可.这时剩下的 $n-1$ 个商家都是 x 的竞争对手,因此只需把 $n-1$ 家视为一个抽象对手(记为 y),让 y 来代表 $n-1$ 家的共同竞争效应.这一来问题大为简化了,变成 x,y 之间二维竞争问题.这一合理简化的另一好处是,n 维动力系统在理论上还仅对线性问题研究得多一些,更谈不上一般的非线性 n 维问题,却对二维的非线性动力系统,已有了很丰富的理论成果可供参考.

(2)为便于数学描述,我们假设 x,y,既代表商家又代表各自的商品量;再设 x,y 间具有完全的商品替代性(因此叫做同类商品),还设 x,y,的销售区域相同;又设有供≥需.这些都叫做公理化假设,也是问题的简化.显然,对于数学处理,这是必需的,是前提性工作.

如图 7.1 中所说,各建模阶段不应该视为严格的时间顺序,本例中也自然地体现了这点.特别是这里直接过渡到阶段Ⅳ,我们得到粗模为

$$\begin{cases}\dfrac{\dot{x}}{x}=\alpha \\[2ex] \dfrac{\dot{y}}{y}=\beta\end{cases} \tag{7-11}$$

$\dfrac{\dot{x}}{x}$ 和 $\dfrac{\dot{y}}{y}$ 分别叫做 x 和 y 的平均销售增长速度.显然 α,β 不会是常数,于是这就引出了建立本模型最难的一步工作——给出 α,β 的具体构造,使模型成为可工作的"初模".

显然应有 $\alpha=\alpha(x,y,\text{参})$，$\beta=\beta(x,y,\text{参})$的结构关系，其中“参”代表参数. 究竟应该多少参数？x,y 和参数间有何种具体关系结构才达目的？这些都是需要进一步探索的.

通过摸索，引出四个概念：

(1)信誉参数：x,y 各自独立被买主或评议员记分而统计成的不大于 1 的整数，叫做它们的信誉参数，分别记作 a,b. 比如可取光临顾客总数与成交顾客总数之比作为信誉参数；

(2)销售饱和度：对于耐用品，存在一个“饱和”问题. 这里取$\left(1-\dfrac{x+y}{K}\right)$作为销售饱和度，其中 K 表示在计量 x,y 的同一时间范围内，对 x,y 的市场需求量估值；

(3)竞争效应：以$\dfrac{y}{x+y}$表示 y 对 x 的竞争效应；以$\dfrac{y}{x+y}$表示 x 对 y 的竞争效应；

(4)销售参数：以$\left(\dfrac{x}{x+y}-\dfrac{a}{a+b}\right)$和$\left(\dfrac{y}{x+y}-\dfrac{b}{a+b}\right)$分别表示 x 和 y 的销售参数. 它取决于销售点的“口岸”好坏、设点多少、广告宣传和服务方式等因素.

最后，得到了实际上是经过多次反复自我修改后的“定模”为

$$\begin{cases}\dfrac{\dot{x}}{x}=\alpha=\text{饱和度}\times[\text{信息参数}+\text{销售参数}-\text{竞争效应}]\\[2ex]\dfrac{\dot{y}}{y}=\beta=\text{饱和度}\times[\text{信息参数}+\text{销售参数}-\text{竞争效应}]\end{cases}$$

亦即有“定模”

$$\begin{cases}\dot{x}=x\left(1-\dfrac{x+y}{K}\right)\left[a+\left(\dfrac{x}{x+y}-\dfrac{a}{a+b}\right)-\dfrac{y}{x+y}\right]\\[2ex]\dot{y}=y\left(1-\dfrac{x+y}{K}\right)\left[b+\left(\dfrac{y}{x+y}-\dfrac{b}{a+b}\right)-\dfrac{x}{x+y}\right]\end{cases}\tag{7-12}$$

通过常微分方程定性理论分析，及在微机上用 BASIC 语言取多对 a,b 值计算并绘出相应轨线图，得到如图 7.2 中(a)、(b)两种形式图.

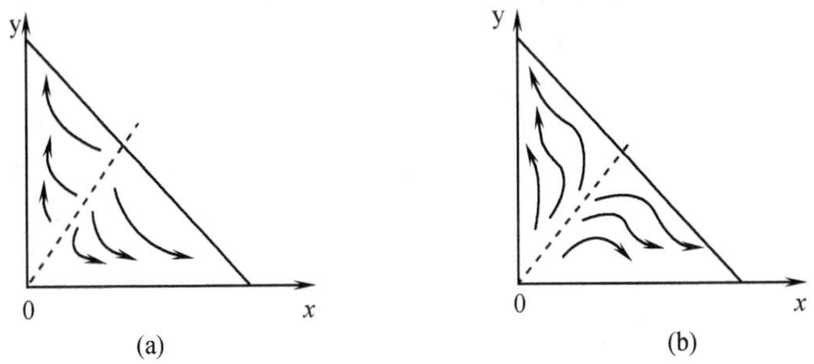

图 7.2

由此说明在本节前提下，市场有个以图中虚线为轴的敏感带，若参数落到了该带域内，当特别小心经营.

第八章　数学模型的系统学认识

如今，系统概念、系统工程甚至系统学、系统论等系统科学知识和术语已广为人知. 这也是本书虽然未经正式定义也一直都在用其系列术语的原因所在. 本章将正式从系统科学角度来讨论. 不过我们的任务不是全面介绍或讨论系统科学，而是从数学建模出发，去借鉴其系统学有关知识，以进一步揭示数学模型的深刻实质. 比如都知道任何数学表达式都有自变量、参变量，那么它们是什么关系？这是系统学、也是本章将回答的问题之一. 同时将揭示数学之所以有如此威力和生命力的系统学机理. 还将看到，前面谈到的数学模型和数学建模中有关规律都将在系统学意义下得到体现，并且能给我们以更为深刻的启示.

§8.1　系统学有关知识准备

一般说系统科学应包括一切以系统作为研究对象的理论学科和应用学科所有分支的总体. 其理论学科，诸如系统学、系统论(类)等分支即是；其应用学科范畴则更广，主要体现为数学建模和数学方法的应用，统一叫做系统工程.

应用学科已较为人们熟悉，本书自然亦属该领域. 不过本章内容却应属于理论学科.

在理论学科中，其系统论分支，不管从研究深度和内容的丰富性看都是其代表性学科分支. 它是以控制论、信息论、规划论等所谓“老三论”和耗散论、协同论、突变论等“新三论”以及混沌、流变、超循环等“新新三论”分支为代表、以数学建模为基础、数学模型分析为特色的学科分支类. 它有一个特点是至今仍主要以物质系统为研究背景. 此外，其系统学分支则是以方法论为武器，以哲学思辨、定性分析为特色的，直接以抽象的亦即最为宽广的系统为研究对象的学科分支. 比如对系统概念的全面认识即属系统学. 本章叙述的虽说属系统科学范畴，但也主要体现在该系统学分支上.

一、关于系统的概念

1. 定性描述

系统是具有如下特征的一种存在. 首先是它具有“目标”，其次是围绕这一目标存在一个到多个乃至无穷多个“变元”，第三是这些变元间存在着“关系”，表现为分别地或以各种组合形式地对其目标产生贡献.

所谓系统“目标”即系统的核心，它是维系系统整体的一个内凝和支撑，相对于系统的存在来，常常更具抽象性.一般说一个事物的名称即预示着该系统的目标，亦即原则上任何一个名称都有一个以该名称为目标的一个系统.比如一个企业就是一个系统，其“企业”概念就是它的最大目标.所谓“最大”目标，将看到在“企业”概念下还有很多子概念，从而有子目标、子系统.比如在“企业”中有效益、市场份额、人力资源、品牌竞争优势乃至其环境状况等等都是“企业”这一大目标下的子目标，从而有着相应的子系统问题.

再说系统“变元”，也就是系统中对目标的影响因素，也叫系统的部门.之所以叫系统变元，是强调其可变动性，且每个变元有一定的变动范围，不可逾越，否则系统即会受到破坏.比如在“企业”这一大目标下，可认为它的资金流量、人力资源、竞争力即是它的变元.进一步说比如其竞争力概念即可作为一个子目标，再以此去找出它的变元.这时比如可以是管理效能、产品质量、市场营销手段等，从而形成一个子系统.

所谓“关系”仅指在系统目标下，变元间产生贡献的方式和形式，也包括结果.显然仅有变元，若没有变元间的关系也是形成不了、支撑不起目标的.这种关系实则其功能的体现，所以它在系统中十分重要.

2. 符号描述

这时可说成，系统是一个四元组，表作

$$S=(Y,F;X,X^*) \tag{8-1}$$

其中 S 表示系统(概念)，Y 是系统目标；X 是系统的变元的变域；F 表示变元 $x\in X$ 间的关系，是 x 为目标 Y 所发挥的功能体现.在同一 F 下 x 在 X 中表现出的功能有发挥好坏之分，表征这一好坏分寸的“状态”位置即属 X^* 中的变化.

可看出，式(8-1)中 Y,X,X^* 都是一些空间，F 所表示的关系是一种模式结构.从这一意义上说，系统就是四元组(8-1)表出的一个空间.

3. 数学模型描述

由上述两定义可进一步看出，系统 S 实际上是如下映射 F.

$$F: \underset{(x,a)\mapsto F(x,a)=y}{X\times X^*\rightarrow Y} \tag{8-2}$$

换一种记法，即系统 S 是如下的数学模型式：

$$y=F(x,a) \qquad x\in X, a\in X^* \tag{8-3}$$

其中 X 叫做 y 的定义域，是变元向量 x 各分量的变域的乘积空间.若设 $x=$

$(x_1,x_2,\cdots,x_n)$，记 $x_i\in x$ 的变域为 $(\underline{x_i},\overline{x_i})$，则有 $X=\overset{n}{\underset{i=1}{\times}}(\underline{x_i},\overline{x_i})$，又，$a$ 是模型的（也叫系统的）参变（向）量. 将看到参变量空间 X^* 是自变量空间 X 的“对偶空间”.

总之，从前面的讨论知道：说一个系统是一个“目标、变元、关系”结构；一个系统是个(8-1)型四元组；一个系统是一个(8-1)型的空间结构；一个系统是个(8-2)型映射；一个系统是个(8-3)型数学模型等五种说法（五种定义）都是等价的. 不过需说明的是，通常说的“系统”是在生活中或说从实践、经验、直观意义上说的，那就是指上述五种定义中都有的那个最具实在性的对象 X，从某种意义上也可说五种定义中的所有成分都是从 X 出发归纳出来的. 所以下面也沿用叫 X 做系统的习惯说法，它并不矛盾.

特别在这里还要强调的是，任一系统必存在一个数学模型与之对应（事实上§5.2 节表明这样的数学模型还不止一个）. 反之，任一数学模型皆表示一个系统. 简单说，即“系统必有（数学）模型，模型必是系统”. 而且这种对应并非唯一（来的更宽）. 这就为数学建模、数学模型与系统学之间建立起了本质的联系. 的确，下面将进一步看到它们间的实质性联系.

二、数学对偶空间与系统二象论

1. 数学中对偶空间定义

(1)对偶空间的内积式定义. 对于线性空间 X，若有线性空间（记为）X^*，与之满足如下二公理，则叫 X^* 是 X 的对偶空间.

1°. 设 $x_1,x_2\in X,\alpha,\beta\in X^*,a,b\in R$（实数）满足内积“$\langle\cdot\rangle$”关系

$$\langle ax_1+bx_2,\alpha\rangle=a\langle x_1,\alpha\rangle+b\langle x_2,\alpha\rangle$$

或

$$\langle x_1,a\alpha+b\beta\rangle=a\langle x_1,\alpha\rangle+b\langle x_1,\beta\rangle$$

2°. 若 $x\in X,\forall a\in X^*$，有 $\langle x,\alpha\rangle=0\Rightarrow x=0$

若 $\alpha\in X^*,\forall x\in X$，有，$\langle x,\alpha\rangle=0\Rightarrow\alpha=0$

注意：从 1°只说明 X,X^* 间存在内积关系，似乎是双线性式，并无什么奇特处. 但 2°则说明它们不是一般的满足双线性式的两个“同质”的线性空间. 因为两个所谓“同质”线性空间若存在内积运算，则一般说任一空间中非 0 向量，在另一空间中都存在一个与之正交的非 0 向量，但对偶空间之间无此现象. 这仅当两空间有质的不同时才行. 也就是说 X,X^* 是不可同日而语的两个具有质的差异的线性空间. 为更好地看出这点再看看如下泛函定义.

(2)对偶空间的泛函定义:对于线性空间 X,记其一切线性泛函①②之集合为

$$L(X)\triangleq X^*$$

则叫 X^* 为 X 的对偶空间.

(3) 述评与推广.通过定义(1),(2) 可以更为深刻地看到,对于一个线性空间 X,其对偶空间 X^* 与之是具有本质差异的.首先看到 X^* 中每个元素都是 X 整体映射成的,可见它已不是 X 空间的对象.因此看出,如果说 X 是硬的,则 X^* 是软的;如果说 X 是实的,则 X^* 是虚的、抽象的.事实上任意一个线性代数式都有如下形式:例如 $a_1x_1+a_2x_2+\cdots+a_nx_n=\sum_{i=1}^{n}a_ix_i=\langle A,x\rangle$,这对必然有对偶空间 X,X^* 使得 $x\in X,A\in X^*$,而其中 x 可以是非数的一般事物或事务,却 $A=(a_1,a_2,\cdots,a_n)$ 是数值向量.可见其本质有何等不同.

数学中对偶空间论始于线性泛函理论,但现已移植、推广运用于几乎所有分支领域.原因是这一对偶空间论揭示了大自然中一种深刻的实质.它在数学中即表现为哪里都不能少的自变量与参变量之间的、既不相同又离不开的两个空间实质.

但遗憾的是数学中仅对线性空间给出了较为丰富的理论(包括对偶空间理论)构建,但对于客观世界一般存在的非线性空间(非线性系统)却没有如此漂亮的对偶空间理论.那么是不是说非线性空间就没有对偶空间?数学中从来没有这样的结论,通有的共识只是个"非线性障碍"问题.人们已知,整个科学由线性进入非线性时代都是不易的,就在于它产生了质的飞跃,如复杂性、不确定性和混沌等都是非线性意义下产生的现象.在数学中的非线性更是指算子(映射符号.在它之下,比如一阶多元微积分运算也只是个线性算子)的非线性,其难度可想而知.关键在于数学要求的是严格的、严密的数理逻辑的推理,所以它只能凭藉自身能力去发展,现在还没能创建出非线性对偶空间.

那么,作为一种从客观系统出发的思维、思辨,我们能够依据数学的理论成果自然是理想的、漂亮的,但可否推广呢?比如现在可否推广数学在线性意义下的"对偶空间"概念到一般的非线性系统空间呢?由于我们这里只用其思想、只

---

① 所谓"泛函",也是一种映射,若记为 F 则其定义为 $F:X\to R$.

其中泛函映射 F 是广义的,它可以没有表达式,只需用一个符号或白话来界定即可.比如范数"$\|\cdot\|$"和 max(或 min)等也是一些泛函映射式.又,其中 X 元素是广义的,不一定是数量性的对象.比如一般社会事物,只要其集合 X 满足(能赋予)线性空间定义(公理组)即可.但是其中 R 是受限的,必须是数量且是标量(或标量性,诸如优良、及格等皆可变换成标量).泛函映射在实践中是广泛存在的,比如通常社会、管理中的评价、评估、考试评分等都是些泛函映射.

② 所谓线性泛函,即满足如下关系式的泛函映射(记为):$L(ax_1+bx_2)=aL(x_1)+bL(x_2)$,$x_1$,$x_2\in X$,$a,b\in R$.

用其概念,而不是奢求其漂亮(却特殊)的理论成果,那就是可以的.

因此以后所用到的"对偶空间"概念系指以数学的对偶空间概念和性质为参照的、推广了的,一般系统的对偶空间.

还可看到,在这一推广意义下任一系统空间的对偶空间随其与原系统空间实质差异的大小和比较方式的不同,将产生多种多样的对偶空间甚至形成"对偶空间的空间",不过后面用到的多是所谓"典型的对偶空间",具体叫做"属性空间".

2. 二象对偶论

在数学获得(线性)对偶空间理论的几乎同期,在物理学中也平行而独立地获得物质系统中具有普适性的类似结构.由于是独立做出(仅凭着"上帝"那只无形的手的牵引),所发现的事例、认识、角度、概念名称皆为不同.这就是物理学在20世纪初从光子结构特征辨识中得到的"二相(这里记作象)"论.但是一旦突破性认识到光子是"波,粒"二象构成时,立刻推想到一切微观物质都可能如此.的确很快被验证比如量子、电子乃至后来的"亚原子"或叫"基本粒子"都明显地具有"二象"结构;且很快也承认了,原来中观物质系统和宏观物质系统也有这一"二象"机智,只是随着物质粒(实象)的增大,其波(虚象)变得更弱罢了.

亦即,物质世界所有层次都分形地存在着"二象"结构.

特别,也是几乎同期,就在19世纪末,哲学也独立地获得了客观世界的"对立统一"律.既然是哲学的定律那就是大自然的,包括物质世界、人类社会和精神世界.的确如此,"对立统一"律最早即是由哲学大家康德为解释宇宙的形成而提出的星云说中的"二律背反"律演变而来的.后来为其学生和批判者黑格尔推广至社会、精神世界.所以说"对立统一"律是大自然中一个普适的结构特征.它正好表示出了系统中虚、实二象间一种根本的对偶特征.

总之,可以说人类科学在19世纪末、20世纪初的这一时期内,分别独立发现了客观世界的一个二象对偶结构.又在21世纪初从更高观点和更高空间层次出发被统一在"系统学二象论"之下(参见:高隆昌.系统学原理.北京:科学出版社,2005).

特别指出,早在公元前2000多年产生自中国的《易学》中"阴阳"论也属于"系统学二象论"中的"虚、实"结构观,进一步支持了"系统二象论"的正确性.

3. 二象间的对偶特征简述

这里直接列出二象间的对偶特征,不一一解释.

(1)根据系统的不同,其对偶二象间的关系特征可归为一虚一实或一软一硬抑或一阴一阳、一波一粒等,总之可代表性地说成是一软一硬或一虚一实的.

(2)虚实二象间关系中最大的也是最根本的特征是,二象间既对立又统一,既矛盾又互补,既竞争又合作,叫做“二象互动”.亦即任何一方的改变都将引起其对偶方的改变,说明对偶双方是有一定比例的,但也没有一个严格的比例值.

(3)虚实二象间没有也不可能有一一对应关系.

(4)从空间意义说,虚、实二象所在空间具有质的差异.比如说 X 是欧氏空间,则 X^* 属泛函空间;若 X 是物质空间,则 X^* 属信息空间等.

(5)二对偶空间中非 0 向量间不存在正交关系.

(6)二对偶空间之间除 0 向量外无公共的向量,叫做“二象互根”.

三、完全系统及其客观存在性认识

1. 完全系统

在“一”中谈到,“系统”的三种定义五种形式,皆以 X 最具实在性,较之定义中其他成分来其空间层次也最低,因而最为直观.也因此,生活、实践中常称 X 为系统,它并不与系统三种定义矛盾(只是三种定义说法更具本质性而已),我们仍然尊重这一称呼,叫做 X 系统.数学地说 X 也是一个空间,因此也等价地叫 X 系统做 X 空间.

进一步,在前面已给出,对于系统 X 有其对偶系统(或叫对偶空间)X^*.

那么,我们定义把 X,X^* 一起叫做“完全系统”,记为 $\widetilde{X}=(X,X^*)$,换句话说,对于系统 X,其完全系统($\widetilde{X}$)即是以实象 X 及其虚象 X^*(对偶空间)一起来看的系统,也叫 $\widetilde{X}$ 做“完全空间”.

2. 属性空间:对偶空间的存在形式

我们知道作为系统 X,相对其各个系统成分(见式(8-1)和式(8-2))来,它更实在,它是“实象”.那么问,对于客观世界的对象 X,它的虚象(X^*)也真实存在吗?回答是真实地存在.其存在形式可统一地叫做(X 的)“属性空间”.

这里“属性”就是通常的哲学术语“属性”,系指事物区别于其他事物的特性.所不同的是,这里 X 的“属性空间”系指 X 的所有属性包括已知的、可枚举的和未知的、未能枚举出来的等.从内容上说,它包括诸如马克思说的社会属性类和自然属性类(实则子空间)等,还包括价值论和一些纯粹来自心理赋予的属性等.

对于系统 X 的属性空间 X^* 来讲,X 叫做 X^* 的底空间.对于每一个属性,也叫 X 是它的底.底是皮,属性是毛.同时也看到底越实,毛越粗;底越轻,毛越淡.比如相对于鸟类的肌体(实),其属性之一是羽毛(虚),但羽毛(作为实)又有其属性是美和保暖(更虚).又如,货币是商品的等值属性,而其涨落性又是货币的属性，也是一个比一个虚. 这就看出不管作为“底”的系统怎么样，它的属性和属性空间总是比它虚、软. 同时看出，只要 X 是客观存在，其对偶空间(X^*，即其属性空间) 尽管更虚、软，但也是客观存在.

3. 客观系统的完全性认识(例)

例 1 经济系统中的完全系统结构.

这里所说“经济”系指大经济，或说是在19世纪产生金融经济以前的经济概念. 那时是不分商品经济与金融经济的，但并非那时就没有金融，金融从来就是与商品经济同生的(自然同灭)，是作为经济系统中一个虚实二象结构的虚象而存在的，只是当初的商品经济(实象) 很弱，才显得虚象(金融) 更弱而已.

令人振奋的是在“大经济”系统中居然存在着(数学线性) 意义下的完全系统结构. 因为可以检验金融经济是商品经济的、线性的、具有数学意义下的“对偶空间”. 事实上容易界定商品空间是向量空间(记为 X) 设为 n 维(n 再大都有限)，既然是商品，都是有价格的，因此有相应的价格向量 p，也是 n 维的，则有 p 对 X 的泛函映射，$p: X \to R$，满足 $\forall x \in X$ 有 $p \cdot x = \sum_{i=1}^{n} p_i \cdot x_i = a \in R$. 则所有这样的泛函映射 $\{p\}$ 构成的“金融库”即完全地符合 X 的“对偶空间”的概念了.

再从实际观察也能充分看出商品经济与金融经济间典型的对偶特征. 诸如商品经济为实象，金融经济为虚象特征；金融变量对(商品) 经济的全局性影响特征；商品经济与金融经济的互动特征、无一一对应关系、适当的比例特征等. 所以才有任何国家都是通过金融来调控经济全局，也才有金融泡沫的可能和金融泡沫是“大经济”的隐患之机理. 只是因为经济的时代发展和系统二象性的“分形”特征才有今天乃至今后专门的经济学、金融学、虚拟金融学之分，还将愈来愈深、愈来愈细地、“二象”地分化下去，但这丝毫不影响商品经济与金融经济间典型的、基本的“二象对偶”关系.

例 2 管理系统、社会系统中的“完全性”认识.

显然，任何一个企业或一般的社会组织乃至国家建制都是一个由管理者集团与被管理集合构成的一个系统，统称管理系统. 要说的是从这一角度去观察的管理系统正好是个完全系统，或以完全系统为基础的、“复合”的完全系统.

在基本的管理系统中被管理集合是实象，管理者集团是虚象，二者间的关系正是既对立又统一的，二者间的系统过程正是个互动、互胀过程. 因此说管理者集团在管理系统中属于被管理系统(实象) 的对偶空间.

所谓“复合”的完全系统，比如从一个大公司的管理建制到一个国家甚至一个地区的政体建制即可看出，它们所实行的基本上可归为一个“三权鼎立”(或多权鼎立) 形式，都可以分解成“三对”(或多对) 基本的二象对偶系统叠合(复合)

而成的两两对偶"链"或对偶"网"结构.比如一个大企业中的董事会、管委会(经理班子)和监委会(或工会)三者之间即是个"三权鼎立"形式,也就是由三对"完全系统"复合而成的结构.它更能充分体现客观系统所需求的"对立统一"机制.

§ 8.2 数学模型的系统学认识

一、$y = F(x,a)$ 再认识

1. 数学模型的"完全系统"特征

首先说,一个一般的数学模型,即可表为 $y = F(x,a)$ 型结构,特别从广义的意义说更是这样的,只是对其各个部分的具体表达式和具体解释的不同而已(进一步见 §8.3 节).

那么由式(8-3)知,在 $y = F(x,a)$ 中,$x \in X, a \in X^*$,可见一个任意的数学模型都是建立在一个完全系统 $\widetilde{X} = (X, X^*)$ 上的.事实上,这点由式(8-2)更能突出地表现出来.原来一个数学模型仅仅是 $\widetilde{X}$ 上的一个映射 F 而已.此即

因此这就有如下结论:

$$F: X = X \times X^* \underset{(x,a) \mapsto Y = F(x,a)}{\longrightarrow} Y$$

结论 1 任一个数学模型都是建立在一个"完全系统"上的.

又,已经看出,"完全系统"仅仅是"数学模型"的基础,仅属基本层次,并非全部内容.

事实上,由 §8.1 节中三个定义都已看出,任一个数学模型都是在相应"完全系统"层次上建起的又一个"建筑",这就是由"功能结构(映射)"F 去决定目标 y.不过说成是"F 决定 y"只是一种技术性说法,从逻辑本义上讲应该是先有目标 y,因而是目标 y 决定着结构 F.

原来这就是式(8-1)表示出的"系统"是个四元组 $(Y, F; X, X^*)$ 的真正涵义.它是由右半部的"完全系统"基础和左半部的"目标功能"结构形成的一个整体.同时也可看出该四元组又是个以"右半为实象,左半为虚象"的又一层次上的"完全系统",不过左半部中 Y 与 F 是平等关系.

因此可有进一步的结论:

结论 2 任一个数学模型是一个以完全系统 $\widetilde{X} = (X, X^*)$ 为实象,Y(由 F 表示出)为虚象的两层"完全系统".

2. 数学为什么最富生命力

(1) 从系统学角度看出自系统概念在"大自然"中具有的最为广泛的普适性,则有:① 从系统"完全"性讲,任一数学模型不仅是个(实象的)系统而且是个

"完全系统",还是个"双重"的完全系统;② 从空间"深刻"性讲,任一数学模型不仅有系统 X 层次的实空间,还有(泛函映射下)超越 X 层次的虚空间 X^*,更有(F 映射下)另一空间层次的目标 Y 空间. 多层抽象使之具有十分深刻的空间层次.

这些都显示了数学描述的深刻性和涵盖的广泛性,从一个方面说明了数学具有强大生命力的缘由.

(2) 从逻辑意义讲,数学似乎有两大"致命"弱点:不可能哲学地描述出客观系统(Rs);原则上它属于数理逻辑,因而只是逻辑学中一个"典型和内核"性领域,所以是有限的. 但是正是其"典型和内核"这点赋予了它特有的生命力,那就是数学凭藉它的严格的数理逻辑推理,可以获得人的经验、直觉和思辨远远达不到的深度和隐讳程度,即使说用哲学的方法论能达到其深度,也难以获得其细度和精确度. 比如数学不仅能证明 π,e 为超越数,还能算出它们至任意位数,而任意别的方式(哲学的、科技的)都不可能达到. 总的说来数学能"指导"科学技术直至航天工程、基因工程和高能物理等,否则就没有今天的科学技术. 所以说数学模型虽然未能全面地描出 Rs,但它的"典型与内核"性不仅弥补了它的不足,还成为人类进一步认识 Rs 的依据和向导. 总之,数学最富生命力的机理大显.

二、建模中参数的体现特征

1. 在建模过程中 X^* 是最后被重视的

从系统学角度说,在建模过程(或定量分析解决课题)中,首先是明确"目标"或叫课题任务,记为 y,这在四元组($Y,F;X,X^*$)中即为明确 $y\in Y$;接着是为着 y 而确定(公理式界定)系统变元 x,此即 $x\in X$(实象);然后则是"建造"一座由 x 过渡到 y 的"桥梁",此即探寻一个映射 F,它能较好地表征 x 的功能和对 y 的贡献. 只要 F"建造"成功了,模型即建成了.

这里强调两点:

(1) 确定 x 和 F 是建模中的重点,也两次施用公理手段(即赋予而非推理、证明),但两者的情况不同. 在确定 x 时需对系统 X 作限制(削掉了"次要"因素);建造 F 时需要的是一种创造. 即使是选择或修改既有的模型类型,其中也需要创造. 当然,二者相同的是,不管是在确定 x 还是在建造 F 时,脑子里要始终装着(当然是自己理解的)客观原系统(Rs),以此作为标准和参照.

(2) 模型中参数 $a\in X^*$ 的确定显得较活,似乎只为了模型的补充和完整. 随着模型的类型不同,可有两种情形. 一种是以理论分析为主体任务的模型,诸如动态系统均衡点的存在性分析、系统发展趋势分析等,其参数只须表以字母符号即可. 顺便指出,这种情形下对 $F(\cdot)$ 表达式的要求较高. 另一种是以度量任务为主的模型,则需要具体确定参数组 a,比如各种"导出度量"公式中,参数应该具体测出. 又如各种计量经济模型,即需要确定参数组(往往是对样本组用数理统计方法来完成的). 对于这类须确定参数的模型表达式要求可宽一点,因为尚可在参数 a 上去弥补一些“精度”上的损失.

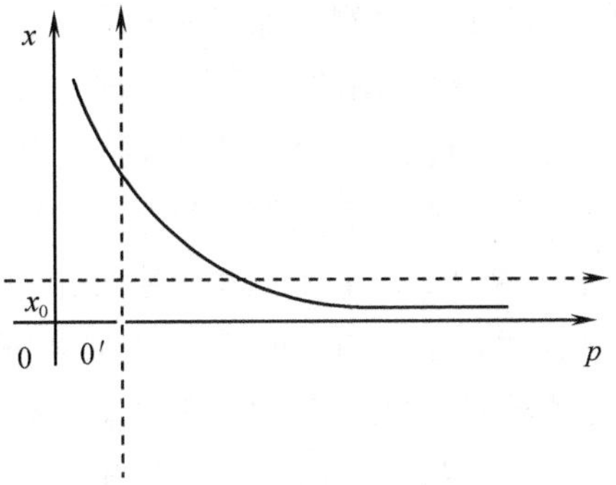

图 8.1

例 3　设消费者对某商品的消费量为 x,易知 x 是其价格(p)的函数,即有粗模 $x = x(p)$,进一步观察知 x 与 p 是反比关系,则可简单表作 $x = b\dfrac{1}{p}$,但如图 8.1 的双曲线支表明 p 过小过大都不合实际. 为此做适当修改,成为图 8.1 中虚线坐标所示情形. 这时有 $x - x_0 = \dfrac{b}{p - 0'}$ 或 $x = x_0 + \dfrac{b}{p - 0'}$,其中 x_0,b 皆为参数. 这对于“分析”性任务来说,即成;对于“度量”性任务来说,还得进一步确定出 x_0,b 来,一般采用统计法或模拟法来获得. 为什么要这样“转弯抹角”去求参数呢?

2. 参数的软性及其实质

已经知道,模型中的参数组(a)属完全系统中虚象(即 $a \in X^*$). 由于 X^* 是相应实象 X 的所有泛函之集,所以 a 原来也是一个泛函值,根据泛函定义一般说是找不到原来的映射函数的,再加上它是多(空间)对一(几何点)的映射,所以更谈不上用求逆映射的方式去直接地求得 a,而只能创造别的方式或技巧. 这里再来谈谈参数在实践中表现出的实质.

例如在一个线性代数式 $p(x) = \sum\limits_{i=1}^{n} a_i x_i \triangleq \langle a, x \rangle$ 中知道,$a_i \in a$ 只能代表数量,而 $x_i \in x$ 却可以是任一对象(这就说明 a_i(从而 a)的软性、虚性),这在实践中正好表明 a 是 x 的权重向量,或说 a_i 表示 x_i 对 $p(x)$ 的贡献的百分比值,抑或叫做功能值. 特别也已谈到,当其推广到一般的非线性系统来说时,其参数值(作为 x)的功能意义、贡献额度以及权重(包括对数权)等实质仍然保持着,只是来的更复杂一些而已. 尤其是这时更容易从管理学意义上看出它的(管理)贡献、功能实质,恰好这与管理在“管理系统”的虚实“二象”结构中的虚象地位是一致的.

三、同一对象非唯一模型中参数显示出的灵活性及其意义

理论已经表明，对于同一个客观系统（Rs）可能有来自不同数学手段，不同手法甚至不同观点下的不同模型，且很难说哪种方式一定最好，这是实践反复证实了的事实. 但有一点，即不同模型间的四元素（$Y,F;X,X^*$）中必有不同，甚至有完全不同的元素. 一般说来，其中Y是最为稳定的，因为课题（目标）是同一个，亦即应该在同一目标Y前提下来考察不同的模型才是有意义的.

其次，在剩下的三个元素“$F;X,X^*$”中较为稳定的也许是X，常常只在于选取x向量的维数大小（从而决定了空间X的维数大小）不同. 特别是，其中的主要因素（基本空间）应该是各模型共同的了. 总之不管怎么样，在其中x从而X确定之后，X^*与F并不是独立确定的，而只能是a取决于F，具体说是先确定F，然后由F的结构需要和x的维数去“相应”地确定a. 所谓“相应”地是说，在不同的F下有不同的$a(\in X^*)$，即使在同一F下若X不同，a也将不同.

那么为什么a有不同？为什么对于同一个Rs不可以独立地来确定一套X^*和a？原来这是因为在适当简明的意义下，对Rs描述的精确性始终是建模的衡量尺度和奋斗标准. 那么在Y,F,X既定之下，自然应以如何取a才更能逼近客观那个（也是心中理解那个）Rs作为标准而不应该抛开这一标准去独立地求取a，何况由于a（从而X^*）的泛函性不可能直接求得a. 换句话说，只宜把a（从而X^*）作为既定Y,F,X之下最优描述Rs的需要，抑或说宜于把a（从而X^*）作为Rs空间与既定的Y,F,X空间的余空间. 这正是上面说到的a的灵活性、软性本质表现，也说是其管理特征、功能特征表现.

也就是说，这里从又一角度揭示出，a（从而X^*）在系统中所在的虚性、软性、对偶空间性，从而显示出的依附性、弥补性和灵活性，在模型的（本来）近似与（要求）精确这对“矛盾”中体现出了很好的调和角色. 同时说明一个系统特别是模型系统中，虚、实二象是相对存在的，对X的认定有所改变，相应的X^*也将有所改变，但也不是同时变小、同时变大，一切应以虚实相并最能胜任“完全系统”的“职能”为准.

只用硬性界定的（Y,F,X等）“石块”来堵塞一个洞口［充满（描述）一个空间］是不可能完全的，还必须用（X^*的）“灰浆”才能全面弥补缝隙，达到完全的地步.

四、建模中关于参数的研讨类型

上面只谈到建模过程中对参数的认定往往放在最后一步，似乎最随意、更容易处理. 这里将全面地来考察一下建模中对参数的三种处理类型.

1. 参数分析型

这就是上面说到的，在依次确定Y,F,X之后，参数(组)a即为相应的系数组(包括常数项)，这时如果不继续确定出a值来，则把这类模型叫做"参数分析型"，也是通常说的数理模型. 亦即这类模型的本身即属需要将参数作为(参)变量来对模型进行分析的情形，这可是一大类问题. 比如突变论本身即是对其系统的参变量作出的讨论，因为按其分析实质来说即"突变发生于系统的连续分布的'极值、反弯'二重点集". 以其一个典型例可说明这点.

例 4　设

$$V(x) = \frac{1}{4}x^4 + \frac{a}{2}x^2 + bx \tag{8-4}$$

则其突变点(轨迹)为

$$\begin{cases} \dfrac{\mathrm{d}V}{\mathrm{d}x} = x^3 + ax + b \\ \dfrac{\mathrm{d}^2V}{\mathrm{d}x^2} = 3x^2 + a \end{cases}$$

消去x，得到

$$4a^3 + 27b^2 = 0 \tag{8-5}$$

式(8-5)即系统(8-4)的参数空间(X^*)中一个三次曲线，如图 8.2 所示. 又如常微分方程定性理论(又称经典动力系统、连续动力系统)和一般动力系统(即离散动力系统)对其轨线族的全局分析也是一种对参数空间作分析的一类数学模型.

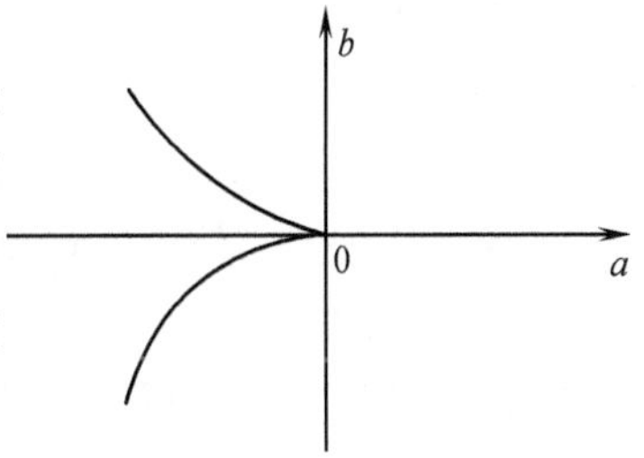

图 8.2

总之，凡是属于对函数曲线(或轨线)族、曲面(或超曲面)族作全局分析的问题，皆属于将其模型参数作为参变量来研究的类型，这时的建模只需要实现以参变量表出的模型即可. 不过这只是一(大)类模型，并非所有模型皆如此.

2. 实证分析型

实际上这是属"度量"类模型，具体说是属于导出度量模型，包括多层的导出度量，又称计量模型，诸如计量经济学、计量社会学的模型类皆属此型. 它的特点是要求在基本度量(社会统计学)的数据基础上获知进一步的信息，因此要求所建模型必须有具体的参数值而不是参变量形式.

所以该类实证分析型模型建模之最后一步是要在达到"参变分析"模型后还要走一步 —— 决定出参数才行. 对此"最后一步"有如下两种情形.

(1) 回归法与回归模型. 这是计量类"导出度量"问题常用的方法，它有如下几条根本特点：

① 充分利用统计学方法，主要是“最小二乘法”和多种假设检验方法. 这些都是在概率论与统计学中(在线性意义下)日趋成熟的工具.

② 显然，目前这一方法仅对线性和可化为线性的模型有效(看起来似乎受限很大)，但它既有建模简便的优点，又可以通过增加自变量 x 的维数来对因线性模型(系统本身一般皆线性)造成的失真做一定的弥补. 特别鉴于“回归法”的成熟性、精确性和计算机工具的运用使得这一(提高 x 维数的)线性方法容易实现.

③ 运用该法需要充分多的样本数据，且对数据的客观性要求较高，这些似乎都是对“回归法”的限制. 但具有这一基本条件的问题类型是较为普遍的. 因为实践中可运用“回归法”的情形是很多的.

④“回归法”作为统计学一门分支学科还在发展. 比如在既有的多元回归、对数线性、变换线性等前沿性发展的基础上，进一步对非线性模型、动态(含时间)问题以及对数据的处理等，都有专门研究. 这是因为“回归法”的度量精确性、可检验性等诸多优点的闪光对人们的吸引.

⑤ 显然，如果运用回归法，其“回归模型”的建模一般不是最后阶段才做出的，往往是在第 Ⅱ 阶段甚至第 Ⅰ 阶段即已选定了. 因此说运用回归法的又一优点是建模很简单.

运用“回归法”的主旨在于通过系统的历史数据(系列泛函值)分析，获得其演变规律，从而做出外推以预测系统的发展趋势.

(2) 模拟法确定参数. 所谓“模拟法”又叫实验法，系指运用计算机的快速计算和绘图、检验功能，以经验(或研究者脑子理解的系统)为标准对模型参数(a)分别取定为系列值后，再经计算、比较得出满意“解”之后，相应的 a 即为所求，这样一个过程即是模拟法.

显然模拟法仍然是用于计量型问题的或叫“导出度量型”的. 当其模型为非线性时，尚不能用“回归法”. 但在计算机时代自然会考虑到充分运用计算机功能的手段，这就是今天的“模拟法”的创生基础.

由于运用“模拟法”的模型一般是非线性的，不像“回归法”那样有可谓定型的线性模式，使得一旦选定回归法之后建模即变得比较容易了. 因此“模拟法”下的建模过程(阶段 Ⅰ ～ Ⅳ，第七章)不可省. 常常还是在“参数分析型”中对带参变量的模型作分析后，需要进一步对其确定参变量来分析时，才采用“模拟法”.

3. 一种深入分析的方式

我们知道，模型(8-3)相对于 x 来说 a 是泛函、是抽象的，但毕竟 a 应产生自

系统,是系统中的一种存在,因此当其需要的时候可以再把 a 作为新的一层目标,去建立它的新系统、新函数,比如可记为

$$a = g(z,b), z \in Z, b \in Z^* \tag{8-6}$$

当然,仍然存在一个有待具体确定 Z 和构建 $g(\cdot)$ 的问题,这里点到为止. 现将(8-6) 代回原式,即有

$$y = F(x,a) = F(x,g(z,b)) = F[x,z,b] \tag{8-7}$$

式(8-7) 是经两个层次深化后的模型,显然它应该比原模型(8-3) 更精确地描述原系统(Rs).

这是对模型(8-3) 中参数进一步研讨的又一种情形,这在实践中也是容易见到的、模型分析中一种灵活的创新形式,见下例.

例 5　在经典的 C-D 生产函数

$$Q = AL^{\alpha}K^{\beta}, \alpha + \beta = 1 \tag{8-8}$$

中对应于模型(8-3) 有 $y = Q, a = (A, \alpha, \beta) =$ (管理系数、L 弹性系数、K 弹性系数);$x = (L, K) =$ (劳力,资金) 从生产系统实际来讲,为使模型进一步深化,似不便进一步扩张 x(提高 x 维数) 来实现,那么可否在 a 中考虑呢?比如虽然这时 α、β 仅表 L、K 间的一种比例关系,不便深入,A 作为该生产系统的管理效能,完全可以作为一个新的目标,建立它的函数. 比如这时可围绕着生产管理的管理效能,考察影响它的因素,直观可见有诸如市场营销水平、生产的技术水平、管理团队的执行力等. 假设就取这三个因素,依次记为 z_1, z_2, z_3.

考虑到 z_1, z_2, z_3 三个因素中一个也不可为 0(任一个为 0 将使整个管理效能变为 0) 所以有 A 的下型函数式

$$\begin{aligned} A &= G(z_1, z_2, z_3) \\ &= \delta z_1^{r1} z_2^{r2} z_3^{r3} \end{aligned} \tag{8-9}$$

其中 $r_i, (i = 1,2,3)$ 分别是相应因素 z_i 的弹性系数,δ 是又一层次上的系统参数(更为抽象意义上的功能体现).

再将 A 代回(8-8) 得

$$Q = \delta z_1^{r1} z_2^{r2} z_3^{r3} L^{\alpha} K^{\beta} \tag{8-10}$$

这就是本段(深入分析参数) 意义下的一种形式.

特别若(8-10) 中还需要具体度量出参数组,且能满足“2” 中比如“回归” 分析的“样本” 条件时,则可将(8-10) 线性化后运用“回归法” 以严格地求出参数组. 比如这时对式(8-10) 两端同时取对数则有

$$\begin{aligned} \ln Q &= \ln\delta + r_1 \ln z_1 + r_2 \ln z_2 + r_3 \ln z_3 + \alpha \ln L + \beta \ln K \\ &\triangleq r_0 + r_1 x_1 + r_2 x_2 + r_3 x_3 + \alpha x_4 + \beta x_5 \end{aligned} \tag{8-11}$$

这是个 5 元线性回归问题,有 6 个未知数(待定参数). 只要 $x = (x_1, \cdots, x_5)$ 和 Q 的样本值充分,即可公式化地算出 6 个参数并且能公式化地判定其精确度

(兹免,续见第十一章)

§8.3　模型系统的几种表达形式

我们说任一数学模型皆可表为式(8-3)型,这只是广义的说法,其实稍作具体地也可以分作如下几种类型.

一、结构式型

这就是典型的(8-3)型,又叫显函数型.显函数是典型的函数,否则比如隐函数只能属于它的一种变着,一种非典型的函数.从系统学来说,显函数(8-3)是描述系统最为"完全"和"完整"的;从实践意义讲,它也是数学模型中最为基本、最为常见的形式.那是因为它(式(8-3))不仅仅在于描述出系统的函数结构关系,更主要是能以此形式做出更多的讨论和分析,诸如分析函数曲线的走势、单调性、凹凸性、极值点、平衡点的存在性等即是.具体如随机变量的分布函数曲线 $V=V(x)=Ae^{\frac{-(x-x_0)^2}{\delta^2}}$;效用函数 $U=U(x)$,x 为消费向量;生产函数 $Q=Q(x)$,x 为投入向量;成本函数 $C=C(y)$,y 为产品向量等函数的建立与建立函数的目的以及讨论内容皆属于这类分析.须知,所举诸函数中每种类型,随着具体课题的特征和要求不同,还有着各种各样的具体类型,即使既有的随机变量"分布函数"也有多种.这里就不一一举出了.

二、约束式型:方程式与隐函数

这是在式(8-3)中加上附加条件的情形,又可分为如下两类.

1. 条件约束类

此即函数分析中的"条件极值"问题,它是对结构式(8-3)中的自变量给以约束限制.在实际应用中最为显赫的是规划论、决策论等类模型,皆可归为如下形式:

$$\begin{cases} y=F(x,a)\rightarrow \max(or\ \min) \\ s.t:g(x)\leqslant b \end{cases} \tag{8-12}$$

它要求在后式的条件下,求出目标式(前式)的极值,一般是采用拉格朗日乘数法,建立新的(提高了空间维数的)结构函数(简单叫做 L- 函数):

$$L(x)=F(x,a)+\lambda(b-g(x)-\delta) \tag{8-13}$$

其中,δ 为约束式中的松弛变量(使之变为等式约束),λ 为 L- 参数[实践中(比如)是一种影子价格].

这时变成了上面的结构函数问题了.只要求出(8-13)的极值点,即为原问题之所求.

注:还得说明,一般是对于非线性规划才能用 L- 函数法,比如对线性规划却不行.原因是线性情形的最优点不在界域内,而是在边界上.这时的可微性不能保证(见例).

例 6 求解线性规划

$$\begin{cases} 3x_1 + 5x_2 = \min \\ s.t: \begin{cases} 2x_1 + x_2 = 4 \\ x_1, x_2, x_3 > 0 \end{cases} \end{cases}$$

这容易导致我们去求条件极值问题

$$\begin{cases} 3x_1 + 5x_2 = \min \\ 2x_1 + x_2 - x_3 = 4 \end{cases}$$

的正解,却这样将得到 $\lambda = (\frac{3}{2}, 5, 0)$,问题不确定,但另一方面,用线性规划的单纯形法(从界域边界上)可求出确定解 $\lambda = (2, 0, 0)$,且这才是正确解.

2. 直接约束类

"直接约束"系指对结构式(8-3)中因变量 y 直接施以制约.通常令 $y = c$,c 为常数.实践中一般取 c 为实数(包括 0).这时有类似的约束型(8-12)的形式:

$$\begin{cases} y = F(x, a) \\ s.t: y = c \end{cases} \tag{8-14}$$

将后式代入前式则有 $c = F(x, a)$,通常记为

$$F(x, a) = c \tag{8-15}$$

这样一来非同小可,一方面模型(8-15)不是典型的函数式,直接说来可叫它做方程式,简称方程(包括方程组,下同);另一方面仍可叫它做函数,只是要有条件:一个是多元函数,一个是属于非典型函数,具体说叫隐函数.于是这时便产生了如下的方程和(隐)函数这样两类情形和两类分析途径.现强调几点如下:

(1) 模型(8-15)中,原来在显函数意义下的自变量(也叫独立变量)不再独立了.

(2) 若从方程角度看,方程的一个根本任务就是求解,即使不能技术地求出解,而是理论探讨,那也是围绕着其解的理论在作探讨.

(3) 作为方程(8-15),根据解的类型不同,可分为数值方程和函数方程两类.前者的解是数值(在几何空间即表现为"几何点"),诸如独立方程数不小于自变量数的代数方程组的解即是.至于非代数式的方程,则视情况而定.当代数方程组中独立自变量个数大于独立方程个数或是个非代数的一般函数方程时,其

解皆为函数.以函数为解的方程叫做函数方程.

如此说来,一个方程在未做出解的考察前,似乎很难分辨出它属于数值方程还是函数方程了.似乎是这样的,不过在分析中一般不产生这样的问题,这是因为有(4).

(4) 对于模型(8-15) 在从方程的角度作解的处理和分析时,还有一个方法叫隐函数分析法,此即当 x 为向量时,式(8-15) 表明 x 各分量的互相牵制关系.在较为平凡的条件下(一阶连续偏导数存在即可),它们间存在隐函数关系(隐函数存在定理虽然深刻,但在实践中容易满足其条件),由于这时 x 各分量处于平等地位,往往这时存在的隐函数关系对 $\forall x_i \in x$ 都存在.

可喜的是,虽然隐函数存在性与技术实现(表达成显函数) 不是一回事,但在隐函数存在定理条件下,对(8-15) 产生了又一个广阔的分析前景,那就是用微积分学方法进行分析.具体说是讨论 x 各分量的改变量之间的关系,也就是直接对系统元素之间的变化特征及其比较特征作分析,自然属于系统分析的深入表现了.

特别地,既然是考察任一 x_i 的改变,即含有时变意义了.于是有了如后面叙述的更为宽广的分析途径.

(5) 这里还看到了方程式与隐函数式的联系与区别.一般说数值方程是隐函数式的特殊情形,但函数方程式可说是隐函数式的一般推广,因此也叫隐函数式为隐函数方程.总之可说隐函数方程式与函数方程式之间是存在较大交迭(模糊区)的.

三、动态式型

这就是典型式(8-3) 中 y 取成自变量 x 对时间的导数(记为 $\dot{x} = \frac{\mathrm{d}x}{\mathrm{d}t}$) 的类型.这时可归为以下三种情形.

1. 动力系统形式

所谓动力系统即

$$\dot{x} = f(x, a) \tag{8-16}$$

或其离散形式

$$x_{n+1} = F(x_n, a) \tag{8-17}$$

型.现以连续形式而论(离散化是容易的).

在式(8-16) 中(或(8-17) 中同理) 皆设 x 为时间(t) 的函数,但 a 不是 t 的函数,函数式中也不显含 t,左端 $\dot{x}$ 表 x 对 t 的变化率(速度).把这样的模型系统叫做连续(或离散(8-17)) 动力系统.但有一点,为什么式(8-16) 左端的 $\dot{x}$ 正好是

右端 x(注意它已不是自变量了) 的函数,是否太特殊,不足以描述客观规律了呢?对此,现就动力系统(8-16) 解释两点(式(8-17) 同理).

(1) 动力系统(8-16) 的来历. 实际上动力系统(8-16) 直接来自(8-15) 的微分分析,或说来自(8-15) 中 x 各分量(元素) 的增量(已知变量) 间比较关系. 因为有改变即有动,从而有时序过程. 特别当其可导(容易满足) 时即有丰富的分析. 比如设 $x=(x_1,\cdots,x_n)$,对 $\forall x_i,x_j\in x$(设其他元素为常数),求式(8-15) 的微分则有:

$$\frac{\partial F}{\partial x_i}\mathrm{d}x_i+\frac{\partial F}{\partial x_j}\mathrm{d}x_j=0 \tag{8-18}$$

且设各偏导数非 0,则有

$$\begin{aligned}\frac{\mathrm{d}x_i}{\mathrm{d}x_j}&=-\frac{\partial F/x_j}{\partial F/x_i}\\&\stackrel{\triangle}{=}f_{ij}(x,a)\end{aligned} \tag{8-19}$$

又,稍作恒等变形可有,

$$\frac{\mathrm{d}x_i}{\mathrm{d}x_j}=-\frac{\mathrm{d}x_i/\mathrm{d}t}{\mathrm{d}x_j/\mathrm{d}t}=f_{ij}(x,a)\stackrel{\triangle}{=}\frac{f_i(x,a_i)}{f_j(x,a_j)}$$

从而有 x_i,x_j 的动力系统 $\begin{cases}\dfrac{\mathrm{d}x_i}{\mathrm{d}t}=\dot{x}_i=f_i(x,a_i)\\[2ex]\dfrac{\mathrm{d}x_j}{\mathrm{d}t}=\dot{x}_j=f_j(x,a_j)\end{cases}$ (8-20)

其中向量 x 各分量除 x_i,x_j 外这时皆视为常量. 所以这是个特殊情形,此外 $f_i(\cdot)$ 和 $f_j(\cdot)$ 的取法是灵活的,只要其比等于 $f_{ij}(\cdot)$ 即可. 事实上,比如只要令 i 跑遍 1 至 $n-1$,始终令 $j=n$,可得出 $n-1$ 个(8-20) 动力系统. 又比如 $n-1$ 个动力系统中皆令 $f_j(x,a_j)=f_n(x,a_n)=1$,最后即可化成一个总的(n 阶) 动力系统

$$\begin{cases}\dot{x}_i=f_i(x,a_i),i=1,2,\cdots,n-1\\ \dot{x}_n=1\end{cases} \tag{8-21}$$

或简化为

$$\dot{x}=f(x,a) \tag{8-22}$$

这就说明动力系统(8-15) 亦即(8-22) 并非特殊,恰好是一般情形. 但要指出在动力系统如(8-22) 中,x 是因变量,只有时间 t 一个自变量. 这是与在(8-3) 或(8-15) 中是不同的. 换句话说由(8-15) 变成(8-16)(或说(8-22)) 的过程中产生了两大变化:一个是增加了时间维("默默" 地产生于 x 有增量这一初步假设,进一步则是可微假设);另一个是 x(各分量) 皆变成了因变量,这时得到的(8-21) 或(8-22) 的解皆为 $x_i=x_i(t)$ 型的时变函数.

(2) 动力系统直接建模. 在上面的分析基础上即明白了,动力系统应该独立成为一类模型作独立建模去描述一大类系统. 的确如此,实践中已经是这样的

了,甚至可说已经是更为活跃的一类模型了.因为客观世界中动是绝对的,不动是相对的,“只有动才不动”.通常用不动的观点建模莫非是相对的和近似意义的体现罢了.

可喜的是,所有动力系统皆(8-22)型,仅 x 维数的不同,这是动力系统的现代形式(哈密顿形式),为建模分析带来了很多好处.

总之,我们树立了动力系统这一建模方向,其中只有 t 一个自变量,剩下的变量皆因变量,且皆为(8-22)型(x 为向量).

不过,对动力系统的进一步了解和理解还有待下面两段的讨论.

2. *动态系统及其动力系统化*

已说过,动态系统是参数中出现时间变量的动力系统,形如

$$\dot{x} = F(x, a(t)) \tag{8-23}$$

具体说有:① 参数 $a(t)$ 是个向量,只要有一个分量实际上是 t 的显函数,即为动态系统.② 式(8-23)也包括 t 单独出现在函数中的情形,因为参数 $a(t)$ 包括了 x 以外的一切字母(数量)符号之故.

简单说,动态系统是式中直接出现了时间变量 t 的微分系统,否则即为动力系统.

因此可有如下两点说明:

(1) 动态系统研究困难.对于动态系统,除了可直接积分求解的情形(实践中这是极少碰到的)外,需要作一般分析(数学内叫做“定性分析”)时很难.难在动态系统的积分曲线(也叫轨道)族在相空间(仅 x 所在空间)中不规则,不便分析.却恰好动力系统轨道族在相空间有十分漂亮的几何特征.诸如只有有限个奇异点,且有有限个基本类型,可准确地描述出奇异点邻域的轨道分布状态.此外的所有点皆非奇异(叫正则点),在所有正则点处轨道光滑、存在唯一,且随参数连续变动等优点,使得数学“舍弃”了动态系统的研究,而仅就动力系统作出了充分的研究.不过从实践需求角度说,这已相当够用了.

但是,认真说实践中的客观存在,仍以动态系统最多.即使说根据近似性原理,建模时可有意地建成动力系统来讨论,理论上仍难免有些不能太“近似”而不得不采用动态系统模型的时候,怎么办。

(2) 动态系统的动力系统化.实际上,对于动态系统,只要稍作变换即可变成动力系统,其实质是使之提高一维空间,从而(在高一维的空间内)运用动力系统理论和方法即可了.

具体说,比如在(8-23)中,只要令变换 $t = t(\tau)$,且设 $t(\tau)$ 可导,则有

$$\dot{x} = \frac{\mathrm{d}x}{\mathrm{d}t} = \frac{\mathrm{d}x}{\mathrm{d}\tau} \cdot \frac{\mathrm{d}\tau}{\mathrm{d}t} = \frac{\mathrm{d}x/\mathrm{d}\tau}{\mathrm{d}t/\mathrm{d}\tau}$$

$$\triangleq \tilde{F}(X,\tilde{a}) \triangleq \frac{F_x(X,\tilde{a})}{F_t(X,\tilde{a})} \tag{8-24}$$

其中，$X = (x,t)$，$\tilde{a}$ 为 X 变元下的参变(常)向量.

特别，仍记$\frac{\mathrm{d}X}{\mathrm{d}\tau} = \dot{X}$，记 $\tilde{a}$ 为 a 则有一般形式

$$\dot{X} = \tilde{F}(X,a) \tag{8-25}$$

式(8-25)与(8-24)相比，仅增加了一维 t，从而向量 $\tilde{F}$ 中多了一个分量罢了. 而这一变换基本上是无条件的.

总之，对于动态系统当其不能直接积分而需要作“定性分析”时，只要变为动力系统即可.

3. 一般微分系统与德尼松法

在介绍动力系统时，当看到(8-16)中 x 似很特殊、似不一般时，也许有过想法，以为诸如

$$\dot{x} = \varphi(z_1, z_2, \cdots, z_k, t)$$

或一般的

$$\frac{\mathrm{d}x}{\mathrm{d}r} = \varphi(z_1, \cdots z_k, r) \tag{8-26}$$

型才是一般动态模型. 是吗?

对此疑问，一方面“1”、“2”作了正面解释，表明(8-16)型并非特殊，而且是一种正统分析模式；另一方面，这里也要承认，所述形式(8-26)也提醒我们，的确存在一种分析问题的方法，它类似于(8-26)的思想，但不那么简单. 因为仅就(8-26)，只要稍作变形即可立即积分，问题即变成求积分的矛盾了.

不过这里介绍一个类似的微分系统方法，叫做德尼松(Dennison)法. 一般说这是为了求“一”中结构函数的一种技巧 —— 当直接构造某一结构函数较难时，也可退一步求其微分(或导数)的表达式(因为往往一个函数(比如代数函数)的导函数较原有函数的形式来得简单一些)，然后通过积分即可求得所要的函数. 这样的方法叫做德尼松法.

(1) 在市场上，我们希望给出需求对于价格的(需求)函数曲线.

记需求为 D，价格为 p，显然有粗模 $D = D(p)$.

通过定性认识和理解，可设有条件 $D(0) = K$(消费者知足)且 $D_p' < 0$，并设存在 $\bar{p} > 0$ 使得 $D''_{p^2}\begin{cases} < 0 & p < \bar{p} \\ = 0 & p = \bar{p} \\ > 0, & p > \bar{p} \end{cases}$ 据此可有微分模型 $\begin{cases} \frac{\mathrm{d}D}{\mathrm{d}p} = -KpD \\ D(0) = K \end{cases}$

从而可直接解(积分)得 $\begin{cases} \ln D = -\dfrac{K}{2}p^2 + c \\ D(O) = K \end{cases}$ (8-27)

或 $$D = \bar{c}e^{-K'p^2}, \bar{c} = e^c, K' = \frac{K}{2} \tag{8-28}$$

此即我们所要的函数,如图 8.3,它较为合符实际.

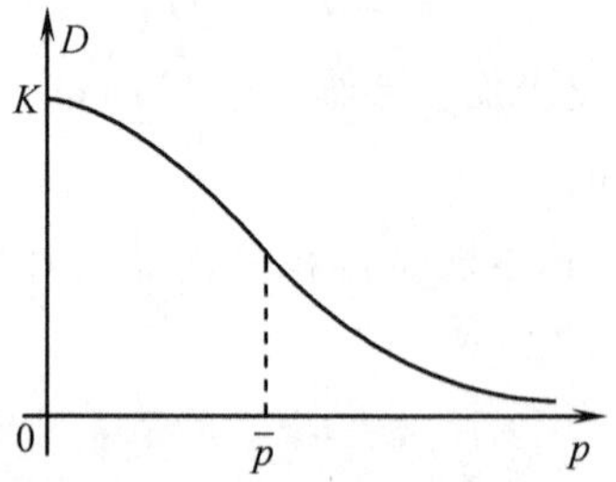

图 8.3

(2) 求在小康条件下市场需求函数.为此,通过对市场的定性认识可给出需求(D)的粗模:

$$D = D(\xi, p, f) \tag{8-29}$$

其中,ξ为居民消费水平;p为市场价格水平;f为商品销售服务水平,一种评价值或叫当量值.

同时能给出如下的 D 的特征假设(公理)

$$\begin{aligned} &\frac{\partial D}{\partial \xi} > 0, \qquad \frac{\partial \xi}{\partial p} < 0 \\ &\frac{\partial D}{\partial p} < 0, \qquad \frac{\partial \xi}{\partial f} > 0 \\ &\frac{\partial D}{\partial f} > 0, \qquad \frac{\partial p}{\partial f} < 0 \end{aligned} \tag{8-30}$$

为进一步求出式(8-29)的表达式,可用德尼松法,先求其全微分(假设可微)有

$$dD = \frac{\partial D}{\partial \xi}d\xi + \frac{\partial D}{\partial p}dp + \frac{\partial D}{\partial f}df \tag{8-31}$$

现采用一点技巧,分别取"弹性系数"为

$$\frac{\partial D/D}{\partial \xi/\xi} = a, \frac{\partial D/D}{\partial p/p} = -b, \frac{\partial D/D}{\partial f/f} = r, a, b, r > 0$$

则式(8-31)成为

$$dD = a\frac{D}{\xi}d\xi + (-b)\frac{D}{p}dp + r\frac{D}{f}df$$

即有 $$\frac{dD}{D} = a\ln\xi - b\ln p + r\ln f$$

或即 $$D = c\xi^a p^{-b} f^r \quad (c\text{ 来自积分常数}) \tag{8-32}$$

这就是式(8-29)的一种具体实现，是一种宏观描述市场需求的结构函数.

四、其他类型及其讨论

1. $y = F(y,x,a)$ 型

首先说，既然是在同一式中，左右端的 y 就应该表示同一个量. 其次，这种形式的数学模型是存在的. 比如一般积分方程 $y=\int f(y,x,a)\mathrm{d}x$ 即是如此，它来自一般的常微分方程 $\frac{\mathrm{d}y}{\mathrm{d}x} = f(y,x,a)$ 的求积形式，所以其存在是很平凡的.

特别在实践中，这一模式 $y = F(y,x,a)$ 也是有其存在背景的. 比如一个管理系统，设管理者为 y(系统成员为 x)，实际上可以视 y 为系统的目标. 因为系统目标总是由管理者制定的，从这一意义上说以管理者为"目标"是合理的.

但另一方面，当管理系统不属于管理者时(比如国企和政府管理机构)管理者也是被管理系统中的一元(员)，既是系统中一劳动者也是参与分配者，所以 y 也是与 x 平行的分子. 因此 y 也应该在模型右端出现，这是合理的.

顺便指出，当管理系统不属于管理者所有，且管理者属于管理系统中的一元(员)，再加上管理者具有"私"性这一平凡条件，则必然存在管理悖论. 用于政府亦称政府悖论，即有"政府(包括非私有企业的管理者)腐败，古今中外，概莫能外"(可参见：高隆昌，陶然. 市场经济竞争原理. 北京：中国铁道出版社，2002).

总之，模式 $y = F(y,x,a)$ 既具有数学内在的存在性，更表达了客观系统中一类倍具敏感性的类型，非同小可. 显然这也是值得进一步研究的一类模型.

2. 集合式：系统的一种极端情形

通过本章的讨论，终于可以说了，在广义的意义下任一客观系统(Rs)皆可表作以(8-3)为基本形式的数学模型，其他的只是以此为基础的变形和扩充.

当然，一般情况下形式(8-3)是非线性函数，可根据具体情况去创造性构建.

这里讨论一下(8-3)的两个特殊形式.

一个特殊形式是 $F(x,a)$ 为线性式的情形. 显然若能视作线性情形，建模是很容易的，这时有确定的形式：

$$\begin{aligned} y &= a_1x_1 + a_2x_2 + \cdots + a_nx_n \\ &= \sum_{i=1}^{n} a_i x_i \qquad\qquad (8\text{-}33) \\ &= \langle a,x\rangle \qquad x\in X, a\in X^* \end{aligned}$$

另一个特殊形式是继续在(8-33)的基础上进一步特殊化. 比如这时仅把 y

视为确定元素 $x_1,\cdots,x_n$ 的集合，即 $y=\{x_1,x_2,\cdots,x_n\}=X$，为与(8-33)对比，我们表作 $y=x_1\cup x_2\cup\cdots\cup x_n$，又特别记 $\cup$ 为 $+$，这些记法都是可以的. 那么这时有

$$y=x_1+x_2+\cdots+x_n \tag{8-34}$$

于是看到了集合与系统(简单的如式(8-33))的差异. 差异就在于系统模型中有"完全系统"机制，即有非平凡的 X^* 空间，从而其目标 y 也是个富有变域的"活"的对象. 相应的，在集合(8-34)中 $X\equiv\{x_1,x_2,\cdots,x_n\}$，同时 a 乃至整个 X^* 都萎缩成了单位向量(即 $X^*\equiv a=(1,1,\cdots,1)$). 这时其"目标"$y$ 也恒等于 X，是静态的、"死"的；或者说 y 降到了最低的空间层次. 可见即使从最简单系统到一般集合的特殊化转变也是一个十分本质的改变，"本质"就在于系统是"活"的. 从这一意义上可以定义："系统是'活'的集合". 必须强调，这一"活"含有十分深刻的科学和哲学内涵. 可以说如今活跃的系统科学即是在于探索系统较之于一般集合的这一"活"性. 这一"活"性就是灵性，也是"信息"，表现为"关系". 它有多重层次，不仅表现在其数学模型的形中，也藏匿于数学模型的体(也叫"字里行间")中.

总之，通过这一特殊化步骤，更能充分地比较出任一系统内涵之丰富性. 同时也说明，一般集合可以视作相应系统的一种极端的特殊情形，可作为系统范畴集的一个边界"点". 从这一观点也可看出，系统的范畴集合是个开集.

第九章　数学模型精确性论

在§5.5节曾经谈到，一个优秀的数学模型应该满足“三性”，即简洁性、精确性和可操作性. 显然，前两性和后两性间都是矛盾对，都是“二难”问题. 因此为要体现“三性”还得对其做出进一步认识. 这时发现，前后两性都是容易理解的，唯有精确性，就连其概念都还有待讨论. 之所以把对精确性的认识放到这里来，正因为只有在前面各章讨论的基础上才可以说清楚.

§9.1　关于精确性概念

定义1(精确性)　把考察对象的现状与其客观标准之间的一种比较关系叫做它的精确性.

定义1中提到了三大要素：首先是“考察对象”，比如可有模型内的精确性考察和模型的精确性考察等. 其次是“客观标准”自然因对象而异，同时这里“客观”性也是值得考究的. 最后是这里“关系”也是个值得讨论的概念. 可见数学模型精确性概念非同小可，即使仅从上述“三性”来分别讨论也是难以说清楚的. 下面将综合起来从另一角度给出讨论.

一、精确性的相对性

显然精确性概念不具有绝对性，因而是相对的. 其实这里相对性就是定义1中“三大要素”之三的“比较关系”特征表现. 在这一意义下可归于如下两类相对性问题来讨论.

1. 模型描述的精确性

系指数学模型与其客观系统(Rs)原象之间相对性(比较关系)而言. 亦即这时考察对象是所建的模型，比较标准是客观系统Rs本身. 自然也是在哲学的“是什么”意义下来说的Rs. 可以说这时尽管这个“标准”物质地摆在我们面前，也难以哲学地下结论“是什么”，更何况非物质的社会事物对象了. 但不管怎样只能凭我们自己的思辨、认识和理解能力去尽力把握它. 这一来必然因人而异，甚至连自己把握得怎么样、把握程度如何也会说不清楚.

这不是危言耸听，也不是在故意渲染不可知论，而是事实. 其复杂性是客观存在的.

但要知道，人类在复杂事物面前，从来是愈复杂的愈简单化、定性化、模糊化，凭着主观认识去处理. 在模型的这一精确性比较判定中也一样地、自然地用起了这一手段. 具体说来就是凭经验、凭直觉去判定或用设疑、反问、答辩等方式去获得一个定性的判定，有时甚至只能待模型结论实施后的检验来判定其模型的精确性.

话说回来，毕竟在这一模型的相对精确性判定中，还是以自然科学和工程技术中模型最容易判定. 原因是其比较标准——Rs 实在、直观性强. 相反社会科学类模型的精确性判定较难. 直观说来其原因是社科类的“软”性特征所致. 根本上说来是因其空间层次高，所产生的抽象性使得不管是比较对象系统还是比较标准系统，都不易判明. 比如即使常常谈到的生产函数、效益函数、效用函数、品牌效应函数、交通运输对社会的贡献函数、公益性行业对社会的公益性函数等都是如此. 一个函数模型拿出来后，很难准确的判定它对实际写照的精确程度，而只能凭上述的经验、直觉等简易的方式去应对.

2. 模型成果的精确性

这是在数学模型内来说的. 它有如下(1)、(2)两个方面的含义. 但不管怎样，其“精确性”标准只有一个. 此即最后结论、最后成果都要接受实用要求的检验. 当然这一“实用要求”可能是数量的，也可能是思想性(定性)的.

(1)模型演绎、推理过程的精确性，表现为过程中处理手段的“严格”性，处理技巧的“合理”性和逻辑推理的正确性等. 总之属于数学内处理过程的正确性问题. 比如一个连读模型借助计算机处理时总涉及到离散化问题，或说用数值分析方法解决连续性问题时的分析方法选取和步长选取，都可能对结论产生影响. 至于处理技巧，属于创造、艺术，那就是各种各样的了，很难说总是正确的、合理的. 在数学中貌似正确、巧妙的方法最后发现有问题、甚至错误的例子并不鲜见. 总之，说明模型的推理、处理过程同样存在着“精确性”问题.

(2)模型最终成果的精确性. 这一成果包括两类：一类是数值方法解运算类模型所得到的数量式“答案”；另一类是推理性、分析类模型得到的“结论”. 在科技类模型中多以答案式成果为重. 那里的精确性也容易数量性地得到度量. 因为科技对象中容易借助工具做出满意度量，也包括比较标准的度量值等. 对偶地，在社科类模型中多以结论式成果为重，甚至即使有了数量性答案也需要解释成“结论”式语言，以便“甲方”理解. 因为这时精确性的比较标准在“甲方”代表和评审组成员的脑子里，在于他们对客观系统(Rs)的认识理解“标准”. 这时的精确度也在于对这样的“专家组”理解下的精确度取值(一种莫名的泛函值)的统计结论. 当然也包括将其成果用于实际后以得到的信息反馈作出成果精确性度量，但这也不总是最好的方式. 比如人力资源部根据人才度量模型(常常是系列表格计量)算出某人才可以接受,那么这一结论的精确度有多大? 即使通过实用常常也只能作出个"上、中、差"三级结论,难以说出个像科技量具量出的"精度"那样的"精确度". 即使按某种计算程序拿出了个小数点后多位的"精确"值,难道它就比小数点位数少的值更精确吗? 显然不一定,这时来判定它的差异本身即失去了意义.

二、影响精确性的误差种类

精确性强弱的对偶概念即误差大小,因此说精确性种类无异乎是误差的种类. 主要地可有:

(1)首先是建模前对其对象系统认识、理解的非全面性所造成的误差,亦即认识的偏差必然造成模型的偏差,这是无须解释的.

(2)其次是建模时所做出的处理手段、处理艺术造成的误差. 本质上说这一误差也是免不了的,也是建模理论所允许的,因为建模是个非量而量、非符号而符号的、一个空间到另一空间的映射和转换,是个质的变化,难以保证没有误差. 即使科技系统从严格意义上也是这样.

(3)模型的严格过程和结论与应用(甲)方定性认识间的误差. 皆知从应用角度说,数学模型是 Rs 经抽象提升而成的,最后在模型结论用于实际时又需要将抽象的量或理论术语(成果)转化为非量、非数的原系统"语言". 从严格意义说这里的转换必然造成误差,只有其大小或隐显的差异问题抑或可容许与不能容许的差异问题.

(4)特别社科类模型,由于在适用意义下的精确性标准包括所谓满意度、可行性、次优、偏好等,甚至包括社会模型下的鲁棒控制思想(仅给定一个控制下限的控制方法),实际上皆属于主观标准的客观化. 本身即含有较强的心理成分,用这一"软"性特征来处理模型的"硬"性结论,难免不出现解释上的误差.

三、精确性的检验与判定

关于精确性的检验,可分作度量类模型与描述类模型来看.

1. 度量类模型

关于度量类模型的检验又可以分作科技类与社科类的不同来分别讨论.

(1)关于科技类度量模型. 已知度量分作基本度量和导出度量. 基本度量在科技类问题中常常借助工具、仪器即可实现,而这些工具、仪器产品本身即附有精确性参数,所以一般说来(即仅从应用角度说)这就满足精确性了. 相应地对其导出度量也是容易检验,计算出其精确度的. 比如在物理系统中常常看量纲即可初步判定一个导出度量模型的正确性,或用以辅助建立导出度量模型. 这是因为量纲具有零次齐次性或从函数式两端来看，具有等量纲性．据此即可作判定了，流行的判定方法比如有布金汉姆法、雷列法等．

例 1　用雷列法建立自由落体落程(S)的度量(导出度量)模型．

根据问题的因素分析知，应有粗模型：

$$S = S(\text{物体质量 } M,\text{重力加速度 } g,\text{时间变量 } t) \tag{9-1}$$

进一步分析知，M、g、t 之间仅具乘积关系．因为其中任一因素取 0 值，都不可能产生(下落)运动．所以可有进一步的关系(稍细的模型)

$$S=AM^{\alpha}g^{\beta}t^{r} \tag{9-2}$$

其中，A 是(数学地说)调整系数(保证等式的“等”性)．现在用雷列(量纲)法来具体确定模型(9-2)．

首先从系统学(§8.2 节)角度说 A 是来自(M,g,t)空间的对偶(虚)空间的参数，它更抽象，不具有(M,g,t)空间的量纲，即这里 A 无量纲．

其次，记量纲算子为[·]，同时根据物理学基本知识有如下“基本量纲”：

$[A]=1$(乘积中的无效因子为 1)

$[S]=l$(长度)

$[M]=k$(质量克)

$[g]=l/\bar{t}^2$(长/秒^2)

$[t]=\bar{t}$(秒)

于是根据等量纲性应有

$$[S]=A[M]^{\alpha}[g]^{\beta}[t]^{r}$$

$$l=k^{\alpha}\cdot(l/\bar{t}^2)^{\beta}\bar{t}^{r}$$

或即

$$=k^{\alpha}\,\frac{l^{\beta}}{\bar{t}^{2\beta}}\cdot\bar{t}^{r} \tag{9-3}$$

显然，为让式(9-3)成立，只能取 $\alpha=0$，$\beta=1$，$r=2$．这是唯一解．

所以有落体的落程(导出)度量模型为

$$S=Agt^2 \tag{9-4}$$

注意：正如一般建模中参数需要另法求得(如模拟法、实验统计法等)一样．这里的 A 也得另法求得，当然今天皆知是用实验统计法得到的为 $A=\frac{1}{2}$．

上例说明量纲检验法不仅能用作判定一个(科技类度量)模型正确性的方法之一，甚至可以帮助建模．可见对于科技类度量模型包括基本度量和导出度量模型的检验和判定，相对说来是最容易的．

(2) 关于社科类度量模型．已谈及，一旦进入社科类即使对于物质系统如物流(交通运输、储存、优化等)和不直接涉及人的系统，如电信、网络等，其度量包括基本度量即与科技类的情形产生了质的改变．根本原因是这时系统的空间特征和空间实质改变了.

社科类基本度量的"统计"系一般的社会统计,或说是经典的社会统计,包括一般计数、问卷调查、采访调查后的简单整理[如百分比、分类计数(向量)]等,并非指"数理统计".

显然即使对于"社会统计"这一基本度量的精确性也至今还是一种挑战性的问题.比如过去有过一种现象,各省的GDP增长率几乎都在10%以上,而国家统计局公布的全国(独立统计出的)GDP增长率只有7%~9%.这说明同一系统不同的度量者量出的结果差异都会明显的存在.又如有人统计发现,40%的忧虑者因为未来事情而忧;30%的忧虑者因为过去事情忧;20%的忧虑者因当前小事而忧;4%忧虑者的忧虑事情是自己无法改变的(杞人忧天),只有6%的忧虑者忧的才是当前正在做且可操控的事.那么问,客观上一定是这一"40∶30∶20∶4∶6"比例吗?比如问,如果有另一位统计者独立地再做一次统计,仍然会是这一比例吗?一般说是不可能的.又一例,近日报载有某课题组统计度量出中国人养一个孩子,从出生到大学毕业工作需要49万元,引起了较强的反响,多数人表示怀疑,这是为什么?因为它精确的小数位不够吗?显然不是,而是以万为单位的差距,但究竟多少合理呢?人们心理虽然没有一个明确的数,但总有一个"模糊"的范围,也许有的在15万~25万之间,有的在20万~30万之间等.假设这些"模糊"区间的"交"集为20万~25万,那么上述统计值愈落在或愈接近这一(20,25)区间则愈能得到更多人的甚至一致的赞同.这是大都能接受的事实.这里说明了:一个社会基本度量具有的统计特征、统计度量值的"非精确"性及其客观精确性在社会群体中的存在性等三个问题.

至于谈到社科类导出度量模型,其精确度自然是更加"模糊"的了.直观上亦知,基本度量尚且不准,导出度量(运算)出来的结果自然也是有误差的.这是因为导出度量是一种或多种基本度量经运算而成的新量(公式),这时基本度量中的误差,除了随机误差在求和运算中可产生抵消外,其他误差不仅继续存在更可能产生累加.比如在"数据数学"类模型中除了数据用来确定模型参数者外,几乎都属于导出度量型问题,它们所依据的数据都是基本度量值.基于上述原理,其精确性所受到的干扰就可想而知了.诸如评价、评估、决策类问题即具有这样的非精确性,往往不得不回到人们的直观、直觉、经验层次上来,以心理"认可度"为标准.

2.描述类模型

非数值结果的模型类皆可归于描述类,其特点是用以描述系统的结构特征(如增降、凹凸、反弯、峰值之类特征)和动态特征(比如动力系统的解曲线所表达的系统运动走势等)以及系统的未来趋势(如外推、预测)等.这类模型一般叫做数理模型.它们分作参变量可变型和参变量确定型两大类.对于前者的分析在应用中叫做比较静态分析;在数学中也叫做"定性分析",它需要对参数空间取各种参数的情形作出所谓"全局"的分析,从而判定出系统可能的种种特征与趋势.当然如果这是数学内的模型,则自身就是标准,分析出来是什么特征就是什么,如果它是描述客观系统的数理模型,则分析结论应当受到一种"合理性"的判定,归结起来还是人们凭心理、凭经验的接受度,是一种心理标准.

至于参数确定的情形,广义说来皆可叫做计量模型,其分析叫做静态分析.它可以由样本加统计得到,也可以用计算机模拟得到,广义地说都叫做模拟或参数模拟.它的衡量尺度一般是考察其对历史上既有状态的匹配度,又叫拟合度.因此其度量标准是历史上的(一般是)状态过程,或实验所得结构状态.

如图 9.1 是某国际汽车公司历史上一些年份的销售数据构成的散点图线与模拟(计量)模型描出的同一历史阶段的(散点)状态轨迹构成的比较关系.特别这种模拟在工程力学上也是很多的,可以说随便翻开一本工科类杂志都会看到这类模型模拟图线与实测线间的拟合图,以致这里很难说举出哪个例图更具代表性了.

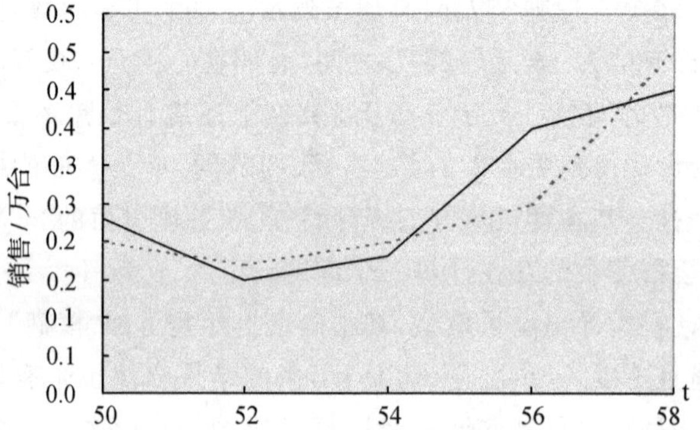

图 9.1

§9.2　促进模型精确性的因素分析

显然前面论述的模型的近似性原理、非唯一性原理,描述同一对象可以多专业、多途径等原理,都是为原本"不精确"的模型作开拓的.换句话说在这些原理和原则下,一个模型就容易通得过、容易被判为"精确"了.那么本节将在此基础上进一步讨论一下有哪些因素是有利于模型精确性的,以便在建模时引起重视.

一、公理化赋予模型的精确性

在第六章讨论的公理化基础上,再从精确性角度更容易看到,原来公理化的重要宗旨正在于保证模型的精确性. 比如即使各种符号和关系记号公理,以及基本公式、基本语句公理,也为模型的简洁性和形式化从而也为模型的严格性和精确性做出了重要贡献. 至于建模前从系统自身特点出发,作为正式的公理举例而提出来的系列命题,那更是模型成立的基石.

以上所说只属于公理化方法的表现,是公理化思想的技术实现,却值得强调的更在于公理化意识. 一旦形成了"意识"即在思想上上升了一个层次,这时再返回到实践中,它就不只在建立数学模型时想到运用公理化方法,即使在作定性思辨的逻辑推理时,它也会自觉地去明确前提,正式提出假设条例、自觉地把过去在论辩中认为大家"公认"的、不值得一提的事实明确化,正式提到前提上来,认识到这是公理化方法,是逻辑的严格性表现,它也能意识到提出定义的本质也是在提出公理.

无疑,公理化意识修养的形成是对(大)科学队伍素质的一大贡献. 不仅是对数学模型精确性的增进,也是对整个科学队伍在所有形式逻辑推理上精确性的增进. 比如有说市场经济是建立在人人都有"各自利益最大化内衷"这一公理之上的;x 管理理论是建立在"人都是自私的懒惰的"这一基本公理之上的等等.

二、"二象"论下的建模精确认识

第八章讨论知,在"二象"论意义下,任一数学表达式

$$y=F(x,A) \tag{9-5}$$

其中 $x\in X,A\in X^*$,(X,X^*)构成系统实虚"二象"的完全空间. 显然,在 F 一定之下,完全由 X 和 X^* 决定着 y,那么自然会问,当 F,y 不变而 X 改变后(比如式(9-5)中向量 x 的维数改变将引起 X 的改变),X^* 是否会变? 或问,当 X,y 不变,F 改变了,X^* 变不变? 为什么?

我们的回答是,两种情况下 X^* 都将改变,而且这一改变对建模者来说是件好事. 现在首先回答 X^* 为什么要变.

在式(9-5)中,虽然叫 y 做目标,叫 $F(\cdot)$是映射式,但从量的角度看,y 是由 $F(\cdot)$来决定的,即有 $y = F(\cdot)$. 因此在式(9-5)中的关键是三元组(F,X,X^*).

在式(9-5)中看到,当目标 y 确定之后,原则上三元组(F,X,X^*)只需组合得满足等式(9-5)即可,这就是"精确性". 因此为了满足等式(9-5),三元组(F,X,X^*)中只要有一个改变了则必须至少还有一个改变才可能保证式(9-5)继续成立. 所以当 y,F 不变而 X 改变了必 X^* 也要变,或当 X,y 不变而 F 改变了 X^* 也一定改变. 其实这里说明了,X,X^* 的确定并非自身独立的,而仅仅是为着目标 y 的需要而相对确定的. 它们分别只是 y 所在系统中实、虚两个象空间的子空间 ,所以它们完全可以凭其(y,F)需要而取舍.

这一来，给建模带来方便了．比如设一个系统本身的（完全的）实、虚空间为 $\widetilde{X}$，$\widetilde{X}^*$，现为着它的一个目标 $y\in Y$（目标空间），我们只选择了一个子空间 $X\subset\widetilde{X}$（可以出于模型精度的要求不变或出于技术、能力的限制而改变等），和一个映射 $F\in\widetilde{F}$（映射空间），则我们只需选择一个 X^* 使得满足 $y=F(x,a)$，$x\in X$，$a\in X^*$ 即可．

这时只需证明必有 $X^*\in\widetilde{X}^*$ 即可，为此只须用反证法．

因为对于刚给出的符号假设，应有关系

$$Y=\widetilde{F}(\widetilde{X},\widetilde{X}^*) \tag{9-6}$$

而根据反证法假设，若有 $A\in X^*$，$A\,\overline{\in}\,\widetilde{X}^*$ 满足 $y=F(x,A)$，$x\in X$，$y\in Y$，则显然这是与式(9-6)矛盾的，所以得证．

例 2　某学院设计的研究生招生测评模式，过去是考核指标向量 $x=(x_1,x_2)$＝（笔试成绩，面试成绩），同时取 x 的（归一化）权重为 $a=(a_1,a_2)=(0.7,0.3)$，亦即当记测评成绩为 W 时，有测评模型：

$$W=ax,x\in X\subset R^2,a\in X^*\subset R^2 \tag{9-7}$$

可是后来增加了一项考评项目“外语口语测试”，也就是在式(9-7)中的 x 向量变成了 $x=(x_1,x_2,x_3)$＝（笔试成绩，面试成绩，外语口语成绩）$\in X\subset R^3$．同时权重向量也变成三维的了，经有关度量［比如专家调查统计（群度量）或层次分析法(AHP)法皆可获得］，得到

$$a=(a_1,a_2,a_3)=(0.67,0.25,0.08)\in X^*\subset R^3$$

显然，同样一个招生测评系统，修改前后的模型形式也都一样，但 X，X^* 空间的维数变了，可见在同一个（完整）系统中，同一个目标下是允许其 X 或 X^* 有所改变的，只要改变了的 X 或 X^* 不能超出该系统的最大（完整）限度（见式(9-6)）就可以了．

三、模型因简化而“失真”可在参数确定中得到一定的弥补

这只是对需要建立确定参数的或叫实证的模型时才能体现出的意义，对于分析型亦即需要针对变动参数来作考察的模型，这时（不需要确定参数）自然则失去了该意义．因为确定参数（如果需要）总是建模的最后一步，是在模型经简化定型之后．再根据§8.2节知，参数所在的对偶空间 X^* 是在目标 y 这一原则下再依据 $x\in X$ 和 $F(\cdot)$ 而内在确定的．换句话说如果 $F(\cdot)$ 改变了，或 x（至少是维数）变了，因而 X（维数）也变了，但 y 未变，则这时的参数 A 从而 X^* 也得围绕着实现 y（保证其“精确性”）而相应地内在地改变．表现在建模中就是在建模之最后一步，仅以取定的 $F(x)$ 为基础，以 y 为目标去（或者用统计法或者用模拟法）灵活地、适时地确定参变量 A 这一实质．现造出一个简单例子来说明，对某个问题需建模研究．甲建出的模型为 $y=a_0+a_1x+a_2x_2$，乙建出的模型为 $y=$

$\alpha e^{\beta x}$，两个模型的 y 目标一样，影响因素 x 也一样，仅 $F(\cdot)$ 不一样，结果使得各自的参数和参数(对偶)空间至少在维数上不一样，能说前者(参数空间高一维)比后者更精确吗？不一定，即使说前者仅是后者的一个低阶展式形式，也不一定说前者就不精确，原因是各自的参数的确定是独立进行的，这时 $F(\cdot)$ 结构简单者不一定就不精确.

四、社科类模型特有的精确性要求

社会科学，由于它与自然科学、工程技术科学之间存在着空间层次上的本质差异，使得它们之间从基本度量方式、导出度量模型特征到分析模型间都存在着完全本质的差异. 特别在模型精确性和模型解、结论、成果的精确性等上面都存在完全本质的差异. 与科技模型存在具体量上的精确"标准"和能够具体度量出"精确度"相比，社科类模型就连比较标准也是"模糊"的，更说不上"精确度"的确切度量了.

但是要看到，这时对社科模型精确性和精确度的度量反倒来的十分容易，那就是引入"心理"标准、心理度量. 也就是一句哲言所说，"最复杂困难的处理起来倒是最容易的"，实则是处于不得已、处于无奈，不得不在简约的水平上聊做应付而已.

相对于工程技术模型的精确标准和精确度的"客观"性特征来，社科的"心理"标准恰好是具"主观"性的. 这仍然是科技与社科的本质性差异决定的.

正是在两者精确性标准的本质差异和精确度概念的本质差异下，易知今天的社科度量和模型分析水平不可能遵循科技模型的精确化途径，也不存在说今天的社科建模和精确性落后于科技类的问题. 今天它们都处在自己的现代和前沿.

换句话说，用科技模型的精确性来要求社科模型是没有意义的，多两个小数位的量值并不比少两个小数位的数更精确.

或者反过来可以说，在科技模型精确性意义下来说，社科模型的精确性要求就太低了，它只要过得去即可，只要满意即可，只要大家说好就好，太容易了. 其实从另一角度来说却是很不容易的，因为这时是要在一个空间层次内去适应另一空间层次的"标准"，本身就不容易. 同时，这时采用的是泛函映射，就连映射、度量的过程、踪影都难以抓住.

§9.3 妨碍模型精确性的因素分析

一、来自"优秀模型"条件的要求

已说过，如果要求一个优秀模型必须精确，实质上反倒是妨碍其精确性的.

这是因为一个优秀模型的制定标准是三性：精确性、简洁性、易操作性．特别是前两性间还是个“二难”问题，要保证了简洁则保证不了精确，反之则反是．再从哲学上说任何客观系统(Rs)都是深刻的，层次都是很多的，但这时必然是复杂的，可是为使模型“精确”必然层次加深因而必然复杂、不简洁．尽管从技术意义上也就是从(自然)科学角度讲，任何 Rs 的层次都是有限的，当考虑的层次较低时，系统可以更简单，但也免不了“精确”性危机．实际上这就是模糊数学之父扎德所说的“系统越复杂越难精确”的问题．

总之，对优秀模型的上述要求实则让复杂问题既要非复杂化又要精确化的“二难”要求．已谈及“二难”问题和“复合二难”问题的存在是很普遍的、基本的．在任何“二难”问题面前的决策，科学早已有了共识，那就是除了必需的$\{0,1\}$型(或此或彼型)决策外，都采用$(0,1)$型(亦此亦彼型)决策．前者比如在两个美女(帅哥)面前只能选一个为妻(夫)，即使很痛苦也必须舍弃一个．尽管$\{0,1\}$型二难问题在科学和生活中已不少，但比较起$(0,1)$型决策来，可谓小巫见大巫．正如，$\{0,1\}$的一维空间测度与$(0,1)$的一维空间测度之比一样，前者为0，后者为1即若设测度映射为 m，则有

$$m[0,1] = m\{0,1\} + m(0,1) = 0 + 1 = 1 \tag{9-8}$$

通常把$\{0,1\}$型叫做决断型决策，把$(0,1)$叫做“模糊”决策，或叫做“中庸”决策，其特点是“亦此亦彼”都要兼顾，一个都不能少，但也不是(或不一定是)平均，需要根据具体问题的分析赋予(度量出)一个权重配置比例．设“简洁性：精确性$=\alpha:\beta$，且设 $\alpha+\beta=1$，即 $\beta=1-\alpha$，再设优秀模型量值为 W，则有

$$W=\alpha\cdot\text{简洁性}+(1-\alpha)\cdot\text{精确性}\quad \alpha\in[0,1] \tag{9-9}$$

注意到其中“性”系指一定范畴内的一种无量纲的度量值，因此式(9-9)是成立的．式(9-9)中当 α 取0或1时即成为“决断”型模型，显然不可能．当取 $a\in(0,1)$皆属于“中庸”型模型，合理．且可见当 α 分布于$(0,1)$区间左半部时多属科技类模型，否则多属社科类模型．

显然，建模中这一优秀模型的“二难”要求属于$(0,1)$型要求，它总是存在的，且将永远作为建模者的挑战者而存在．

二、公理化难以“完备”所产生的困难

在第六章和本节前面中谈到，公理是有益于模型，甚至说是有益于一套理论的精确性的．可是这里不能不指出一般说一个公理组是很难保证其理论乃至模型的“完备”性的，只有满足“独立、协调、完备”的所谓公理体系才能保证所构成的理论的完备性或模型的“精确”性．这是可以理解的，因为客观系统(Rs)特别是社会系统往往具有多个空间层次，甚至是抽象的空间层次，仅用几条一般公理是难以使它完全与其邻域分离开来的．这不“完全”的部分即构成了模型的不精确

性,也就是为模型的精确性提出了挑战.

再说,一个公理体系的建立也是不容易的,甚至比建模本身更难.所以一般是没有必要为了模型的精确性而去精心构建一套公理体系.也就是说,由公理组的非“完备”性给予模型的非精确性因素总是存在的.

三、模型参数“度量”手段造成的非精确性

从第八章知,模型参数(参变量)属于属性空间 X^*,是系统的虚象.这一本质特征决定了参变量的“变动”方式、确定方式和度量方式都完全与自变量 $x\in X$ 的不同.首先是参变量不能与自变量一起变,两个“变”的空间实质完全不同.其次是,对于 $y=F(x,A)$ 来说,自变量 $x\in X$ 的确定是作为系统目标 y 的影响因素或叫影响指标,在对系统作定性分析的基础上直接提出来的,但 $A\in X^*$ 却不可以,既不可能像 x 一样直接提出,也不可能在提出 x 的同时提出 A,而是要在结构式 $F(\cdot)$确定之后才自然地被确定.再则,在度量方式上也完全不同.对于 x 是作为基本度量去“直接”获得的,或只需作为独立变量确定出它的变域;对于 A 是作为导出度量去“间接”获得的,这种“间接”获得的方式也有多种,总地可归为数理统计方式和模拟(包括计算机模拟和经验界定等)方式两大类,或在作一般分析时也可以让 A 作为“参变量”,仍然只要确定出它的变域范围即可.

那么,这里是说,特别对于需要确定参数 A 的实证性或度量性模型,由于确定 A 的非直接性,加上是在 x 和 $F(\cdot)$之后,具有被动性等都是不利于它的精确性的,从而不利于模型的精确性.这些都是容易理解的,且也在经验之内,不必例述.

四、建模映射中多层转换造成的非精确性

我们知道建模是一个非平凡的映射,甚至是一个根本性的映射.原因在于它产生了以下几个重要的转换,它们每一种都造成了对模型精确性的挑战.

首先,是非数到数的转换或说非量到而量的转换,即使模型中的“量”还没有被度量出来,表示的还是变动着的量,但它已经具有量的实质了.这一转换非同小可,岂能绝对精确?

其次,是非符号到符号的转换.这时 Rs 中的实际存在都被变成 Ms 的(多种)符号,这种符号也包括基本符号组成的“语言”.这一转换是十分美妙的,但也是难以“精确”的.

再则,是由实际存在到形式存在的转换.按说前者是形神兼备的真实,而后者(模型)只是有形无“神”的表征,可是作为数学模型的“形式”则具有另一番意义,那就是数学模型既有 Ms 的形(像木偶模型那样),而且也有(描述出)Rs 的“神”.后者可从两个方面来看:一方面是 Rs 作为系统,其完全系统结构为(X,X^*),那么显然

模型(Ms)中已有了相应的 X, X^*,只剩一个精确性(或叫误差)的问题;另一方面是从逻辑性角度看,至少是 Rs 中表现出的(对内对外的)逻辑结构和逻辑关系在 Ms 中都(在承认误差的意义下)得到了相应的描述. 总的说来,Rs 的"活"性在一定程度或说相当程度上被 Ms"形式"化了. 因此也可说数学模型(Ms)是在"形神"二象上都得到了描述、得到了表征、得到了形式化. 那就是 Ms 中逻辑结构的可推理、可运算等"活"性所表现出的本质特征. 可是这里仍然要说,即使如此,即使 Rs 的形神皆在 Ms 中得到了表征,仍可说正是在这些神、形的表征中难免产生误差,或说难以拒绝误差,因而决定着或影响着模型的精确性.

第四是由高层、高维空间到低层、低维空间的转换. 即使在同一空间层次内的物质系统,被映射成的模型仍然有个空间维数上的降低或叫投影问题. 因为模型中仅取了主要元素 x 往往不可能把原系统中所有(包括内外)影响因素取完. 这时精确性问题当然存在,至于说到具有超空间层次的社会系统的模型映射,其精确性问题更是甭说的了. 所以说从建模空间层次、维数的转换角度,仍然明显地看到它对模型精确性的影响是大的.

五、模型结构的选取对精确性的影响

已知,对于同一个客观系统(Rs),所建模型 Ms 是非唯一的,甚至是对于同一个 Rs 所用的数学方法、专业属相都可以不同,即使同一数学方法下也可以有不同的模型类型. 比如离散型与连续型的不同即是. 同时,所有这些不同的模型皆是近似的,皆不"精确". 那么这时自然存在一个问题:客观上说所有这些"不精确"的模型必然存在"精确性"上的差异. 因此说从客观上讲,对于任一 Rs 都存在一个选择更为有利于提高"精确性"的建模方向和模型类型的问题. 比如一个 Rs 如果本来属于分析模型类,具体为 $y=\ln(1+x)$,$x>0$,但若建模者未发现,却表成了代数模型 $y=x-\frac{1}{2}x^2+\frac{1}{3}x^3$. 显然后者也是正确的. 不过它既不如前者"精确",也不如前者简洁,同时后者还随 x 离原点愈远而愈不精确. 实因后者是前者在原点处的(低阶)多项式展式.

例如,在 1989 年美国大学生数学建模赛中 B 题为一个飞机场的"飞机排队模型"(见:叶其孝. 数学建模教育与国际数学建模竞赛《工科数学》专辑.《工科数学》杂志社,1994). 对该课题的建模虽然各有特色,千篇不一律,但从大体类型看,一般都采用统计方法和模拟方法,因为这是思维容易切入的方向. 可是仍然有一个参赛队选择了"线性规划"模型这样一条思路,而且更受好评、更为成功. 它既保证了旅客的满意度水平,又使航空公司成本减低从而提高效益. 此例既说明同一课题下,模型的非唯一性,也说明不同选择下的模型,其精确性(或满意解)也可能有好坏之分.

第十章　数据科学与建模论

粗略看来，数据似乎只是计量模型的需要、只是计量“模型”范畴的边界和特例，似乎对于同样重要的数理模型来说并不重要. 是这样的吗？本节将站在数据角度对此作一下较为全面地观察. 将发现数据在科学实践和建模分析活动中有着十分广泛而重要的位置.

数据，在科学技术、社会生活中大量地存在，它们可以来自正常的生产、生活记载，比如产品入库记载、当班日值记载等；也可以来自人们有意识地量取，包括利用工具、仪器的度量和观测等；也可以来自专门地统计测试如社会统计、经济统计等；甚至可以来自经验评定或认定、商定、议定、判定、界定等.

总之一句话，数据皆来自基本度量.

放眼望去，人类科技、社会、生活中，数据何其多，何其丰富！

但要知道，每一个数据都是以原本没有数的实在载体（事、物、事务系统）中提取、映射出来的. 广义地说它们都是一些泛函值，是百草熬出的药膏，是千矿融炼成的结晶，它们蕴涵着丰富的信息，正等待着科学去开发、再开发、深度开发. 今天人们终于认识到了，数据是个矿藏（mineral data）. 的确如此，而且对它的提炼精度只能是随人类科学发展才能得到提高的，没有尽头.

本章仅站在模型类型角度，探讨一下数据与模型的一些关系. 特别根据对数据所含干扰因素的重视程度不同，也分作随机性数据与非随机性数据两大类来考虑，对于后者又根据对其“序”性的重视程度分作可序性数据和时序性数据两类. 共计分作三类数据来讨论它们与相应模型和建模的关系；此外，还提出一类“适时”独立量的数据类型（含义见 §10.4 节）来讨论；最后，提出一个可以说是当前已经广泛存在的一门科学叫做“数据学”来讨论（见 §10.5 节）.

§10.1　随机性数据及其模型类型：统计学

一、随机性数据与统计学

严格说来任何基本度量所得数据皆含有干扰因素的效果，因此都具有随机性，只是在应用中存在对其随机性的处理态度的不同. 把其中专门对付数据中随机性的学科叫做统计学. 这时的数据叫做随机性数据又称做样本. 反过来可以说，统计学就是这样一门专门开发、利用数据（样本）集的学科. 它致力于回避样本集中随机性，从而留下其中必然规律. 因此说统计学中所有建模和模型都具有：① 建在数据(样本)集之上；② 必须重视并防避、“过滤”样本数据中的随机性；③ 为了判定和分析数据中干扰因素特征，有时也需要突出这些随机干扰量；④ 最终获得数据集所涵存的必然规律.

从另一角度来看，可以说统计学针对开发的数据集不具有或说不强调时间的顺序性特征，而只有(坐标系中)空间位置和分布的特征. 特别可以说就是围绕着以“正态分布”作为(样本集的)标准分布(理想分布、白噪声随机干扰下的分布)之下的各种度量(检验)理论及其种种“非标准”情形的判定、检测(度量)理论. 此外还可以把统计学归为如下两个基本原理“二”及其“三”.

二、统计学两个基本原理

1. 均值原理

设重复取值的样本集为 $x_1, x_2, \cdots, x_n \triangleq \{x_i\}$，$n$ 为有界正整数，则其均值($\overline{x}$)被定义为

$$\overline{x} = \frac{1}{n}\sum_{i=1}^{n} x_i = \sum_{i=1}^{n}\frac{1}{n}x_i \tag{10-1}$$

要说的是定义(10-1)是十分科学的，因若假设$\{x_i\}$及采集时所受到的干扰为纯粹白噪声干扰，则它造成的效果是存在一个公共值(记为 x_0)，使得 $\forall x_i \in \{x_i\}$，将有 $x_i = x_0 + \Delta x_i$，其中 Δx_i 为 x_i 受到的随机干扰值. 其特点是$\{\Delta x_i\}$正负值皆有，且其代数和 $\sum_{i=1}^{n}\Delta x_i \to 0 (n \to \infty)$，因此有 $\sum_{i=1}^{n}\Delta x_i \approx 0 \triangleq o(n)$. 从而在式(10.1)中有

$$\begin{aligned}\overline{x} &= \frac{1}{n}\sum_{i=1}^{n}(x_0 + \Delta x_i) \\ &= \frac{1}{n}\Big(nx_0 + \sum_{i=1}^{n}\Delta x_i\Big) \\ &= x_0 + o(n) \\ &\approx x_0 \end{aligned} \tag{10-2}$$

显然 x_0 即我们所期望求得的那个客观的必然值，因此也叫 x_0 做“期望值”，或叫数学期望. 显然，在 $n \to \infty$ 的意义下即有 $\overline{x} = x_0$. 由于 ∞ 不可达到，但总有 n 愈大，$|\overline{x} - x_0|$ 愈小这一实质. 因此从技术上说 $\overline{x}$ 就是所要求的 x_0 是可以的.

总之，一个简单的“求均值”竟能很好地过滤掉样本中的随机干扰，实现“数学期望”，多么巧妙.

2. 均值原理的推广

概率被定义为实验总次数 N(或样本观测值总和)中发生所考查现象的次

数 $n=n(N)$(或所考察样本值总和)与总次数 N 之比(仅以 N, n 计)$\frac{n(N)}{N}$ 当 $N\to\infty$ 时的极限值,记为

$$p=\lim_{N\to\infty}\frac{n(N)}{N} \tag{10-3}$$

从技术上则取适当大的 N 之下记

$$\frac{n(N)}{N}\approx p \tag{10-4}$$

这里要看到的是式(10-3)正是(10-1)的推广应用,从而有类(10-2)的结论(10-4).这是因为有

$$\begin{aligned}\frac{n(N)}{N}&=\frac{1}{N}n(N)\overset{\triangle}{=}\frac{1}{N}\sum_{i=1}^{N}n_i\overset{\triangle}{=}\frac{1}{N}\sum_{i=1}^{N}(p+\Delta n_i)\\&=\frac{1}{N}\left(Np+\sum_{i=1}^{N}\Delta n_i\right)=p+0(N)\end{aligned} \tag{10-5}$$

其中符号意义自明.所以有(10-4)式.

显然还可从(10-1)的"等权重加权平均"实质做出推广,成为非等权的加权平均去引入概率概念.这里免叙.

3. *方差原理*

理论和实践中为了探查样本所反映的内在规律,除了需要"滤掉"随机干扰效果外,还需要凸显随机干扰的效果,以直接考查随机干扰因素,为此在 $x_i=x_0+\Delta x_i\approx\overline{x}+\Delta x_i$,($x_i\in\{x_i\}$)中直接求得误差 $\Delta x_i=x_i-\overline{x}$ 叫做(x_i 与期望值 $\overline{x}$ 的)离差.进一步为了不计其正负性,凸显其离差的总体效果.技巧性地取其平方值之和得

$$\sum_{i=1}^{n}(x_i-\overline{x})^2\overset{\triangle}{=}\sigma \tag{10-6}$$

叫式(10-6)为样本集$\{x_i\}$的方差.

显然模型(10-6)充分实现了所要考察$\{x_i\}$的上述基本目标,同时由此还推广出了一套概念和公式(模型).诸如中心矩(包括矩)、离差、协方差、异方差等,分别皆有着越来越深刻、广泛的理论和应用,统称其为"方差分析".

注意:至此,能看到均值原理能充分抵消随机干扰,方差原理能充分凸显随机干扰,以这两者为基础发展起来的理论和方法体系即可应对广泛的数理统计问题.具体地说来,作为数理统计中的数理分析理论,可归为(对样本的)两类分析问题.

三、数据集的两类分布及其分析

总体说来,数据集可表为$\{x_i\}$,$i=1,2,\cdots,n$,但其中 $\forall x_j$, $j\in\{1,2,\cdots,n\}$

可为向量，记为 $x_j=\{x_{j1},x_{j2},\cdots,x_{jk}\}$.

由此可分为两类来讨论：① x_j 各分量间无关的情形，下面特别就 $k=1$ 的简单情形讨论；② x_j 分量间相关的情形，特别就 $k=2$，即 x_{j1} 与 x_{j2} 具函数关系者来研究.

1. 标量数据集 $\{x_i\}$ 的随机分布

作为随机变量考查的基本问题，这时 $\{x_i\}$ 虽然分布在（一维）线段上，实际上是围绕着一个（均值）定点的分布，其分布的密度函数有诸如二项分布、泊松分布、对数正态分布和正态分布等若干种，其中最为普遍、讨论最深、最成熟的是“正态分布”类型. 此系 19 世纪由高斯首研，所以也叫“高斯分布”.

正态分布仅以两个参数即可显示其特征，那就是 $\overline{x}$ 为均值，σ 为方差，记为 $N(\overline{x},\sigma)$，同时有其密度函数基本公式

$$\varphi(x)=\frac{1}{\sigma\sqrt{2p}}\mathrm{e}^{\frac{-(x-\bar{x})^2}{2\sigma^2}} \tag{10-7}$$

围绕着“正态分布”(10-7) 的统计学理论和模型（公式）很丰富，既有的比如关于一组标量数据 $\{x_i\}$ 的正态特征检验，多组数据 $\{x_i\}$、$\{y_j\}$ 间的相关性和有关特征的假设检验，及“非正态分布”（正态的若干变态，诸如有非纯粹随机干扰参与的 χ^2 分布，t 分布等情形）鉴定，以及所谓“胖尾”现象之类问题的研究.

特别要看到，广义地说来，以“正态分布”为中心的统计学分析模型，皆可归为期望与方差（或离差）分析类.

2. 向量数据集 $\{x_i\}$ 的随机分布问题

此即有名的“回归分析”类问题. 这时 $\forall x_j\in\{x_i\}$ 取简单情形有 $x_j=\{x_{j1},x_{j2}\}$. 为方便计，改记为 $x_j=(y_j,x_j)$ 其特点是 y_j,x_j 相关，但非必然的函数关系，而是受到随机干扰. 这时 $\{x_i\}$ 记为

$$\{x_i\}=\{(y_1,x_1),(y_2,x_2),\cdots,(y_n,x_n)\}\stackrel{\triangle}{=}\{(y_i,x_i)\} \tag{10-8}$$

这时对(10-8) 有意义的统计问题是透过随机干扰，考察 $y_i,x_i,i=1,2,\cdots,n$ 间内在的函数关系. 这样的问题叫做“回归分析”. 其一般模型式为

$$y_i=ax_i+b$$

其均值为条件期望式

$$E(y|x)=y=\hat{a}x+\hat{b} \tag{10-9}$$

其中，
$$\begin{cases}\hat{a}=\dfrac{\sum(x_i-\overline{x})(y_i-\overline{y})}{\sum(x_i-\overline{x})^2}\\[2ex]\hat{b}=\dfrac{\sum{x_i}^2\sum y_i-\sum x_i\sum x_iy_i}{n\sum{x_i}^2-(\sum x_i)^2}\end{cases}$$

目前较为成熟的是线性回归和可化为线性回归的统计分析问题,除了代数的线性回归外,还有诸如对数线性以及倒数线性等回归模型.此外还有多元线性回归问题.目前回归分析的理论前沿已进入到动态回归和一般非线性回归问题,可以想见一旦非线性回归被突破,"回归分析"理论将会发挥出更大的威力.

这里仅就一般的且一元的线性回归问题,略述它的分布特征.

需要说明,一般的线性回归又叫做"正态线性回归",亦即它与所述"正态分布"有着内在联系,实质上就是"正态分布"概念的一种推广,具体说来就是:

(1) 这时数据集(10-8)已经不是围绕"一个点"的随机干扰,而是从数据集来讲的"多个点";从数据集所属空间(状态空间)来讲的"一个区间".

(2) 在式(10-8)中当随 n 的增大,对于数对的第二分量集 $\{x_i\}$,可能有 $x_j \in \{x_i\}$,对应一个元素子集记为 $x_j = \{x_{j1}, x_{j2}, \cdots, x_{jr}\}$,但相应的第一分量集(记为 $\{y_{j1}, y_{j2}, \cdots, y_{jl}\ \bullet\} \triangleq \{y_j\}$)的元素却不一定相等(一般是 $r \neq l$).

如图10.1中点 x_j 所对应的纵轴上分布的点集 $\{y_j\ \bullet\}$ 即是(点式)随机分布的,一般为"正态分布"型(见图10.1).

(3) 显然随着有限(状态)空间上数据集(10-8)中 n 的任意增大总可以使其有充分多的 x_j 点子集对应着相应纵轴上 $y_j\ \bullet$ 的正态分布.于是当所有这些"正态分布"的高斯曲线顶点集几乎在一条直线上时,则可猜测数据集(10-8)具有线性的分布特征,可用既有的比如"最小二乘法"得到其回归直线.

(4) 还要解释的是,通常(10-8)中 n 并不充分大,因而显现不出图10.1中"正态分布"群.

那么问,如图10.2中稀疏点集是否还有图10.1中的实质呢?我们说还是有的.不过这是可以理解的,不必赘述.

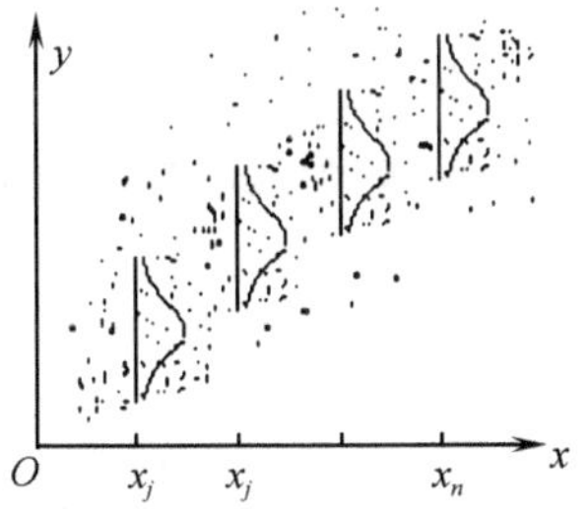

图10.1

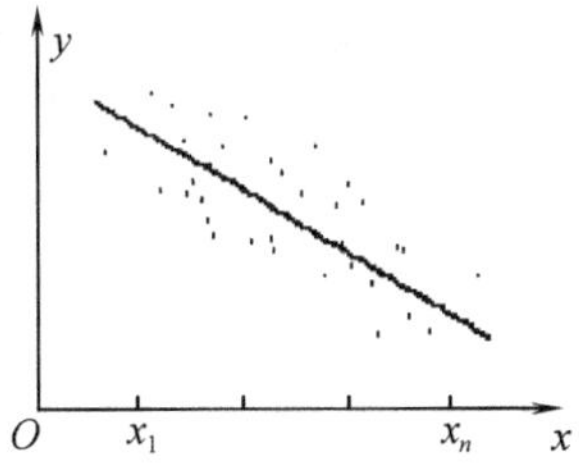

图10.2

(5) 当然也要看到,实践中(10-8)式的内在(非随机)分布真正为直线的情形常常是罕见的,一般莫非近似于直线而已,亦即所谓"直线"仍为近似,属于技术处理.那么,这时对其近似程度则需要度量,必须判定是否满足其技术性要求.这就是通常回归模型建成后需要作一个认同性判定的缘故,这里免叙.

最后不能不看到,包括回归系数的度量公式的获得(最小二乘法)和回归(线性)模型的判定方法的获得,皆属"均值原理"与"方差原理"的应用.可见均值、方差"二原理"在统计学中的基本性和基础性作用了.

§10.2　非随机性数据及其模型类:数据模拟学

数据,不管是现场实验所得还是历史记录、观测、统计所得,皆属基本度量值.因此原则上总少不了数据中涵存着随机性干扰因素,只是随着实践要求的不同,对数据的对待方式可有不同而已.当关注其随机性时,叫它做随机样本数据,这是前面谈到的统计学处理方式;当"容许"其随机性而视之为必然数据作处理时,即为本段谈到的"数据模拟"问题;当视其为必然数据,但重视其数据的时序性特征来作处理时,则是下面时序分析问题.现在来谈谈数据模拟.

所谓"数据模拟"是通过对客观事物的一组实测数据(作为准确数据看待)来表述这一客观事物,做出函数模型表达式.这是一大领域,堪称"数据模拟学",不过它应属于数值分析学.从宏观上来看,数值分析学可分作计算方法和数据模拟两大领域.前者是从既有模型出发去获(算)得数据如方程求解、函数作图之类计算.后者是从既有数据出发去获得客观对象的函数表达式,如插值、样条、逼近等类方法和模型以及有限元法等.显然这里所论的正是后者 —— 数据模拟.现简要谈几点.

一、数据模拟

数据模拟与统计学虽有鲜明区别,但仍有可比较的地方,特别与其回归分析比较起来,数据模拟具有以下特点:

(1) 数据模拟所要求的数据可多、可少.特别是,即使在统计学"回归分析"中,当数据少到不高于独立方程个数时也不能用统计方法,但这时可以用数值模拟法.

(2) 数据模拟的函数不受限制,不像统计回归那样原则上只限于"线性"函数(至少现在在一般应用上是这样的).

(3) 当然,用数据去模拟函数时仍然要求数据越多越好,其模拟的程度(叫做"逼近"程度)是随数据集的增大而增大的.

二、有限数据集下:模拟

系指因条件限制,不能任意多地测得数据时,只能在仅有的数据集上去力求好地获得所要的函数或说对象的表述.在现代数学中,这方面的理论和方法已很丰富,大体说来可有如下几个方面:

1. 插值法模拟

这是一般计算方法教材上皆有的知识,主要是非线性插值.最为典型的非线性插值是"抛物型"插值法.这是因为任意三个(数据对)点间(记为$(y_0,x_0)(y_1,x_1)(y_2,x_2)$)皆可有方程组

$$\begin{cases} y_0 = a{x_0}^2 + bx_0 + c \\ y_1 = a{x_1}^2 + bx_1 + c \\ y_2 = a{x_2}^2 + bx_2 + c \end{cases}$$

解出 a,b,c,再代入 $y = ax^2 + bx + c$ 即得一条"插值"抛物线

$$y(x) = \frac{(x-x_1)(x-x_2)}{(x_0-x_1)(x_0-x_2)}y(x_0) + \frac{(x-x_0)(x-x_2)}{(x_1-x_0)(x_1-x_2)}y(x_1) + \frac{(x-x_0)(x-x_1)}{(x_2-x_0)(x_2-x_1)}y(x_2)$$

当其测得的数据(对)集少于 3 个时可用线性插值法模拟。当其大于 3 个时可用"三三抛物插值法"再将所得多条抛物线光顺地(微积分方法)"连接"起来即成为一条(非线性)模拟函数.

2. 样条法模拟

所谓"样条(spline)"来自工程模拟放样,如船体放样、机械靠模放样等所用"样条".实则对曲线(或曲面)的折线(折面)近似模拟.比如仅以折线近似而论,这时的折线可有两种,即(曲线的)内接折线和外切折线,内接点和外切点皆"数据"对应点.当然比如对于内接点处和相邻外切线的交点处,样条法还需要进行"磨光"处理等措施(微积分方法)以增进模拟的近似程度(参见:李岳生、齐东旭.样条函数方法.北京:科学出版社,1979).

3. 有限元法

这是计算机时代在工程力学上发展起来的又一类数据模拟理论和方法,它与样条法不同的是它虽然以工程曲线或曲面甚至三维体作为对象和载体、背景,但模拟的是其上的另一类函数而非此曲线(面或体)本身.

总之,在有限数据集条件下的函数模拟,不仅需要充分利用数据信息,还要运用微积分等数学分析手段,那么下面所述则是另一特征.

三、无穷数据下:逼近

我们把在函数曲线上取无穷多个点以模拟这条函数曲线的方式叫做"逼近",实则无穷逼近.相应的有限点(数据)的模拟实为有限逼近.有限逼近的主

要特点是在数据点处的“光滑性”上做文章；无限逼近的主要特点是在增加点数，以致稠密，在无穷和极限上做文章. 当然都是利用“数学分析”工具. 不过后者所要的无穷个点不可能技术实现，只能用极限理论作分析，现分别就一元和二元函数作简述.

1. 对于单值的一元函数 $y = f(x)$

设其为连续函数，记其度量点集为$\{x_k, y_k = f(x_k)\}_{k=1}^{N}$，则这时有(内接) 折线：

$$L_N:\{y_k(x)\}_{k=1}^{N} = \left\{a_k x + b_k = \frac{y_k - y_{k-1}}{x_k - x_{k-1}}x + \frac{x_k y_{k-1} - x_{k-1} y_k}{x_k - x_{k-1}}\right\}_{k=1}^{N-1} \tag{10-10}$$

即折线L_N由$N-1$个直线段连接而成，每一个“节点”都在曲线$y = f(x)$上. 叫折线L_N做$y = f(x)$的内接折线，这时容易证明有

定理 $\lim\limits_{\substack{N \\ \max\Delta x_k \to 0}} L_N$ 即为曲线$y = f(x)$，(其中，$\Delta x_k = x_k - x_{k-1}$)

证明：在式(10-10) 中定义 $\max\Delta x_k = \Delta x_k$，记 $x = x_{k-1} + \theta\Delta x_k$，$0 < \theta < 1$，则有

$$\begin{aligned} a_k x + b_k &= \frac{y_k - y_{k-1}}{\Delta x_k}x_{k-1} + \frac{x_k y_{k-1} - x_{k-1} y_k}{\Delta x_k} + \frac{y_k - y_{k-1}}{\Delta x_k}\theta\Delta x_k \\ &= \theta y_k + (1-\theta)y_{k-1} \end{aligned}$$

又因 $y = f(x)$ 连续，所以有 $\lim\limits_{\Delta x_k \to 0} f(x) \overset{\triangle}{=} \lim\limits_{x_{k-1} \to x_k} f(x) = f(x_k) = y_k$，意味着 $y_{k-1} \to y_k (x_{k-1} \to x_k)$ 亦即 $\theta \to 1$. 所以在式(10-10) 中，当 $N \to \infty$ 且 $\max\Delta x_k \to 0$ 时，折线边长全趋于 0，此即 $L_N \to L_\infty$ 成为连续曲线了.

由此表明，点集$\{x_k, y_k\}_1^N$ 在 $N \to \infty$ 的过程中将逐步逼近并成为曲线 $y = f(x)$.

例1 如图10.3，设在$[x_0, x_2]$上有一函数曲线 $y = f(x)$，量得等分点 x_1 及两端的函数值，则可用相应两边折线来逼近它，这时当然十分粗糙. 为了提高精度，比如取各(两) 段的等分点(记为 x_{01}, x_{12})，量出相应函数值，从而有了四边(2^2) 折线逼近. 显然它的近似程度高于两边的折线了. 若再要提高精度，再取各段中点(记为 $x_{001}, x_{011}, x_{112}, x_{122}$)，量出函数值，连成 2^3 折线，近似程度更高了. 如此下去有一般的 2^k 折线逼近.

显然当 $k \to \infty$ 时则得到精确的函数 $y = f(x)$，不过其步骤不可无限进行. 只是由此说明，随 k 的增加，虽未能证明其折线逼近是否单调地趋于 $y = f(x)$，但总的趋势是这样的.

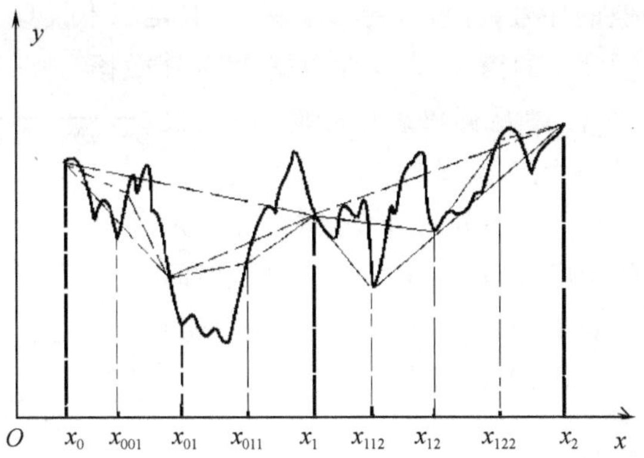

图 10.3

事实上比如证券市场的股指曲线即合此原理.

特别运用计算方法绘制连续函数图像和求解连续的函数方程等,本质上都是这一逼近原理的体现.①②

2. 多元单值函数的逼近问题

比如取二元函数 $Z=f(x,y)$,这时其逼近思想同上,但情况要复杂一些了.这里仅仿曲线的内接折线逼近方式.对二元函数曲面则可叫做内接折面逼近.其中每一面是个多边形.

直观理解容易猜测到,正如折线逼近曲线一样,这时只要折面无穷增多,每一面的面积趋于 0 ,即可逼近、最后等同于二元曲面.但 1883 年希瓦尔兹举出反例,在并不复杂的情况下得到一个折面序列即使对于一个圆柱面,在上述"折面数趋无穷,最大折面面积趋于 0 "的条件下也并不收敛于该圆柱面(见:格·马·菲赫金戈尔茨.数学分析原理,丁寿田译.北京:人民教育出版社,1962).

原因就在于对二元函数曲面的逼近还应该加一个条件,那就是保证折面的法线方向要逐步趋向曲面相应点的法线方向,上述希瓦尔兹反例正是违背了这一点而导致不逼近的.

§10.3　时序数据及其模型类:时序过程分析

过去的数据集,比如 $\{x_i\}$ 中用到的足标 i 虽然也可说成是一种时间顺序,但

---

① 当然还有另一折线逼近法,即在每一测量点处作切线,然后以相邻切线交点作为"节"点形成的折线逼近,有时会更好,但它需要求出函数的导数是一困难,所以应用难度大一些.

② 对于一元的多值函数,按数学通常处理办法,划分为单值函数段,分别用此"一元单值函数"逼近法即可.

它毕竟只是个一般的序号,并没有更多意义.当其足标不仅具有顺序,而且具有时间变量和时间顺序下的信息时,叫此数据为“时序数据”.

换句话说,当$\{x_i\}$中足标仅表序号时,$\{x_i\}$仅仅是一维x轴上的一个点集.如图10.4(a),它虽然有足标顺序,但它在x上的分布却是随机的.可是当$\{x_i\}$的i表时间顺序时,$x_i = x(t = i)$变成时间t(取整)变量的函数.如图10.4(b),这时成为(x,t)二维空间的图象.现从两个方面作进一步研究.

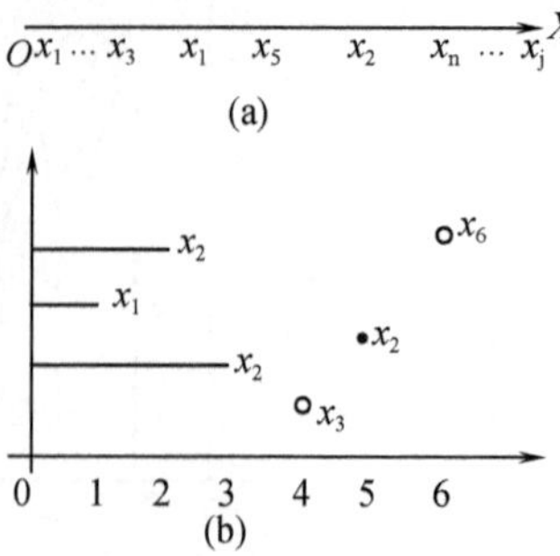

图 10.4

一、确定型时序数据

先看一特例:设$\{x_i\}$为确定(不含随机性)数据且作线性分布时,我们一下便可看出x_i与x_{i+1}间有关系

$$x_{i+1} = \alpha x_i,\quad i = 1,2,\cdots,n,\alpha \text{为常数} \tag{10-11}$$

但对一般数组$\{x_i\}$,显然式(10-11)中α就不是常数了,那么它应该是什么呢?试看,由于有

$$\frac{x_{i+1}}{x_i} = \alpha,\quad i = 1,2,\cdots,n$$

或即

$$\frac{x_2}{x_1} = \alpha \qquad \frac{x_3}{x_2} = \alpha \qquad \frac{x_4}{x_3} = \alpha\cdots \tag{10-12}$$

为要使式(10-12)各式的右端有一个公共的α,这个α既不是常数,也不应该是一个确定变量的函数,但应该是同一结构的函数.比如取$\alpha = \alpha(x_i, a_i)$,即可以同时满足式(10-12).

特别再设参数组a_i亦为常数(与时间i无关,因若相关据§8.3节可化为常参数情形),于是一般地可有

$$x_{i+1} = \alpha(x_i)x_i \overset{\triangle}{=} F(x_i) \tag{10-13}$$

式(10-13)实为离散动力系统模型.

当然这里只谈到(实则猜测)式(10-13)中应该存在公共的$\alpha(x_i)$,但究竟如何构造出$\alpha(x_i)$,还需补充什么样的条件等,都有待具体去创造.这里并未给出.

二、随机型时序数据Ⅰ:时序分析

当考虑到时序数据$\{x_i\}$间还存在随机干扰时,最直接的方式是在式(10-11)中加一个干扰项,可记为

$$x_{i+1} = \alpha x_i + a_i,\ i = 1,2,\cdots,n \tag{10-14}$$

式(10-14)很类似于式(10-9),但这里必须说明它们间具有本质差异.式(10-9)叫做线性回归或回归线,其中点(数据)集$\{y_i, x_i\}$无时间的序关系,因此

说是静态的.相对说来式(10-14)是动态的或时序的,也叫自回归(自我线性回归,记为 $AR(1)$)、智慧方程等,其中 $a_i \sim N(0,\sigma^2)$(白噪声),但式(10-9)中 b 为直线的纵轴截距或叫(多项式的)常数项.式(10-9)中的期望值为 $E(y_i) = ax_i + b$,但式(10-14)中的为 $E(x_{i+1}) = \alpha x_i$.特别,式(10-14)作为"智慧方程"也是作为"时序分析"的基础,有着十分丰富的含义和研究,远比式(10-9)的研究活跃.

总之,式(10-14)与式(10-9)具有质的差异.

特别地,在式(10-14)的思路上,可以推广出多(k)阶自回归、多(r)阶滑动平均的一般的时序分析模型.

$$x_n - \alpha_1 x_{n-1} - \cdots - \alpha_k x_{n-k} = a_n - \theta_1 a_{n-1} - \cdots - \theta_r a_{n-r} \qquad (10\text{-}15)$$

其中 α_i 为自回归参数,θ_j 为滑动平均参数,$\{a_i\}$ 为时序白噪声。

时序分析是诸如离散动力系统、工程力学、差分方程、随机过程、概率论等诸多学科的横断学科,应用性强(参见:杨叔子等.时间序列分析的工程应用.武汉:华中理工大学出版社,1991).

三、随机型时序数据Ⅱ:随机过程论

这里仅就 Markov 过程这一特殊情形谈谈.

从式(10-11)来说,当时序数据 $\{x_i\}$ 具备一定特殊条件时,可有形式

$$x_{i+1} = px_i \qquad (10\text{-}16)$$

其特点是 x_{i+1} 仅是其前一步 x_i"记忆"的信息产物.其中 p 是说 x_{i+1} 对 x_i 的条件概率 p,当 p 定常时,即有 $x_{i+1} = px_i = p^2 x_{i-1} + \cdots = p^i x_1$,所以实际上只要知道了 x_1 便知道以后各步的数据 x_i.一般地有 $x_{n+1} = p^{n-r} x_r$,$r < n$,此即所谓"半群性质".

不过 Markov 过程常用于 x_i 为向量(设为 m 维)的情形,这时 $p = (p_{ij})_{n\times m}$,叫做概率转移矩阵,其中每列是归 1 的.

例 2　某商场统计度量出,对于商品 $Z_1, Z_2, \cdots, Z_5$,四个季度的销售总量(均值)分别为 Q_1, Q_2, Q_3, Q_4,有 $Q_j = \sum_{i=1}^{5} Z_{ij}$ 则统计得出(均值)的矩阵

$$p = \begin{pmatrix} \frac{Z_{11}}{Q_1}, \frac{Z_{12}}{Q_1}, \cdots, \frac{Z_{15}}{Q_1} \\ \frac{Z_{21}}{Q_2}, \frac{Z_{22}}{Q_2}, \cdots, \frac{Z_{25}}{Q_2} \\ \cdots, \cdots, \cdots, \cdots \\ \frac{Z_{41}}{Q_4}, \frac{Z_{42}}{Q_4}, \cdots, \frac{Z_{45}}{Q_4} \end{pmatrix} \triangleq (p_{ij})_{4\times 5}$$

从而已知 x_i 为第 i 年四季销售(向)量时,便可预测 $i+1$ 年四季的销售(向)量为 $x_{i+1} = px_i$.当知道第一年的时,即有 $x_{i+1} = p^i x_1$.

§10.4　适时度量数据类:评价与辨识

相对于 §10.1 节 ～ §10.3 节中数据特征,这里提出另一类数据类型. 如果说在 §10.1 节 ～ §10.3 节中数据具有事前给出这一特征或说是有了数据集之后再去作建模分析,那么本节中涉及的数据则是在分析、建模过程中凭着需要"适时"赋予的,且赋予的方式随着问题的不同存在多种类型. 这里举出三个较为典型的类型.

一、评价类问题

评价本是一个(定性的) 哲学术语,如今被赋予了定量功能,成为社会上运用广泛的、"社会度量学" 的一门重要学科,诸如工程验收、教育评估、企业诊断、技术进步评价以及一般系统状态的评定等,无不属于评价类问题.

评价是一种(社会) 度量,评价过程就是其度量过程;评价值是一个(组) 数据,但为了获得这一评价值,在其过程中需要获得更多的数据,这些数据属于"基本度量". 一般说它不是原有的现成数据,而是根据评价过程、评价模型的需要而"适时" 度量而来的. 这里略举几种模型.

1. 一般评价模型

(1) 一级评价模型.

第一步,设评价值为 V,此即该评价项目的"目标";

第二步,分析并确定影响 V 的主要因素,又叫评价指标,记为 $x_1, x_2, \cdots, x_n \triangleq x$;

第三步,一一度量出数据 $x_i \in x, i = 1, 2, \cdots, n$;

第四步,度量出 x 各分量间权重比,记为$(\alpha_1, \alpha_2, \cdots, \alpha_n) \triangleq \alpha$ 最后,得到

$$V = \alpha \cdot x^{\mathrm{T}} = (\alpha_1, \alpha_2, \cdots, \alpha_n)\begin{pmatrix} x_1 \\ \vdots \\ x_2 \end{pmatrix} \tag{10-17}$$

此即一级评价模型,是最简单的评价模型.

显然在这一度量过程中,需要数据组 x 和数据组 α,这些都不是被评价系统现成的数据,也不是在作此评价前可以事先获得的,只有在度量过程中根据模型设计和进展步骤按需要去"适时" 度量.

(2) 二级评价模型. 与一级评价不同的只在于,当设定评价值(目标) 为 V,一级(直接) 因素为 $x = (x_1, x_2, \cdots, x_n)$ 后,进一步设 $x_i \in x$ 又由元素组,记为 $(x_{i1}, x_{i2}, \cdots, x_{im_i}) \triangleq \bar{x}_i$ 构成 $i = 1, 2, \cdots n$,并分别做出数据度量值. 同时度量出相

应权重比 $\bar{\alpha}_i = (\alpha_{i1}, \alpha_{i2}, \cdots, \alpha_{imi})$,或保持权重 α 不变,这里取 $\bar{\alpha}_i$ 讨论.

从而有

$$x_i = \bar{\alpha}_i \cdot \bar{x}_i = (\alpha_{i1}, \alpha_{i2}, \cdots, \alpha_{imi}) \begin{pmatrix} x_{i1} \\ \vdots \\ x_{imi} \end{pmatrix}, i = 1, 2, \cdots, n$$

$$V = \alpha \cdot x = \sum_{i=1}^{n} \alpha_i x_i = \sum_{i=1}^{n} \alpha_i (\alpha_{i1}, \alpha_{i2}, \cdots, \alpha_{imi}) \begin{pmatrix} x_{i1} \\ \vdots \\ x_{imi} \end{pmatrix} = \sum_{i=1}^{n} \sum_{j=1}^{mi} \alpha_i \alpha_{ij} x_{ij} \tag{10-18}$$

此即二级评价模型,与一级评价模型的差别在于:① 第一级的因素(x_i)视作新一级的评价目标值而继续深入一级的评价;② 最终各项的评价权系数是两个(分别小于 1 的)因子的乘积(因而更小).顺便指出,这也是个(2 ;1)型,即二阶自变一阶协变张量形式.

显然,以此类推,可以深入到任何一级.一般作为一个项目来作的评价模型常常取到三、四级指标因素.比如目前在教育界流行的大学教育评估活动模型即属此(免例).

2. *层次分析法*(AHP)①

一般说,层次分析法是前面作评价时求权重比的一种流行方法.因为在一般的评价过程中需要“适时”度量 α、x 时,人们常常用经验法,或说由几个有经验者或专家碰碰头讨论决定,显然那是不够科学的.相比之下 AHP 法则更为科学,表现在它的获值过程的逻辑性和严格性.虽然说它仍有至今未完全解决的“瓶颈”问题 —— 判断矩阵的理论问题,那也是明显提出来了的,这本身就是其科学性表现之一,比起经验法来,是一种质的差异.

AHP 法的优越性主要在于:① 它能将所要度量的任务“化整为零”.主要表现在其“判断矩阵”中两两比较法,使得具有一定经验的人或建模者对对象系统有一定认识之后都能作出比较和取值;② 作为对判断矩阵中化整为零的、省事的度量的一种“代价”,较之直接的经验法来,它用了较多数学运算,不过也都是程序化了的运算;③ 理论和实践都表明 AHP 法得到的权重值更具科学性,因此 AHP 法在理论和应用上都还在继续深入.

总之,这里表明了对于评价过程中所需“适时”做出的数据度量,AHP 法是一个颇具特色的方法.

---

① 该法在社科界已较普遍,也容易掌握,这里假设读者已知层次分析法,否则可参阅这方面的任一书籍即可(比如参见:许树柏.层次分析法原理.天津:天津大学出版社,1988).

3. 模糊评价法

模糊数学分作模糊系统基础理论、模糊逻辑理论和模糊方法应用等三大分支. 其应用领域十分广泛，模糊评价是其中之一. 模糊评价的基本步骤是：

(1) 确定论域 $U=\{U_1,U_2,\cdots,U_n\}$，又叫做指标集，也可以直接表以参评专家集(赋予符号).

(2) 确定评价集 $y=\{y_1,y_2,\cdots,y_k\}$，又叫做评价级别，如优、良、中、差四级或五级记分制等.

(3) 度量出向量 U 相应的权重向量，记为 $A=\{a_1,a_2,\cdots,a_n\}$，可以用 AHP 法或群(专家组) 度量法等来度量.

(4) 分别对 $U_i\in U(i=1,2,\cdots,n)$ 作出评价度量，如问卷法、表决法、访问法等，最终得到的统计值一般为模糊向量(y) 值归一化后，各分量即为相应的模糊度，叫做关联度，记为 $R_i=(r_{i1},r_{i2},\cdots,r_{ik})$. 总之有映射

$$R:U\rightarrow R=(R_1,R_2,\cdots,R_n)^T=(r_{ij})_{n\times k} \tag{10-19}$$

(5) 最后得到模糊评价值，记为

$$B=A\cdot R=(a_1,a_2,\cdots,a_n)\begin{pmatrix} r_{11},r_{12},\cdots,r_{1k} \\ r_{21},r_{22},\cdots,r_{2k} \\ \cdots,\cdots,\cdots,\cdots \\ r_{n1},r_{n2},\cdots,r_{nk} \end{pmatrix} \tag{10-20}$$

这里说明几点：

① 这里罗列的只是模糊评价的基本过程，具体运用时应该针对具体系统的特点创造性地应用，因此从这一意义上只能说是一“类”模糊评价模型，而不能说成是一“个”模型.

② 可以看出模糊评价法与一般评价法也有着共同的基本思想，那就是皆属于线性模式.

③ 用于评价的方法还有很多，比如还有灰色评价法、集对评价法、粗糙集评价法、可拓评价法等，它们都既有自己的方法特色，更有共同的一般评价法基本思想 —— 因素集(向量)、权重集(向量) 和线性性，而且都是在过程中需要“适时”地度量很多数据. 这也说明，我们完全可以根据自己面对的问题去独立设计一些评价模式. 比如 §10.5 节的二象度量法即是又一种评价度量方法.

注：本段涉及多个所谓“矩阵度量”模型. 须知具有“矩阵”形式的模型有一大类，这对于我们建模者有一个启发，进一步的内容可参见第十二章.

二、控制类系统模型

比如航天器、自动驾驶仪等自动控制系统或一般的适时控制系统，实行的是

所谓"数字"控制,这些"数字"就是上述数据,它们不是预先测定的,更不是历史记载,而是"现场"测算得来的,所以说适时控制属于本章说的数据类问题而且属于"适时自我测度数据"类问题,甚至可谓是典型的"自我测度数据"类问题.

适时控制系统首先是个动力系统,形如

$$\dot{x} = F(x, u_i) \tag{10-21}$$

其中,x 为系统状态变量,u_i 为第 i 次(离散)施控量,在系统(10-21)中视 u_i 为常量,因此这时是动力系统.

基本原理是,在一定时期后(记为 $t = t_{i+1}$ 时),对(10-21)给出解 $x = x(t)$. 并取值 $x_{i+1} = x(t_{i+1})$,再与系统既定目标(记为 $y = y(x)$,并算出 $y_{i+1} = y(x_{(i+1)})$)作比较,并根据其差异(记为 $\Delta_{i+1} y$)"自动"(实则按既定模式)做出调整.此即给出新控制量 u_{i+1},记为

$$u_{i+1} = \varphi(x(t_{i+1}), \Delta_{i+1} y) \tag{10-22}$$

从而系统进入下一个阶段 $\dot{x} = F(x, u_{i+1})$ 运动,然后(定期地)再度量(计算,并取值 $x(t_{i+2})$),再比较,再作出控制决策(u_{i+2}),如此循环下去,直至(设为 r 步后)达到目标 $y_{i+1} = y$ 为止.

由此看出,控制系统的控制过程,需要不断地、"适时"地给出有关数据,才能进行下去.因此说控制系统也属于依赖于数据的系统,同时这些数据有其临时的、现场的、适时的特征.而这一过程有赖于一系列的数学模型.总的说来,整个过程也可说成是一个数学模型.

除此之外,还有诸如"黑箱"系统的辨识问题,通过输入数据和获得的输出数据之间的(实质的"控制")关系来建模的问题和模态参数(如固有时-频、阻尼、质量、刚度、振型等)的识别问题以及实验设计等,皆属于这类在过程中去获得数据和处理数据的问题.所以说这类依赖于过程中获取数据及其数据处理的问题也是相当多的,其领域也是相当广泛的.

§10.5　二象度量法:一个评价度量方法

一、问题的引入

1. 小序

在§8.1节简单介绍了系统学二象论.系统学二象论简称"二象论".它是在现代科学基础上,把通有系统分作具有空间实质差异的虚、实两个层次来作分析,以认识系统结构特征和系统与其环境间的相互作用过程的一个新的研究领域.

由于二象论的高观点和高的空间层次,使得它能统一历史上分别独立发展

着的几个分支研究.

二象论在理论上具有它特有的优越性.它不仅是系统学中一个新的方法论,也能提供一些新的定量分析方法和一些度量方法.本节给出的即是一例.

为了下面叙述的方便,这里把二象间基本性质再作如下阐述.

2. 基本性质

综合各个领域的既有成果不难得知,对偶"二象"之间具有如下基本性质:

性质 1　任一系统对内皆存在"二象",对外也存在与之呈"二象"对偶的另一象.

性质 2　"二象"间具有互涨互落、相生相克或说对立统一的关系.它们彼此依赖、互相印证,没有一象就说不上另一象.

性质 3　二象间是彼此融合的,不是可以人为地把它们分割开来的,但可以从概念上把它们区分开来.

性质 4　一个稳定系统的二象间具有一定的比例性,因此知其任一象即能决定另一象.这时一象变动必然内在地引起另一象作"对偶"地变动.若记二象的权重比为 $\alpha:\beta$,则必有 $\alpha+\beta=1$.

性质 5　哲学地说,对任一系统作"二象"地层次划分皆可任意进行下去,这也是"易学"中"阴阳鱼"揭示了的.但作为应用往往只需适当层次即可.

性质 6　任一系统在任一层次的"二象"间都存在空间实质上的本质差异.

性质 7　任一系统的"二象"之间从坐标意义下的空间来讲,只存在公共的 0 点(或叫 0 元素).

二、系统的"二象"层次结构表示及其主要特征

根据上面的性质 5,任一系统的"二象"皆可分划成某种层次结构,简称二象结构.再根据性质 3,这种分划只能作抽象的表示,具体的可以有多种,现举出几种如下:

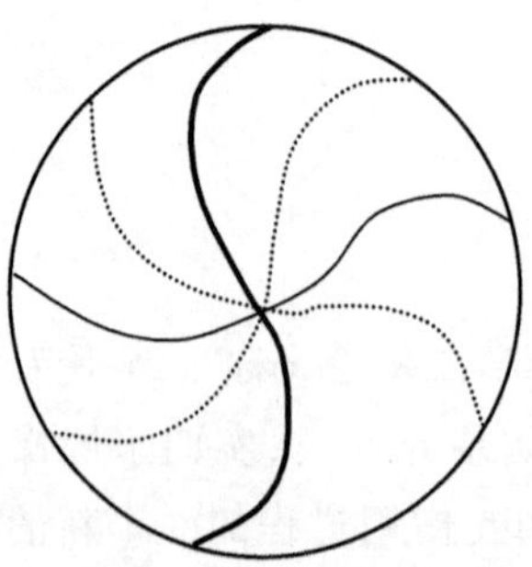

图 10.5　分圆法

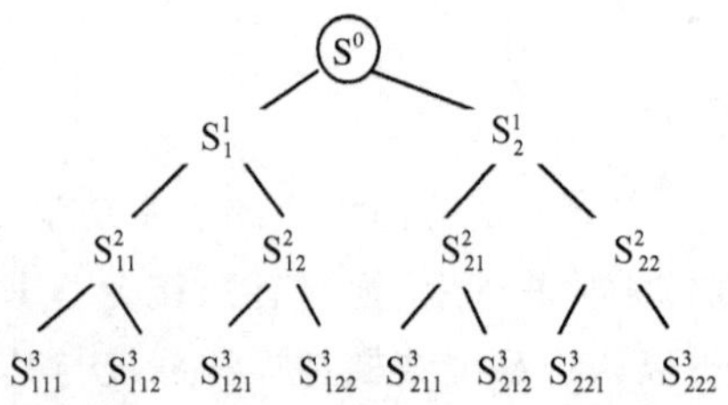

图 10.6　塔型"树"

（1）类分圆图法. 如图 10.5，设系统为一圆，参考“太极图”和社会统计中“分圆图”思想可表为图 10.5 的形式，其中用“曲线”表明二象间的非静态和非线性关系. 第一层用黑线将其分为两（子系统）象，第二层用实线分别将第一层的二象分为两象（子）系统，第三层用虚线将第二层的四个子系统分别分成二象（子）系统，如此下去直至满足实践需要为止. 显然在作分划时不必等分，因为二象间不一定等权重.

（2）塔形“树”. 如图 10.6，首先将系统 s^0 分作虚、实两象（子系统），分别记为 s_1^1、s_2^1，然后作第二层分划，分别将 s_1^1、s_2^1 分作虚、实二象（子系统），记为 s_{11}^2、s_{12}^2、s_{21}^2、s_{22}^2，同法可作出第三层分划，记其子系统集为 $\{s_{ijr}^3 i, j, r = 1,2\}$. 如此下去直至满足实践. 定理 1 将表明形式上它是个“塔”，但本质上是图论中的“树”.

定理 1　任一系统的塔式结构中不存在回路分枝.

证：所谓“不存在回路分枝”即不存在子系统（记为 $s^K_{i_1,i_2,\cdots,i_K}$），同时满足 $s^K_{i_1,i_2,\cdots,i_K} \subset s^{K-1}_{j_1 j_2 \cdots j_{K-1}}$ 和 $s^K_{i_1,i_2,\cdots,i_K} \subset s^{K-1}_{r_1 r_2 \cdots r_{K-1}}$. 由于据二象概念，对任一 $s^K_{i_1,i_2,\cdots,i_K}$ $\forall i. \in \{1,2\}$ 皆属于且仅属于其上层系统集（当 $K-1>0$ 时是一（子）系统集；当 $K-1=0$ 时仅是总集，如图 10.6 中 s^0）中一个系统，记为 $s^{K-1}_{j_1 j_2 \cdots j_{K-1}}$，并且完全地代表了 $s^{K-1}_{j_1 j_2 \cdots j_{K-1}}$ 的一个（虚或实）象，那么如果这时还有第 $k-1$ 层的另一系统 $s^{K-1}_{r_1 r_2 \cdots r_{K-1}} \supset s^K_{i_1,i_2,\cdots,i_K}$，则必 $s^K_{i_1,i_2,\cdots,i_K}$ 同时也是 $s^{k-1}_{j_1 j_2 \cdots j_{k-1}}$ 完全的一个（虚或实）象，再据性质 4，必 $s^K_{i_1,i_2,\cdots,i_K}$ 与 $s^{K-1}_{r_1 r_2 \cdots r_{K-1}}$ 的另一象也对等. 从而 $s^{K-1}_{j_1,j_2,\cdots,j_K} = s^{K-1}_{r_1 r_2 \cdots r_{K-1}}$ 与假设矛盾，证毕.

据此，一切系统二象分划成的都是“树”，在树中任二子系统间都有且仅有一条“通道”连接，把任一终端子系统与总系统 s^0 间的通道叫做“枝”.

（3）脊形“树”. 在塔形树中每一层的每个系统皆作了二象分划，终端系统集总是偶数个子系统. 但在实践中这不是必然的，可能到了某些层，对某些子系统即没必要继续分划，仅需对其他子系统作继续分划. 这时的图 10.6 即成为有缺位的、非典型的了. 特别如图 10.7 中双线部分每层都留下一象仅对另一象作分划，这是实践中容易遇到的，叫它做脊形树. 显然在脊形树的意义下，最终子系统集的子系统数既可为偶数个也可为奇数个.

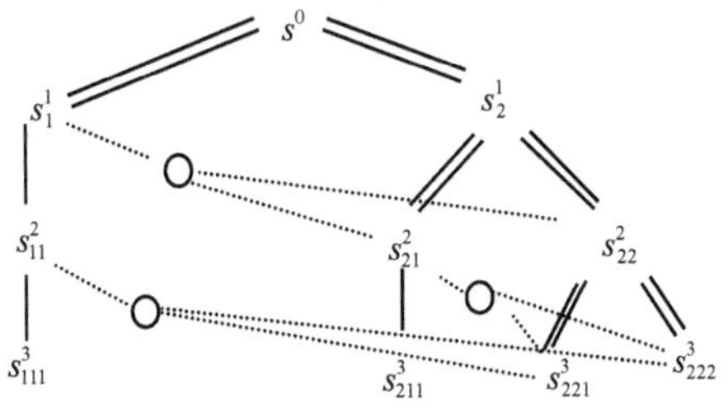

图 10.7　脊形树及其“准塔形”

(4) 表格式. 比如"表 10.1"即是其中一种,它虽来自脊形树,但塔形树也可表作表格式,它对于二象度量的计量表述有一定好处.

(5) 过程式. 比如对于图 10.6 的塔形树,可记为 $s^0 \to (s_1^1, s_2^1) \to ((s_{11}^2, s_{12}^2), (s_{21}^2, s_{22}^2)) \to (\cdots)\cdots$,或简记为 $s^0 \to s^2 \to \cdots$,抑或记为 $s^0 \xrightarrow{k} s_{i_1,i_2\cdots,i_K}^K, i. = 1,2, k = 1,2,\cdots,K$,所以塔形树的第 K 层的系统集$\{s_\cdot^K\}$共有 2^K 个子系统.

三、"二象"的识别与度量

1. 二象识别

根据性质 1,既然一个系统并非任意分划成的都是"二象"关系,亦非任一外界系统与之皆"对偶"关系,这就存在个"二象"的识别问题. 但要识别"二象"关系则涉及一个判定准则问题,为此首先给出三个概念和两个注①②.

定义 1(典型二象关系)　如图 10.6 在塔形结构的意义下,如果两个子系统同属一个上层系统的二象,叫它们具有典型的二象关系. 或从"树"的定义来说,若二子系统属同一层次,且只经过一个结点(两条边)即可连通,则叫它们是典型二象关系.

定义 2(复合二象关系)　仍以塔形树来说,若二子系统属同一层次,但须经过 $2K-1(K>1)$ 个结点($2K$ 条边)才能连通,则叫它们具有复合二象关系. 比如中国古典哲学"五行说"中"五行"间即是复合二象关系.

定义 3(局部二象关系)　在塔形树意义下,任二子系统既不在同一层次又不在同一枝上时,叫它们具有局部二象关系.

此外,再给出一个判别标准如下:

标准 1　具有典型二象关系的二系统必须是"同级"的且属典型的虚实二象关系,即它们合起来所形成的系统必须是所讨论的(也叫有意义的)系统. 例如一个社会(系统)其实物经济(实象)与证券市场在社会经济这一"完全系统"意义下不能算是"同级"别的虚、实二象,因为它们合成的系统还不是社会经济这一"完全系统",比如它还未包括整个金融业.

总之,上述讨论表明,作为二象识别的判定准则即为定义 1 ～ 定义 3,性质 2 及标准 1 等.

---

①　哲学地说任二相异系统(包括同一系统任意分割成的二子系统)间必属定义 1 ～ 定义 3 中一种关系. 但实践中系统只能作有限次分划,因此这时除定义 1 ～ 定义 3 三种二象关系外,还可能存在不属上述二象关系者.

②　作为判别"二象"的准则. 自然会想到性质 1 ～ 性质 7,但也容易看出具体针对二象判定的只有性质 2 一条. 比如性质 1、性质 5 仅表明二象的普遍存在性;性质 3、性质 4 只是性质 2 的进一步解释;性质 6、性质 7 则是从另一(抽象) 角度的表述.

2. 关于二象间权重度量

由于二象间一虚一实，具有空间实质上的差异，因而其度量并不总是容易的，特别因为二象论往往用于物理的微观或宏观世界以及社会学、管理学，这时的度量常常无法用仪器仪表完成，而不得不采用种种非仪器的、人为的方法，归结起来莫非一种经验法. 因而对二象的度量面临着既困难又难以精确的本质问题，即使度量其权重比（相对说来要简单一些）也是如此. 不过随着社会的发展，这一度量无疑是越来越需要的.

所谓经验法可分作个人经验和群体经验两类，前者系根据个人对系统二象的定性认识、思辨理解和实践体验等进行的综合打分（量化映射），简便易行，在一般系统的权重度量中是常用的方法；后者系通过对专门设计邀请的群体作度量调查（调查方式可有多种选择或设计），然后用统计方法获得所需度量值，实际上是多个个人经验度量的科学汇总.

为利于二象权重度量，以下两点认识是必要的：

(1) 典型的二象关系在数学式中表现为一种乘积项. 这是因为典型的二象关系是彼此互相印证的，没有一象即没有另一象，这在数学上只能是乘积关系，同时由于二象间具有“对偶空间”关系，则它们的乘积还将进一步表现为系数与自变量的关系.

例 3　一个生产企业可粗略地分作生产与管理二象，生产又可粗略地分作劳动(L)与资金(K)两象，则这时成为具有两层的脊形树结构，若记产量为Q，记管理（包括科技创新等）为A，则有 $Q=AL^{\alpha}K^{\beta}$，这就是有名的 C－D 生产函数，α,β 为 L、K 间弹性系数，通常情形下有 $\alpha+\beta=1$.

(2) 参考“2/3 原理”（见：徐飞，高隆昌. 二象对偶与管理学二象论. 北京：科学出版社，2005）表明，任一系统虚实二象在稳定状态下其权重比一般为 1/3 ∶ 2/3，若二象间涨落激烈，状态不稳定则一般为 1/2 ∶ 1/2，或若矛盾特别强烈，系统面临危险或崩溃状态，则为 $\delta:(1-\delta)$（或相反），$0<\delta<<1$. 这叫做“2/3 原理”，2/3 原理是通过各种观察，在汇集广泛存在的种种实事基础上归纳整理，并做出数学描述和分析推导所获得的结论，有助于作二象权重度量时参考.

四、“二象”树的权重度量

在管理学或系统学中常常不仅需要作出系统的层次结构描述，也需要度量出最终层组成元素（子系统）间的权重序. 这时可以用二象权重度量思想对其进行度量. 仍然分作两种情形来叙述.

1. 塔型“树”的度量法及其原理

据性质 4 和前面的讨论，比如对图 10.6 情形，虽然要求度量$\{s_{\cdot}^{3}\}$八个子系统间的权重序却可用多个、多层的“二象”度量法去完成. 二象度量法较之直接对 $\{s_\cdot^3\}$ 作度量(比如AHP法等)将来得更为简便、容易掌握、宜于推广,因为它是化向量度量为两两度量,化一层度量为多层度量,是“化整为零”的,实际上这是直接植根于我国古典哲学的方法,是《易经》“阴、阳”论的一种应用.

具体说,这时首先对 $s^0-(s_1^1,s_2^1)$ 中 s_1^1,s_2^1 作出权重度量,由于只有两项且是归一的,常常只需凭经验(个人或多人)评定即可. 将其记为 α_1^1 和 $\alpha_2^1(\alpha_1^1+\alpha_2^1=1)$,同理再分别考察 $s_r^1-(s_{r1}^2,s_{r2}^2)$,$r=1$ 或 2,记其权重为 $\alpha_{r1}^2,\alpha_{r2}^2$　$r=1$ 或 2,继续再考察 s_{rt}^2　$-(s_{rt1}^3,s_{rt2}^3)$,$r,t=1$ 或 2,则最终 $\{s_\cdot^3\}$ 的权重依秩为

$$\bar{\alpha}_{111}^3=\alpha_1^1\cdot\alpha_{11}^2\cdot\alpha_{111}^3,\bar{\alpha}_{112}^3=\alpha_1^1\cdot\alpha_{11}^2\cdot\alpha_{112}^3,\cdots,\bar{\alpha}_{222}^3=\alpha_2^1\cdot\alpha_{22}^2\cdot\alpha_{222}^3 \quad (10\text{-}23)$$

这里涉及如下理论依据:

定理 2　权重向量 $(\bar{\alpha}_{111}^3,\cdots,\bar{\alpha}_{222}^3)$ 也是归一的,推广到任一层次亦然.

证:这是因为

$$\begin{aligned}1&=\alpha_1^1+\alpha_2^1=\alpha_1^1(\alpha_{11}^2+\alpha_{12}^2)+\alpha_2^1(\alpha_{21}^2+\alpha_{22}^2)=\alpha_1^1[\alpha_{11}^2(\alpha_{111}^3+\alpha_{112}^3)\\&\quad+\alpha_{12}^2(\alpha_{121}^3+\alpha_{122}^3)]+\alpha_2^1[\alpha_{21}^2(\alpha_{211}^3+\alpha_{212}^3)+\alpha_{22}^2(\alpha_{221}^3+\alpha_{222}^3)]\\&=\text{式(10-23)中各右端项之和.}\end{aligned} \quad (10\text{-}24)$$

显然,按式(10-24)的规律可推广到任一层次,证毕.

定理 3　对于塔型树度量,各层中的误差是相互抵消的,因此总体误差将体现不出来.

证:仍以图10.6为例,设度量值为 α_1^1 时有随机干扰造成的误差 $+\delta_1^1$(即 $\alpha_1^1+\alpha_1^1$ 为标准(期望)值,那么在 α_2^1 中必然对称地有误差 $-\delta_1^1$,同一思想下假设 $\alpha_\cdot^2$　$\alpha_\cdot^3$ 中各“对称”的误差后,式(10-24)即成为:

$$\begin{aligned}1&=(\alpha_1^1+\delta_1^1)+(\alpha_2^1-\delta_1^1)=(\alpha_1^1+\delta_1^1)[(\alpha_{11}^2+\delta_{11}^2)+(\alpha_{12}^2-\delta_{11}^2)]+(\alpha_2^1-\delta_1^1)[(\alpha_{21}^2\\&\quad+\delta_{21}^2)+(\alpha_{22}^2-\delta_{21}^2)]=(\alpha_2^1+\delta_1^1)\{(\alpha_{11}^2+\delta_{11}^2)[(\alpha_{111}^3+\delta_{111}^3)+(\alpha_{112}^3-\delta_{111}^3)]\\&\quad+(\alpha_{12}^2-\delta_{11}^2)[(\alpha_{121}^3+\delta_{121}^3)+(\alpha_{122}^3-\delta_{121}^3)]\}+(\alpha_2^1-\delta_1^1)\{(\alpha_{21}^2+\delta_{21}^2)[(\alpha_{211}^3\\&\quad+\delta_{211}^3)+(\alpha_{212}^3-\delta_{211}^3)]+(\alpha_{22}^2-\delta_{21}^2)[(\alpha_{221}^3+\delta_{221}^3)+(\alpha_{222}^3-\delta_{221}^3)]\}\\&=\text{(整理可得)式(10-24)右端}+\text{误差部分(记为 }*_3)=1+*_3,\therefore *_3=0\end{aligned}$$

事实上易见 $*_1=+\delta_1^1-\delta_1^1=0$,$*_2=\delta_1^1(\alpha_{11}^2+\alpha_{12}^2)-\delta_1^1(\alpha_{21}^2+\alpha_{22}^2)=\delta_1^1-\delta_1^1=0$,不难归纳得出对任一自然数 i 都有 $*_i=0$,证毕.

定理2、定理3是对各层作横向讨论,现在作纵向讨论,即对度量值 $\bar{\alpha}_{i_1i_2\cdots i_k}^K=\alpha_{i_1}^1\alpha_{i_1i_2}^2\cdots\alpha_{i_1i_2\cdots i_k}^K$ $(i_\cdot=1,2,K$ 取自然数)作讨论. 假设各层中度量误差标以相应指标,则各层中依秩有 $(i,i_\cdot$ 取 1,2):

$$\begin{aligned}&\alpha_i^1+\delta_i^1=\bar{\alpha}_i^1+\Delta_1\\&(\alpha_i^1+\delta_i^1)(\alpha_{i_1i_2}^2+\delta_{i_1i_2}^2)=\bar{\alpha}_{i_1i_2}^2+\alpha_i^1\delta_{i_1i_2}^2+\alpha_{i_1i_2}^2\delta_i^1+\delta_i^1\delta_{i_1i_2}^2\triangleq\alpha_{i_1i_2}^2+\Delta_2\\&(\alpha_i^1+\delta_i^1)(\alpha_{i_1i_2}^2+\delta_{i_1i_2}^2)(\alpha_{i_1i_2i_3}^3+\delta_{i_1i_2i_3}^3)=\cdots\triangleq\bar{\alpha}_{i_1i_2i_3}^3+\Delta_3\\&\cdots\cdots\end{aligned} \quad (10\text{-}25)$$

定理 4　在二象层次度量中，如果误差纯粹来自随机干扰（白噪声），那么式(10-25)中的所有误差 Δ_n　$n=1,2,\cdots$ 在统计意义下其均值（记为 $E(\Delta_n)$ 为 0）.

证：由于白噪声的期望值为 0，则二象层次度量中，各层的 $\delta_i^1,\delta_{i_1 i_2}^1,\cdots,\delta_{i_1 i_2 \cdots i_K}^K,\cdots$ 在（多次度量）统计意义下其平均值将趋于 0. 另一方面易知 $\forall n\in\{1,2,\cdots\}$ Δ_n 是 $1\sim n$ 层中度量误差的函数，且每一项皆含有误差因子（正或负），所以在统计意义下 Δ_n 均值（$E(\Delta_n)$）都将为 0，证毕.

定理 2 ～ 定理 4 表明，在二象树度量中，原则上不会因为层数的增加而增大误差.

例 4　设一企业，直接可分作“生产”和“管理”二象，进而生产可分作“车间”和“辅助”二象；管理可分作“生产管理”与“行政管理”二象，于是这是个简单的塔形树结构. 据前面的诸原理凭经验即可获得归一化权向量（车间、辅助、生管、行管）＝（0.2，0.2，0.36，0.24）.

2. 脊形树的权重度量

总的思路是先将脊形树补充成“准塔形”如图 10.7 之整体，再作度量，这时对各层中子系统（往下）的二象度量方式同上，只是对补充（虚缺）部分需作处理，比如 s_1^1 虽可照常作二象分划和度量，但这时没有了 s_{12}^2（图中白圈），只需将 s_{12}^2 的份额按 s_{21}^2 与 s_{22}^2 的权重比（或均分）分配给 s_{21}^2 与 s_{22}^2，同理将 s_{112}^3 和 s_{212}^3 白圈量分别分配给 s_{221}^3、s_{222}^3 即成.

例 5　考虑一个学校行政部门的二象层次结构，可得如图 10.8 的教学、人事、科研、后勤四大处呈“脊形树”. 这时按上述度量步骤先将其补充成“准塔形”，然后一一度量出权重（记于图上），括号内的是白圈份额分配来的量，与相应权重相加即为该项的权重，并参与继续的权重运算. 最后可得权向量（教学、人事、科研、后勤）＝（0.252，0.2436，0.2754，0.229）. 若用表格法表出即如表 10.1.

表 10.1

<table>
<tr><td colspan="7">行：1</td></tr>
<tr><td colspan="3">教：0.6</td><td colspan="4">它 1：0.4</td></tr>
<tr><td colspan="2">教：0.7</td><td>(0.3)</td><td colspan="2">人：0.6(0.108)</td><td colspan="2">它 2：0.4(0.072)</td></tr>
<tr><td>教：0.6</td><td>(0.4)</td><td></td><td>人：0.7</td><td>(0.3)</td><td>(0.084)
科：0.6
(0.0522)</td><td>(0.084)
勤：0.4
(0.0522)</td></tr>
<tr><td>0.252</td><td></td><td></td><td>0.2436</td><td></td><td>0.2754</td><td>0.229</td></tr>
</table>

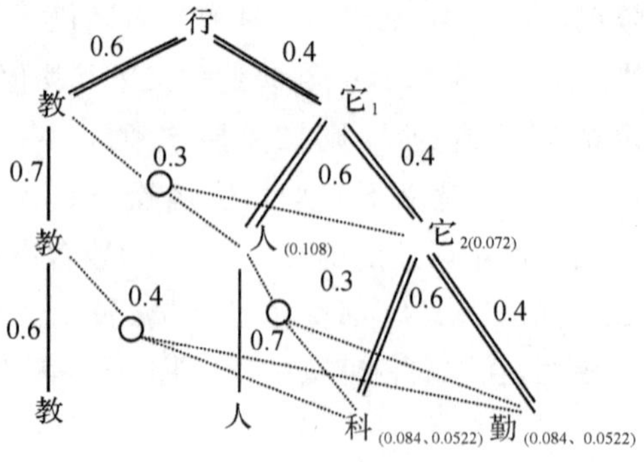

图 10.8　学校脊形树

五、小结

本节首先介绍了大自然中普适的"二象"论及二象间基本性质 1 ～ 性质 7，然后给出了二象识别和二象度量原理以及二象层次结构表述，为经济科学，管理科学和社会科学提供了一个新的、简易的"系统评价"方法. 它有三个特点，一是能将问题化整为零地去作局部度量，便于操作、利于度量；二是采用了多层度量法，原则上并不影响精确性；三是该法适用面宽，特别适用于具有抽象对象（如虚象）的课题，诸如系统功能、管理职能、抽象指标等权重向量及信息经济学、博弈论中的权重度量等难度量的也是当前社会度量中急需关注的方面. 此外，本节及其方法也属于"易学"中阴阳论及其现代应用.

§10.6　呼吁"数据科学"的诞生

本章只是从数据与建模的关系角度作了个简要的、宏观的归类，足以看到数据在建模和整个应用数学中的地位是多么重要，加上它在人类活动(包括工程度量、日常度量和社会度量(见：社会度量学原理) 中的地位，不能不使我们深深地感受到，在当今人类科学的星空中应该有一门"数据科学"的空间和地位. 下面对此作一简要论述.

(1) 数据不仅是一切度量运动的最终表现，而且是人类社会生活的基础，甚至在整个定量分析中也具有基本的、基础的地位，因此不可能让其只有简单的存在，必须赋予它以科学地位.

(2) 数据分布之广泛，规模之巨大是人所共识的，但不等于它是平凡的，因为数据本身并非生活，世界本身不是数据的，但认识世界离不开数据，人类生活离不开数据. 粗略估计可知，数据在人类生活中占据 2/3 的领域，这点启发我们不仅应该知道数据的重要性，更应该深刻去开发数据及数据生活的内涵.

(3) 数据的获取方式是多种多样的，不同的领域有不同的方式，不仅有科技的工具获取方式与社科的统计获取方式之实质性差异,即使在同一科学分支内、面对不同对象,其数据的获取方式也常常不同.所以说数据获取是一种非平凡的映射.的确不错,这一映射颇具实质性.

(4) 在开发数据、挖掘数据内涵信息上,方法也是各种各样的.根据学科、领域、对象系统的不同而不同.比如不仅有是否承认数据所含随机性的处理方式的不同,而且存在是否关注数据集的结构、数据获取方式、获取阵列、获取顺序以及它是既有数据还是即时获取数据的不同等.

(5) 其实从已有的数学科学来看,包括基础数学与应用数学各分支学科"自然"对数据的获取、加工、处理、发掘成果,已足以成为一门科学的规模,只是分布尚较散乱,尚待专门来自数据学角度的整理、归纳,使之科学化.

(6) 特别已经看到,人们对数据认识开发的深度是随着人类科学的发展而深入的.但不妨说,过去的这种发展还只是自然的、无意识的、靠"上帝"那只手牵着走的,同时多是从应用技术角度做出的开发.那么今后为要使科学发展更快、更稳健,不仅需要人们从科技上去关注它,更需要从意识上、理论上去开发它.为此,把数据纳入一门专门的科学去系统地研究它,就成为十分必要的事了.

(7) 的确,从一门科学的角度来看,过去的"数据科学"主要内容似乎仅在于应用、实践和度量,至于对数据理论的研究和对数据本质的理解、认识则显然偏弱.无疑,作为一门科学,其理论和应用这一对偶的"二象"都是不可少的,最多只是随着自身的特点不同,可以偏重于理论或偏重于应用罢了.

任一门科学必有自己的理论分支,所以一旦建立"数据科学"或说从"数据科学"角度去观察,必然会产生理论深入的必要,亦即必然产生其理论分支学科,比如除了数据集之中丰富的组合、关系分析外,还有数据的泛函实质、数据的空间特征、数据集种种空间的、集合的探讨等等,都是必要的.

这里指的数据理论探讨是指纯理论的,而不只是既有的紧紧依赖于实际,仅为实践而作的研究.纯理论是升离了实践的抽象.不难相信,随着"数据科学"对数据(集)纯理论探讨的深入,必然反过来促进数据的信息开发和应用领域的进一步深化.

第十一章　数学建模类型论

几乎所有数学建模课本上都在试着归纳模型类型，可是它们即使定性地看来也有其差异，最少也只能说是大同小异. 这是为什么呢？再说并不是任一模型皆可准确地归属到某一类去，可能不同的人有不同的归并法，这又是为什么？当然可以说这就是模型世界的复杂性，但复杂在哪里？为什么复杂？这些都是本章希望探讨的.

§11.1　模型总空间论

一、客观系统 *Rs* 的模型邻域空间

正如§4.3节所说，对于任一客观系统 Rs，记其模型为 Ms，则其所有可能的 Ms 构成一个空间. 尽管根据模型特征既可以说映射成的是一个欧氏空间，也可以说映射成的是一个函数空间(保持 Rs 的事务性、信息性等)，但都只能是对原空间 Rs 的一个近似和技术的"实现"，亦即 Ms 仅属 Rs 的一个"技术同构"空间，而不可真正同构于 Rs 空间.

但不管怎样，这里只把 Rs 看作客观世界(空间)一个单位"元"，至于它的任一个模型(Ms)，不管其在数学意义下的空间属性怎样，也视为一个单位"元". 那么这时要说：

(1)对于一个 Rs，据"近似性原理"，相应的 Ms 有无穷多个，记为 $\{Ms\}_{Rs}$ ，叫 $\{Ms\}_{Rs}$ 做 Rs 的"模型邻域空间".

(2)对于 $\forall Ms_i \in \{Ms\}_{Rs}$ 总可以通过评价度量法(设定一套评价指标，赋予它权重比，做出各指标的"基本度量"即成)，测定其与 Rs 的"距离"，记为 $\rho(Ms_i)$. 从而说 $\{Ms\}_{Rs}$ 是可度量的，叫做 Rs 的"中心度量".

(3)设 $\forall Ms_i, Ms_j \in \{Ms\}_{Rs}$ ，定义其距离度量为 $\rho(Ms_i, Ms_j) = \rho(Ms_j) - \rho(Ms_i)$ ，则 Rs 的模型邻域空间在其"中心度量"下不是个度量空间，因为这时不满足"度量三公理"(度量三公理可简述为 $\rho(a,b) > 0$；$\rho(a,b) = \rho(b,a)$；$\rho(a,b) + \rho(a,c) > \rho(b,c)$ ，可见其一条都不满足).

(4)目前尚未发现空间 $\{Ms\}_{Rs}$ 更多的性质，仅仅是个模型集合而已(有待进一步发掘).

(5)注意到 Rs 的空间层次比其模型的空间层次高，另一方面当把 Rs 作为元

素看待时,其模型邻域空间 $\{Ms\}_{Rs}$ 却是个空间,其空间维度取其元素 Ms 的最大维度.

二、*Rs* 的邻域系统及其模型邻域空间

由于客观系统皆开放,因而必与其邻域中的系统有联系,记 Rs 所有的邻域为 $N(Rs)$,叫 $N(Rs)$做 Rs 的邻域空间,则可有如下初等性质(仅是初步,还可以深入研究):

(1)记 Rs 的邻域为 $N(Rs)$,则可说 $\forall Ms_i \in \{Ms\}_{Rs}$ 皆 $\exists Rs_i \in N(Rs)$ 使得 Ms_i 在"技术同构"意义下正好"同构"于 Rs_i ,但这一 Rs_i 在 $N(Rs)$中位置的确定具有随机性,亦即难以给出必然的方法或方式、公式去获得它.

(2)对 $\forall Rs \in N(Rs)$,记其模型邻域空间为 $\{Ms\}_{\forall Rs \in N(Rs)}$,则叫

$$\{\{Ms\}_{\forall Rs \in N(Rs)}\} \triangleq MN(Rs) \tag{11-1}$$

做邻域空间 $N(Rs)$的模型邻域空间.

(3)在 $N(Rs)$中 Rs 的连续变动将对应地引起 $MN(Rs)$中模型 Ms 相应的连续变动.所谓"相应的连续变动"是保持 $N(Rs)$中 Rs 变动大小的序不变.

(4)设 $MN(Rs)$中包含$\varnothing$(空集),则它具有如下初等特征:

① $\{Ms\}_{Rs} \subset MN(Rs)$.

② $\forall Rs_i, Rs_j \in N(Rs)$,则

$$\begin{cases}\{Ms\}_{Rsi} \cup \{Ms\}_{Rsj} = \{Ms\}^{\cup}_{Rsij} \subset MN(Rs) \\ \{Ms\}_{Rsi} \cap \{Ms\}_{Rsj} = \{Ms\}^{\cap}_{Rsij} \subset MN(Rs)\end{cases}$$

③若 $\{Ms\}^{\cap}_{Rsij} \neq \varnothing$,表明 $\exists Ms \in MN(Rs)$,使得该 Ms 同时作为两个客观系统 Rs_i, Rs_j 的模型,其实这在实践中是广为存在的.特别这正是实践中较多存在的"可以借用或移植既有模型"的一个实质性解释.

(5)看来在适当意义下,空间 $MN(Rs)$可以被界定为运算" $\cup$, $\cap$ "的线性空间(兹免).

三、模型总空间及其基本性质

记客观世界为 $\Omega = \{Rs\}$, 则在适当空间层次上说 Ω 总是个连续"体",那么因 $\forall Rs \in \Omega$,则必有其开邻域 $N(Rs) \in \Omega$ 且其中必存在相异系统.相应地,由前面的讨论,对 $\forall Rs$ 及 $N(Rs)$必有空间 $\{Ms\}_{Rs}$ 及空间 $MN(Rs)$(见式(11-1)),因此存在空间 Ω 对应的模型空间记为 $M(\Omega)$,它满足

$$\forall Rs \in \Omega \Rightarrow \{Ms\}_{Rs} \subset M(\Omega),\text{且 } MN(Rs) \subset M(\Omega)$$

这时叫 $M(\Omega)$做模型总空间.

定义 1(连通) 若 $Rs_i, Rs_j \in \Omega$ 总存在有限序列 $\{Rs_{i1}, Rs_{i2}, \cdots, Rs_{ik}\} \in \Omega$ 使得

$N(Rs_{ir}) \cap N(Rs_{ir-1}) \stackrel{\triangle}{=} Rs_{irr-1} \neq \varnothing \subset \Omega, r=2,3,\cdots,k$，并使得 $Rs_j \subset N(Rs_k)$，则叫 Rs_i, Rs_j 在 Ω 中是连通的，进一步若 $\forall Rs_i, Rs_j \in \Omega$ 皆连通，则叫 Ω 是连通的.

这时模型总空间 $M(\Omega)$ 具有如下性质：

性质 1　若 Ω 是连通的，则 $M(\Omega)$ 也连通.

证：据定义 1 及前面的连续变动性，设有 $Rs_i \in Rs_{irr-1}$，必有 $\{Ms\}_{Rsi} \subset MN(Rs_{ir}) \cap MN(Rs_{ir-1}), r \in \{2,3,\cdots,k\}$，因此总有相应的有限序列 $\{MN(Rs_{i1}), MN(Rs_{i2}), \cdots MN(Rs_{ik})\}$ 满足连通定义.

定义 2(全连续)　对于映射 $M: \underset{x \mapsto y=M(x)}{X \to Y}$ 若总有序列 $\{x_i\} \in X$ 收敛于 $x_0 \in X$，同时也有 $\{Mx_i \triangleq y_i\} \in Y$ 收敛且收敛点为 $y_0 \in Y$，则说映射 M 在 X 上是全连续的.

性质 2　$M(\Omega)$ 在 Ω 上仅具有人为的全连续性.

证：所谓"人为的全连续性"，因为模型具有近似性，本身即具人为特征. 所以这里是说从严格意义上 $M(\Omega)$ 本不具有全连续性，但在模型的人为操作意义下也可以使之成为全连续的. 具体说来首先可以证明 $M(\Omega)$ 不具全连续形态. 因为 Ω 代表整个客观世界，即包括物质空间和社会(精神)超空间，又叫"大自然". 那么显然"大自然"的空间层次高于 $\{Ms\}$，从而高于整个 $M(\Omega)$ 的空间层次(参见：高隆昌. 大自然复杂性原理. 北京：科学出版社，2004). 比如"大自然"中有非形式逻辑领域(在高速、高曲率的微观世界即类似于此)，但 $M(\Omega)$ 仅属形式逻辑邻域. 因此当系统序列 $\{Rs_i\} \subset \Omega$ 的收敛系统 Rs_0 属于"超空间"系统时，严格说来是没有形式逻辑下的模型可以描述它的.

但是从另一方面讲，人的精神世界是"大自然"层次的，具有超空间层次，哲学所说的一切 Rs 都涵于超空间中. 正是人的精神世界的超空间层次能充分理解它，并将其映射、投影也近似地表现到低层次的 Ms 空间. 那么对于纯粹超空间的 Rs_0 可以说在不过分限制精确度的意义下还是可以作(低层次空间的)模型描述的. 亦即在"人为"的意义下 $M(\Omega)$ 在 Ω 上是全连续的.

定义 3(厚度)　对于任意一个 $Rs \in \Omega$，其模型邻域空间 $\{Ms\}_{Rs}$ 中一元(一个模型)同时也是 $N(Rs)$ 中元素及 Ω 中一般元素(记为 Rs_i)的模型邻域空间 $\{Ms\}_{Rsi}$ 的元素时，叫该元素(模型)具有多重性，相应重数叫做它的厚度(为自然数).

比如厚度为 2 的一个模型，意味着它可同时作为两个客观系统的模型.

性质 3　在模型精度未作明确要求下，$M(\Omega)$ 中所有元(模型)皆具有大于 1 的厚度，甚至一般都具有很高的厚度.

这实际上是个生活和实践经验性(定律性)结论. 因此只需作观察说明. 首先说这在社会包括管理科学领域更为明显. 现看看自然科学中，比如牛顿定律各公式 (例如 $F=am$=加速度×质量)，看起来似乎它是唯一的(其厚度为 1)，事实上既然叫公式就必然是具有“公用”的式子. 可见它代表了一类(实则牛顿时空下一大类)系统中力的关系式,可见其“厚度”甚至是无穷的. 同理考察诸如万有引力定律 $G = g\frac{m_1m_2}{r^2}$(符号自明)等都是如此.

进一步有:

性质 4 一般说来 $\forall Rs \in \Omega$ 有映射 $M:Rs \to \{Ms\}_{Rs} \subset M(\Omega)$ 是集值映射,甚至是 1 到(无穷)空间的集值映射. 反之也有映射(记为 J)满足 $\forall Ms \in M(\Omega)$ 有 $J:Ms \to_{Ms} \{Rs\} \subset \Omega$.

换句话说不仅一个客观系统可以有很多种模型,而且一个模型也可适用于多种客观系统. 也就是有:

结论 性质 4 给出了建模活动中可以仿照、移植、借鉴甚至可以运用其他系统模型的原理解释和依据,为建模者带来福音.

定义 4(复杂性) 沿用系统论对系统复杂性的定义,满足如下“三性”之一的系统皆谓具有复杂性的系统.

(1)不可逆性,即系统状态经时变后不可重演. 比如物理实验系统是“可逆”的,但社会系统一般不具可逆性.

(2)不确定性,此即模糊性或随机性.

(3)非线性,当其表现为数学模型后,在代数意义下具有非一次的项者叫做非线性系统.

比如运动路程对于时间来说,匀速运动是线性的,加速运动则是非线性的.

性质 5 模型总空间是复杂的.

证:据定义 5,只需检验满足“三性” 中任一性即可,这里选“非线性”作为证明. 我们知道任一系统(Rs)都是“多层”的. 若这时对其深层来建模(自然也包含在模型总空间中)必将产生非线性模型,这是(第八章)已经提到过的,这里再以一例来说明.

例 1 一个学校的效能评价值(记为 W),简单地可由老三处(教务 (x_1) 、科研 (x_2) 、人事 (x_3))表征. 一般评价式可为 $W = a_1x_1 + a_2x_2 + a_3x_3$,则是一个层次下的系统度量公式表征. 现假设要对科研 (x_2) 作进一步(深入一个层次)地研究,有两条路:

一个是将 x_2 作为新系统的“目标”,做出它的函数(模型)表示. 比如说科研效能又是由学院($y_1, y_2, \cdots, y_k$)效能作线性评价度量成的,即有 $x_2 = \sum_{i=1}^{k} b_i y_i$,从而有

$$W = a_1x_1 + a_2\sum_{i=1}^{k} b_i y_i + a_3x_3 = a_1x_1 + \sum_{i=1}^{k} a_2 b_i y_i + a_3x_3 \tag{11-2}$$

其中的系数 a_2b_i 是两层的,这在张量意义下是两级对偶空间变量的非线性系数,

所以式(11-2)属非线性式.如果说这还不典型的话,见下.

另一个是将 a_2 视作新系统的"目标"以作深入.比如这时可看到科研效能是由学校对科研的重视力度(y_1)、人事处引进人才的力度(y_2)和对科研成果的奖励力度(y_3)等构成的,仍设其有线性评价式 $a_2 = a_{21}y_1 + a_{22}y_2 + a_{23}y_3$,则代入式(11-2)有

$$W = a_1x_1 + \sum_{i=1}^{3} a_{2i}y_ix_2 + a_3x_3 \tag{11-3}$$

显然 y_ix_2 是二次的,因此式(11-3)有非线性项,已属非线性函数.

以上仅仅是从最简单情形来说的,这说明任一系统往深层次探讨都将成为非线性问题,从而成为复杂性问题.亦即模型总空间具有复杂性.

注意:显然关于模型空间及模型总空间的研究完全可以继续深入,但这里仅点到为止,有兴趣的读者不妨多作些思考.

§11.2　模型总空间复杂性机理及约简性原理

一、有独立创造即有复杂性

首先,创造就是艺术,虽然说艺术可以传承,但若传承而不发展,创造就没有了艺术.

创造就是求差异,就是要标新;创造就不能按既定类型、既定框框去做;创造就无定论,否则难免落入俗套,就没有了创造.

因此,在创造意识下的模型必然越来越多、类型越来越细腻、越来越复杂.

特别,人人都可以独立创造,再累以世代积蓄,足可想见模型、模型类型和模型总空间的复杂性了.

其次,建模者的空间层次(精神世界)是高于客观系统 Rs 的.尤其是,Rs 作为信息已融入建模者的精神世界.加上 Rs 本身的空间及空间层次也可以任意深入,这就注定了模型、模型空间及模型总空间的复杂性机制,也就是模型总空间复杂性原理所在.

再则,即使说建模映射是 $Rs \to Ms$.在空间层次上产生了"投影"因而简化了,但因其对应于一个集映射,使得一个系统 Rs 可对应于一个模型领域空间($\{Ms\}_{Rs}$),这样一来即使得邻域的模型领域空间 $MN(Rs)$ 从而模型总空间 $M(\Omega)$ 里的元素变得纷繁重叠,错综复杂.可是还没有考虑到元素(模型)的连续变动性和任一客观系统 Rs 往内还有(原则上是任意)多层、多个子系统、多个子系统的模型邻域空间等.

总之,有独立创造,必然产生模型(总)空间的复杂性,这就是模型(总)空间复杂性的机理所在.足可以让人类一代代开发下去.

二、模型的约简性原理

已经看到了客观世界及其系统的空间层次和哲学本身的复杂性，看到了它们的模型(总)空间的复杂性，似乎足以使我们畏惧建模了，但这只是问题的一面. 现在来分析一下对建模有利的一面. 由于在前面已从不同角度谈到过，这里仅进一步从原理上作作归纳.

(1)认识 *Rs* 是哲学，描述成 *Ms* 是技术，建模只是由"是什么"到"像什么"的削简(处理上的)艺术；

(2)"近似性原理"是 *Ms* 对 *Rs* 描述的一种客观规律，它给了建模者的"失真"以很好的"口实"，也给了建模者以胆量；

(3)"技术同构"原理(见§6.3节)是上述"口实"下的一种具体做法，只要大胆命定一些"公理"即可做起来了.

显然，有了上述三条，面对模型空间的复杂性，建模者也不必畏惧，因为有如下的原理.

约简性原理 把上述(1)～(3)条叫做建模的约简性原理.

显然，在约简性原理之下更有如下等价的原理了.

模仿原理 又叫移植原理、类同原理. 是说建模者可根据自己的理解和比较，仿照有关模型来建模，这在实践中是常见的现象. 即以某个既有模型作为基础去创造性修改，打造成适合自己的模型. 比如在描述企业的市场竞争时不妨模仿生态学中已较成熟的"捕食与被捕食"竞争模型(参见 R. M. 梅等. 理论生态学，孙儒泳等译. 北京：科学出版社，1980)，再作修改以为己用. 当然即使这样，同样需要创造意识.

注意：本段的约简性原理和模仿原理等给了建模者以宽松的心理空间，但也不要忘了建模的宗旨，是要在简练的基础上越精确描述 *Rs* 越好. 这就是说仍然不要忘了"一"段中诉说的客观空间 Ω 及其模型(总)空间 $M(\Omega)$ 的复杂性. 那么怎样才能更好地对策这一"二难"问题呢？请见下段.

三、逼近原理和建模准则

1. 逼近原理

搞科研的人有个经验，对于一个难啃的课题，不妨"退一步"(即把问题简化、约简一步)再做，若还难啃，再"退一步"，直至啃得动(能解决了)，解决之后，再以此为垫衬，往回攻取，一步一步(甚至一小步一小步)地往原(难)问题进发. 试回想好多困难问题的攻取皆有这一历程，甚至是无意识地走着这一历程. 这就是"逼近原理".

在建模中也广泛地运用着这一"逼近原理",其实第七章讲到的建模过程中"粗模→初模→细模"过程本身即是一个逼近过程. 换句话说建模中的逼近过程就是个"先粗后细"过程.

不过第七章讲到的过程只是达到适用、(暂时)满意为止,从理论上说还有更进一步的可谓"精细"的过程,这时候才是真正的"逼近",是向"标准模型"的逼近. 当然有时候这一"标准模型"也是需要界定的,比如可以通过专家(组)评价、评定等.

此外有一个理论问题,那就是数学模型是否存在可逼近性问题. 对此有:

定理 当模型总空间 $M(\Omega)$内满足全连续性时,数学模型 Ms 存在对其"标准模型"的可逼近性.

证明是容易的,根据§11.1 节中性质 2 及全连续定义(定义 2)即可.

注意:实践中对建模的要求精度将随着自然科学工程技术(简称科技)与社会科学管理科学(简称社科)的不同而有所不同,科技中的精度高于社科中的精度,或说科技中的模型邻域空间比社科中的模型邻域空间来的小. 不过不能认为这是社科的"落后",而是因为社科问题所属空间层次更高,建模时需要将高层空间"投影"到 $M(\Omega)$空间来,形成了一个大误差源,但一般说科技问题本身即属 $M(\Omega)$空间,因此它少了这一误差源.

2. 建模准则

通过上述复杂性与简约性的"正反"两个方面的研究(又是一个"二难"问题),最后回到实际建模来应作如何对策?

对此可以归纳为如下三条,把它叫做"建模准则".

准则 1:相信自己的独立创造能力.

准则 2:依赖于直接对 Rs 的理解,依赖于自己已有的数学修养和手段.

准则 3:走先粗后细、逐步逼近之路,以达到满意为止. 满意是相对的,是随课题类型和时代进步而进步的;精确也是相对的,即使科技也没有绝对精确的模型.

以上是从宏观上对数学模型和建模作的一个理论认识,下面将从实际操作和直观出发具体对几个类型做出的一些特征分析.

§11.3 计量模型与数理模型相对性分析及其他

一、计量模型与数理模型辩证关系

已知,按数学模型的功能来分,可将数学模型总体分为计量模型和数理模型两大类. 计量模型以科技中的度量(依赖仪器、工具的观测、度量)和社科中的统

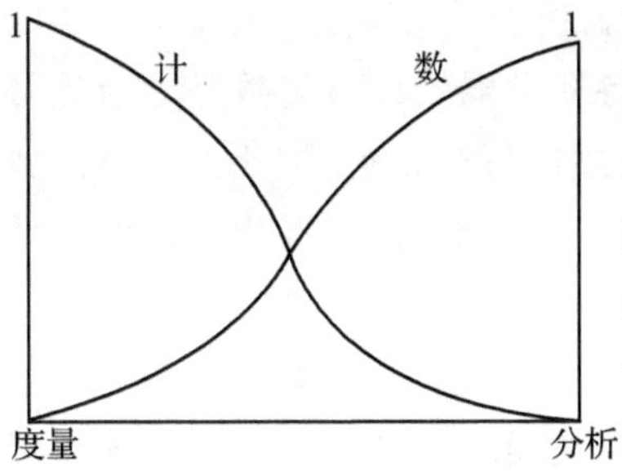

图 11.1

计(社会统计学)等“基本度量”(图 11.1 中左上端)作为典型的种种导出度量模型类,它强调数值特征,强调参数的确定;数理模型是以数学推演、分析(图 11.1 中右上端)作为典型的种种数学模型类,它不强调数值特征,更强调空间几何特征,因而是对参变数作讨论. 但在实际模型运作中,计量模型和数理模型都不保守其典型性,而且二者也不是绝对分明的,既有明显的差异性,也有一定的交错(模糊)关系. 如图 11.1 以左上端“度量”表计量模型的极端(包括社会统计),以右上端表典型的数理模型极端,则一般的两类模型分布于两个极端之间,其分布特征可分别以“计”曲线和“数”曲线来表出. 这时可看出在二曲线的交叉点以左部分归于计量模型类,在交叉点以右部分归为数理模型类. 这里体现出两点:一点是在各类中实际上仅以该类为主要特征和主要任务,并非不可以存在另一(对偶)类的机制和相应的顺带任务. 当其动力系统模型本应属数理模型类,但分析中有时也需要确定其参数(计量式的),比如分析具体轨道时即属此情形.

最后让我们对计量模型类与数理模型类的主要差异如表 11.1 所示。

表 11.1

	计量模型类	数理模型类
模型极端	度量与统计	数理分析
函数特征	线性	一般形式
参变量要求	确定形式	变动形式
建模中重点工作	确定参数	建构函数

总之,我们需要辩证地对待两类模型,既不要过分强调其差异,也不能无视其差异. 分辨其差异仅为了更好了解模型类型,不能因此限制了我们分析中的灵活性和“不择手段”性.

二、数学与哲学——科学研究的“二难两岸”辨

如图 11.2,我们把整个人类科学的发展态势描述为分别以数学和哲学作为“两岸”的一条长河,而数学的定量表达与哲学的定性思维间似乎难以同时满足,叫它做“二难”,这点也许能够得到认同. 这时有几点说明:

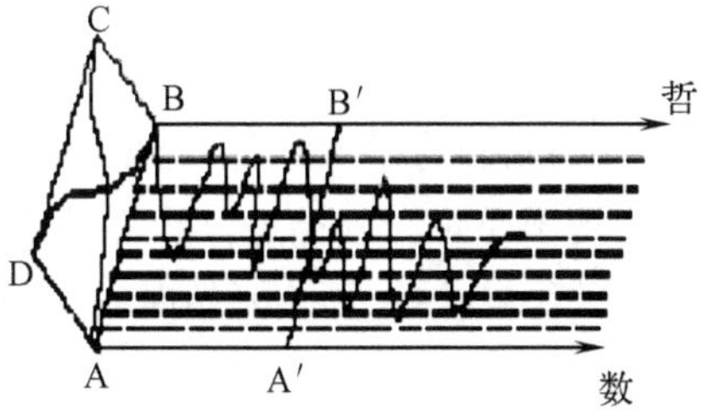

图 11.2

(1)在数"岸"和哲"岸"之间,比如靠近数"岸"的虚线表示运用数学的特征较强的学科发展径迹.依次离数"岸"愈远表示其数学特征愈弱;反之,离数"岸"愈远必离哲"岸"愈近,表明其研究的哲学思辨、定性论述的特征则愈强.比如最靠近数"岸"的可谓应用数学,其次是自然科学、工程技术科学等;最靠近哲"岸"的可谓社会科学其次是管理科学、经济科学等.

特别在长河中数哲两"岸"间任何时期(也叫时代)的数哲分布可视为相似于 AB 状态(时间横断)上的分布,这一分布图示于矩形 $ABCD$ 上(BC、DA 高皆1).比如其中的"数"曲线表明,在数"岸"上数学特征最强(可表示纯粹数学,所以这里的分布度为 DA 长,等于 1),在离开数"岸"后,其数学运用的纯度则小于 1,并逐步减少,且一般是按非线性规律减少(这里取负 logistic 曲线,理由免叙),直到哲"岸"变成了 0.作为一种对偶有"哲"曲线,它表示在哲"岸"上哲学分析用的最纯,其程度为 1(BC 长),比如纯粹哲学即如此.离开哲"岸"后,其哲学特征逐步减弱,仍以非线性(仍取自 B 至 A 的负 logistic)曲线方式下降,至数"岸"成为0.这就是矩形 $ABCD$ 上对偶曲线的涵义,并且整个"长河"中任一时代(横断)皆具有相似的分布特征.

(2)尽管说各个学科对数学和哲学的运用都存在一个自己的特征,而被(实则)定性地"嵌定"在河中相应径迹上,但宏观看来,各个时代人类科学都有一个总体的,数、哲偏好下的一个时代特征点.比如 AB 时代的 B 点表明在历史之初人类科学仅属于哲学,又如在 $A'B'$ 时代的 r 点,表明此期内人类科学对数学的重视度仍然稍弱于对哲学的重视程度,如此等等.那么,长河中各个时代的这类"时代特点"将自然地形成一个时序轨迹,图 11.2"河"中那条摆动无常的时序曲线即是其示意.但可看到随着时代的前进,曲线的统计特征(回归轴线,未画出)将逐步靠近数"岸",表明人类科学对数学越来越重视.

(3)特别看到,对于人类科学中任意一门科学单独来考察,不难发现它仍然具有与图 11.2 类似的特征.这时"河"中的径迹将变成该门科学中不同的学科分支的发展特征.比如以经济科学而论,将是十分相似于图 11.2 的.即使以自然科学来说,虽然"河"中曲线特征多少有些改变,但总体上说来仍可说是相似于图 11.2 的.事实上这就是"大自然"中一类分形结构规律的表现.原来都是自然,并非偶然.

(4)回到建模上来看,同样存在图 11.2 特征.不管从建模学科总体特征看还是从具体课题的建模过程看都是如此,皆分形地存在图 11.2 特征.比如从具体建模过程来看吧,不仅开始时我们需要对其(Rs)系统做出定性(即哲学式)分析、认识和理解,而且即使在建模的准备、(用公理)约简 Rs 和建立粗模直至对模型的逐步修改、细化直到满意为止,虽然形式上是在尽量运用数学、靠近数"岸",但脑子里却一刻也未放弃对 Rs 的理解、比较和对约化后的失真掂量、权衡等.这些都是定性的亦即哲学活动，所以不能不说从总体上来说任何时刻的数、哲均衡点只能在“河”内而不会在数“岸”边或哲“岸”边上，即其“均衡点”轨迹只能是蜿蜒曲折于“河”中的. 只是不能不承认在愈靠近建模的成功，其蜿蜒曲线将愈靠近或说“收敛”于数“岸”.

§ 11.4　连续模型与离散模型区别与联系实质

在第十章看到，人们可以通过（只能是）有限的因而是离散的数据建立起数学模型，但模型中的函数往往是连续的甚至是光滑的，因此这样只通过函数上有限个离散点来建的模型，容许吗？需要什么条件吗？

又比如用计算机解一个连续的方程可以得出连续的函数曲线（面）或用计算机可以画出任一连续的函数曲线. 显然这是用离散的方法处理连续甚至光滑的数学模型，或者说是把光滑的数学模型（函数）离散化了. 问这总是可以的吗？

总之，看来在实践中将广泛涉及到连续模型与离散模型的相互转换问题. 本节将分别就一般函数与动力系统的连续与离散间关系及其原理作一解释.

一、一般函数：连续到离散易，反之则难，原理解释

这是容易直观看到的，比如对 $y = f(x)$ ，只要任给出（输入）一组 x 值记为 $\{x_i\}_1^n$ ，则立即得到一组（若为单值，也为 n 个）相应的（输出）值，为 $\{y_i = f(x_i)\}_1^n$. 这是不需任何条件即可得到的.

但是当仅知一组数对 $\{(x_i, y_i)\}_1^n$ ，需要找出 $y = f(x)$ 时，却十分困难了. 现对此作一直观解释.

（1）过平面上任意两点 $\{a,b\}$ 的 r 阶光滑曲线集，记为 $C^r\{a,b\}$ ，曲线数记为　$C^r\{a,b\}$ ，则　$C^r\{a,b\} = \infty$ ，r 为有限正整数.

证：设这样的曲线为 $y = f(x)$ ，且不失一般性可把 a,b 纳入坐标轴，并记为 0,1 点（注意 1 不带量纲），则可有 $f(0) = f(1) = 0$ ，从而有

$$y = f(x) = x(x-1)f_1(x) \tag{11-4}$$

其中，$f_1(x)$ 仅属$[0,1]$上一般的 $r-2$ 阶光滑函数，记为 $C^{r-2}[0,1]$ ，亦即 $\forall f_i(x) \in C^{r-2}[0,1]$ ，皆满足(11-4)中的 $f_1(x)$ 条件，因而皆可用作 $f_1(x)$ ，而函数论（泛函分析）表明 $C^{r-2}[0,1]$ 是个具有无穷元的空间. 可见 $f_1(x)$ 可有无穷多，亦即　$C^r\{a,b\} = \infty$ ，证毕.

（2）过平面上任意三点 $\{a,b,c\}$ 的 r 阶光滑曲线集（记为 $C^r\{a,b,c\}$ ）曲线无穷，即　$C^r\{a,b,c\} = \infty$.

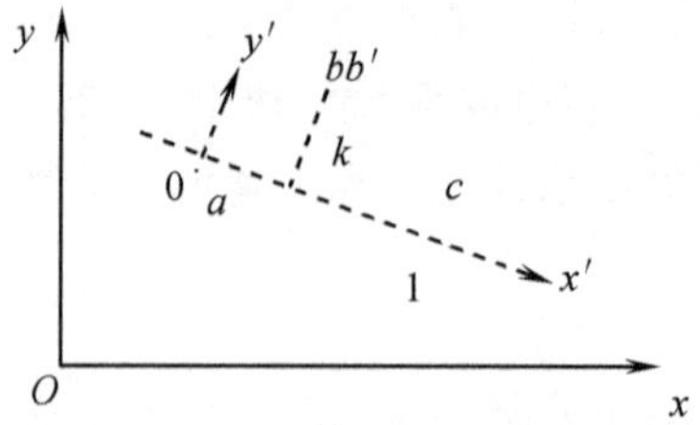

图 11.3

证:继续(1)中证明思想.对 $y=f(x)$,只须对 $\{a,b,c\}$ 做一次处理即可.

如图 11.3,设 $\{a,b,c\}$ 是在 (x,y) 坐标系来说的,现连 $\overline{ac}$ 线,并以 ac 直线作为新的坐标轴 x' ,以过 a 点垂直于 x' 的直线为轴 y' ,从而建立新系 (x',y') .或说将 (x,y) 变换到新系 (x',y') ,这是解析几何上常用的坐标平移、旋转变换即能成的,然后在 (x',y') 中将这时的 a,c 量作平移压缩变换成为 0,1,再记这时的 b 为 b' ,它到 x' 轴的距离为 k ,则问题完全变成 $\{0,b',1\}$ 上的了.为方便记,将原问题叙述成 (x,y) 坐标系下过 $\{0,b',1\}$ 三点的 r 阶光滑曲线是不失一般性的.从而对 $y=f(x)$ 有

$$f(x)=x(x-k)(x-1)f_2(x) \tag{11-5}$$

据式(11-4)中 $f_1(x)$ 同样理由,式(11-5)中 $f_2(x)$ 可以是 $C^{r-3}[0,1]$ 上任意函数,因而也是无穷多个,即有 $C^r\{a,b,c\}=\infty$.

(3)过点集 $\{a_1,a_2,\cdots,a_n\}$ 的 r 阶光滑曲线 $C^r\{a_1,\cdots,a_n\}$ 有 $C^r\{a_1,\cdots,a_n\}=\infty$.

证:按(1)、(2)证明思想,归纳法即可得.

总之,由(1)～(3)表明,若仅知 n 个点 $\{a_i\}_1^n=\{x_i,y_i\}_1^n$,这时尽管 n 可以很大,只要它有限,过此 n 个点的曲线即使要求 r 阶光滑,也有无穷多条.若只要求连续性,那当然更是无穷的了.因此这时存在这样一个问题,当仅知某个客观上确定的函数关系有有限组离散值(点)时,怎样去严格地确定出这一函数(这条曲线)?这当然是困难的,而且原则上说,这一困难是不可克服的.

但是,在这时我们回到原系统(Rs)去考虑,并记起"所有模型都是近似的"这一定律,那么问题仍可得到解决了.实际上这就是第十章中种种处理数据集的基本出发点.比如当注重数据中的随机干扰且数据集适当大时创造出了回归建模法;当不考虑其随机性时,则有了插值法(类)、样条法(类)、逼近法(类)的建模方法;在数据具有时序关系时又有时序分析模型(类)、动力系统模型(类);甚至有在建模过程中临时给出数据,逐步推进的方法类等.这说明人们认识到在已知有限个(组)数据之下,既然所对应的函数非唯一,而模型的近似又允许非唯一,那就好,我们只需拣最简单的函数(如线性的、抛物的等)式建模即可.这就是贯穿第十章的基本思想.

尚需指出,上述讨论是仅就一元函数情形来的,但完全可以推广至多元函数情形.一方面因为建模实践中常以一维最多;另一方面,这一推广在思想上容易接受,再则因为这一推广不是我们关心的理论问题,所以这里仅点到为止,就不作实地推广叙述了.

二、动力系统:连续到离散不需条件,反之不然,原理解释

对于动力系统其离散性和连续性具有与"一"中不同的(特有的)含义,相信读者已有了一定了解,为省事这里不作专门定义,其概念从下面讨论中即可知道.

设有(哈密顿形式的)动力系统

$$\dot{x} = F(x) \tag{11-6}$$

这是连续型的,系指 $x = x(t)$ 对 t 是连续一阶光滑的,同时 $\dot{x}$ 即 $F(x)$ 对 t 是连续的.由于 $\dot{x} = \frac{\mathrm{d}x}{\mathrm{d}t} = \lim\limits_{\substack{t_{n+1}\to t_n \\ (n\to\infty)}} \frac{\Delta x}{\Delta t} = \lim\limits_{\substack{t_{n+1}\to t_n \\ (n\to\infty)}} \frac{x(t_{n+1}) - x(t_n)}{t_{n+1} - t_n} = \lim\limits_{\substack{n\to\infty \\ (\Delta t\to 0)}} \frac{x_{n+1} - x_n}{(n+1) - n}$

(11-7)

这时注意到式(11-7)右端分母中的 1 是无量纲的,因此它这个"单位长"不是确定的长度,实则有 $1 = 1(n)$,即随着 $n \to \infty$,有 $1(n) \to 0$.

因此说在(11-7)中取近似 $\dot{x} \approx \frac{x_{n+1} - x_n}{1}$ 其近似程度是随 n 上升而上升的,同时把 $x(=x(t))$ 在 $t = n$ 时的变动率记为 $\dot{x} = F(x_n)$,则有

$$\frac{x_{n+1} - x_n}{1} \approx F(x_n) \tag{11-8}$$

考虑到模型本身的近似性和这里近似度随 n 而上升,即可正式记为等式

$$x_{n+1} = x_n + F(x_n) \triangleq \varphi(x_n) \tag{11-9}$$

此即对应于连续动力系统(11-6)的离散动力系统.注意到它仅是对时间 t 的跨步迭代运动,而表达式 φ 一般是连续的甚至可微.而从连续动力系统到离散动力系统不需要外加任何数学条件.

可是反过来,若给出的仅是离散动力系统(11-9),那么问是否一定有相应的连续动力系统?这可是有(数学)条件的了.

这时也许会联想到前面离散与连续的差异而惊异了.因为虽然这里自变量是 t,但在 (x,t) 空间来看,不也与 (x,y) 空间同实质的吗?我们说的确 (x,t)、(x,y) 二空间(仅从几何角度)是同质的.但我们这里的连续动力系统与其离散动力系统的实质差异却远远小于前面中的,原因只在于这里离散动力系统中"离散点集"与前面中离散点集具有本质的不同,那就是一个是有限集,一个是无穷集.同时离散动力系统中(t 的)无穷集点还要加一个条件,即 $n \to \infty$,t 轴(所考

虑段)被分成的小段(微元)中最大"段"也要趋于 0,一般即取 t 轴考查段被 n 等分,因而每一小段(微元)随 n 同时趋于 0.

那么在所述这些前提下,系统(11-9)就只需加一个条件:$x = x(t)$ 对 t(在所考虑范围)可导,于是离散系统(11-9)就有相应的(11-6)型连续系统了.

总之,我们有:

结论　连续动力系统化为离散动力系统是无条件的,反之则要离散动力系统中因变量对时变量可微才可能化为连续动力系统.

比如也正是这一"结论",才使得计算机可以任意地用于求解连续动力系统以及连续函数的计算机处理等.

例 2　连续动力系统 $\dot{x} = \mu x(1-x)$ 与其离散型 $x_{n+1} = \mu x_n\left[\left(1+\frac{1}{m}\right)-x_n\right]$ 的差异十分巨大. 比如前者(连续型)的解——积分曲线族不管 μ 如何取,都是一族有序的"logistic 曲线",而后者(离散型)的迭代集(离散点轨道集)却十分复杂,甚至(在 μ 的一定范围内)产生混沌现象,差异的真正机制尚有待进一步解释(进一步的内容请见 §12.5 节).

例 3　皆知灰色预测模型 $GM(1,1)$ 在应用上有很多优点,最大优点是对样本量要求不高,亦即样本量小仍能取得较好效果. 缺点是效果不稳,有时(对某些问题)效果差. 最近有作者指出其症结正好出在离散与连续的关系上,它是把累加数序列 $x^{(1)}(t)$ 的关系用到了连续模型 $\frac{\mathrm{d}x^{(1)}(t)}{\mathrm{d}t} + ax^{(1)}(t) = b$ 上而造成了理论上的不严格(见:系统工程理论与实践,2005,(1):93). 最后作为一个检验,该文作者把 $GM(1,1)$ 改作离散的 $DGM(1,1)$: $x^{(1)}(k+1) = \alpha x^{(1)}(k) + \beta$,原有问题就消除了. 可见离散到连续的运作的确应当谨慎.

三、间断函数模型

这里给出一个有利于上述连续模型与离散模型的也是常见的又一类模型,叫它为间断函数.

所谓"间断函数"有两种:第一种是在函数结构式中具有间断点的模型;第二种是在其动态系统(变化率)表达式中有间断点的情形.

对于第一种情形,例见 §7.6. 类此可见,一般直接用结构式来表征具有突变、应急、事故、骤变、跃变之类问题时,即具有这类"间断函数"形式,只是具体的间断点的设置、趋向间断点的方式、达到间断点后产生的(转折)效果等当视具体对象作创造性地构建才是.

第二种间断函数情形,表现在模型中,即在其动态系统的解函数(运动轨迹)中具有间断点,又叫做具有间断解函数的模型. 这里以一例示之.

例 4　大熊猫与箭竹生态系统模型.

皆知，世界为之关注的濒危动物大熊猫以高山冷箭竹为生，而冷箭竹每 76 年左右将周期性地开花萎灭而后再生. 此间大熊猫种群将受到一大劫难，数量骤减，然后随着冷箭竹的逐步恢复而回生. 为探索大熊猫与冷箭竹间的生态规律，有必要给出二者间生态模型，以作分析.

经定性分析后，以某区域为背景考察对象，记其冷箭竹"总量为 $x = x(t)$，大熊猫数为 $y = y(t)$，则可以得到(经一个自我答辩、修改、"拼凑"过程而得到)

$$\begin{cases} \dot{x} = x\left(\delta(\frac{t}{k})b - \dfrac{cy}{\varepsilon + \delta(\frac{t}{k})x}\right) \\ \dot{y} = y\left(a + \left(1 - \dfrac{l}{\varepsilon + \delta(\frac{t}{k})x}\right)\right) \end{cases} \tag{11-10}$$

其中

$$\delta(\frac{t}{k}) = \begin{cases} 1 & \dfrac{t}{k} \neq i \\ 0 & \dfrac{t}{k} = i \end{cases} \quad i \in \{0,1,,2\cdots\}$$

a,b,c,l,k,ε 皆为正实数，各自含义兹免述. 特别其中 k 为箭竹生长周期，ε 为适当小的数.

模型(11-10)是动态函数，且右端是间断函数，难以直接求解，但当分作 $t = ik$ 与 $t \in (i,i+1)$，$i \in \{0,1,\cdots\}$ 两种情形时，(11-10)即成为两个动力系统，分别为

$$\begin{cases} \dot{x} = x\left(\dfrac{-cy}{\varepsilon}\right) \\ \dot{y} = y\left(a + 1 - \dfrac{l}{\varepsilon}\right) \end{cases} \tag{11-11}$$

$$\begin{cases} \dot{x} = x\left(b - \dfrac{cy}{\varepsilon + x}\right) \\ \dot{y} = y\left[a + \left(1 - \dfrac{l}{\varepsilon + x}\right)\right] \end{cases} \tag{11-12}$$

这样一来皆有成熟的理论可供求解或作出解曲线的走势讨论了.

最后将两子系统的解曲线作(相空间的)对应迭合，即得如图 11.4 所示大熊猫与冷箭竹生态系统周期性演化规律. 实线代表(11-12)的解，虚线代表灾害期种群急剧下降的短过程，然后与下一周期的实线对应起来，即进入到下一周期的演化曲线. 图中仅示意性给出三个周期的曲线.

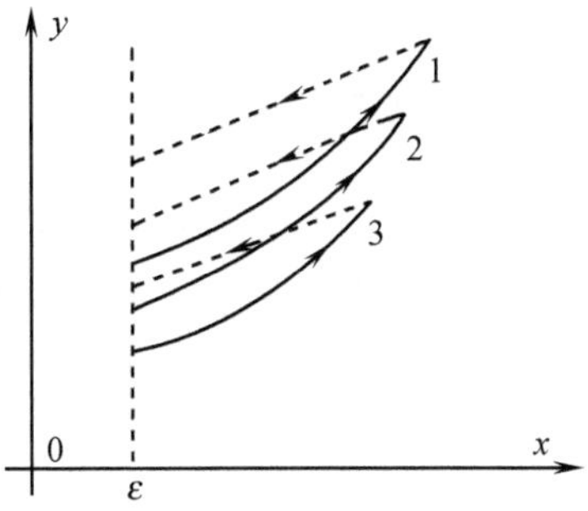

图 11.4

其顺序表明它是 l 适当大 a 适当小之下的大熊猫濒危轨迹.

§11.5　关于模型类型的划分

一、小序

数学模型无穷多,那么模型空间有多大?模型有多少类型?各类之间分明吗?也许不经意的人与经过思考的人对这些问题会有不同的回答.那是因为数学模型本身不是按类型规划来建立和发展的,也不会为着分类者的方便来发展它.特别也因为数学模型空间本身的复杂性所至.

不是吗?比如极端地甚至可以说整个数学就是一个客观世界的模型,只是一直处在建模过程中.几千年的时间都未能完成,也许再有几千年还完不成哩.稍作具体地可说数学科学的每一门学科都是一个规模庞大的数学模型,且仍在建模之中;再具体一点说,数学每个层次上的分支都是在创建中的模型,直至最终层次——面对一个个客观系统的建模本身,形成了一个复杂的分形结构.

再说,现代科学即使如文艺、哲学类也在引入数理思想和量化分析,从而与建模不无关系.特别是如今要创立一门新学科如果没有模型和量化分析是难以立世的.由此足以可见,在这样复杂的客观世界、复杂的模型世界和复杂的大科学量化趋势下,岂能有清晰、分明的模型空间供我们去作出明晰的分类?

总之,这里首先是要说明分类之复杂,分类之不可精确、不可明晰、也不可靠.也就是说要想根据模型的分类去建模,是无助于能力提高的.

不过也应对偶地看到事物的另一面.那就是对既有模型的分类也是一种需要,是对"模型空间"整体认识的一种需要,也是为学生(后来者)了解掌握模型总体的需要.

因此在这一客观复杂性与主观需求性的"二难"问题面前,还是借用古典哲学给予的解决方法——中庸为好,取其二难之间,两者兼顾.那就是对其作出技术上的因而是一种近似的分类,同时也是非独立的分类.不同的作者分出的类和分类的方式都可能不同,不过这没关系,无恙于我们分类的目标.

二、数学模型一种分类

下面从几个方面给出一种分类.由于它很直观,更因为它们并不彼此独立,即不举例,仅此罗列.

1. 按数学的专业来分

可分为:

(1)必然模型与随机模型.

(2)分明模型与模糊模型.

(3)确定模型与不确定模型.

(4)分析模型与数值模型.

(5)连续模型与离散模型.

(6)方程(包括代数方程与函数方程)模型与函数模型.

2. 按空间形式来分

可分为:

(1)离散型. 比如数值度量模型(计算公式)和数据(组)本身皆属离散型模型,后者是模型的特殊. 原则上数据组在相应空间中属 0 维集.

(2)欧空型. 已讲过,欧氏空间是牛顿三维空间在维数上的推广,因此由二元函数推广出去的任意 $n<+\infty$ (表有界)维变元的多元函数皆属欧空型模型.

(3)非欧空型. 比如直接以信息为变元的模型即是. 简单的如一般评价模型即属此.

3. 按时间特征来分

可分为:

(1)动力系统模型类. 表现出状态变量对时间自变量的变化率(或变差)的模型类.

(2)时序分析模型类. 系基于动力系统、控制论、概率论、数值方法的一门横断学科的模型与理论.

(3)随机过程模型类. 将样本(数据集)的随机性与时序性相结合产生的理论与模型,典型的如布朗运动模型和理论,马尔柯夫过程模型及其理论、应用类等.

4. 按数据特征来分

可分为:

(1)不依赖于数据(样本)的建模和模型. 如数理模型类.

(2)依赖于数据的建模和模型. 如计量公式(初步的导出度量模型)和数理统计学、数值分析学模型类(包括时序数据的)等,这是第十章的基本内容.

5. 按学科类型来分

可分为:

(1)科技类模型. 这当然是一大领域,不过这类模型一大特点是其空间层次仅属于欧氏空间,或说属物质空间,其建模对象皆物质系统,实证性强,容易提高和检验精度. 因此与社科类模型相比,科技类模型更精确.

(2)社科类模型. 社会类模型与科技类模型存在着质的差异. 那是因为以典型的社科系统来说,它的空间层次和基本特征与科技的物质系统有着本质的差异,即使社科中的物质系统较之典型的自然物质系统来说也是"软"的了. 这些都决定了它的模型类型和模型基本特征与科技的有所不同. 比如这时就连系统的精确概念也十分不同,甚至在后者常常有待重新去界定. 这些都是已知知识,不必细述了.

6. 按任务类型来分

可分为:

(1)为了度量的模型. 此即表征量值的表达式,诸如各类公式(具有函数形式,但不满足函数定义的表达式)包括科技类种种导出度量(具有复合量纲者)的表达式以及社会科学中评价公式等都是.

(2)为了分析的模型. 此即不是为了量值需要而是描述系统的结构特征、演化特征的需要者. 当然这也不是绝对分明的,由于度量分作基本度量与导出度量两类,后者又有若干层次,特别对度量值稍作广义理解甚至可说一般模型都是为了度量. 从这种意义上说来分析模型(除了度量模型外的模型)就不多了,或者说分析类模型与广义的度量模型间有着较宽的模糊带,所以我们在理解度量模型和分析模型时也不必太"绝对化".

7. 按模型功能来分

可分作表格框图模型、统计计量模型、数理解析模型等.

8. 按运用手段来分

可分为:

(1)计算类. 诸如数学实验、软件设计,包括软件模型.

(2)模拟. 包括模型辩证等.

(3)预测. 属于"从历史和现状推知未来"思想的数学化表现,其模型可以有来自数据的和来自分析的两大类.

(4)仿真. 以计算方法为特征的一类新模型形成的学科分支.

(5)推演. 包括推导和演算,后者系指数量性地推导,前者指一般符号语言的逻辑推理,是更为广义的推演.

9. 按客观系统(Rs)来分

可分为:

(1)自然科学类.

(2)工程技术类.

(3)社会科学类.一般系指心理行为类模型和物质、行为混合型模型两大类.比如经典运筹学讨论的物质系统即不属于典型的社科类.

(4)经济科学类.这类模型仍然十分广泛,但主要还是指商品(物质)流、信息流、资金流等运筹类模型.

(5)管理科学类.仍然分作物质类和行为类两类模型,前者诸如货物运输、生产规划等;后者如人力资源管理模型、商家对消费者的行为研究等.

(6)"黑箱"系统类的模型.比如"投入-产出"模型类即是.

总之,这样横分、纵分、竖分、直分,每一种分法都还可以多层次地往下分,但每一种分法都不可能分得尽.可是各种分法之间又有很多重叠性,常常使得一个模型同时在多个分类法下都有其从属.当然也不是在每个分类法下都有它的从属.还是前面的一句话,分类不可尽,分类不可准;不可不作分类,不可依赖分类.比如以下各例都是一些模型,但可以说它们都难以归入上述哪一个具体类型.

三、几个特殊类型例

这里是要说明,数学模型的形式是十分活跃的,通常那种函数的、方程的、解析的表达式表出的模型叫做典型的数学模型,也是一般情形.除此以外也有不少特殊情形,这里略举三例以示之.

例 5　Peano 模型

数理逻辑学创始人之一的 G. Peano 于 1890 给出了所谓 Peano 映射,简称 P 映射,记为 $P:I\to D$,I 为一维线段,D 为二维平面块,为简便可记 $I=[0,1]$,$D=[0,1]^2$.

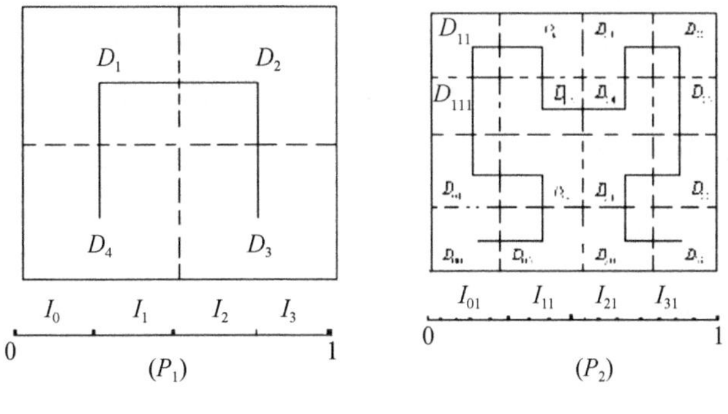

图 11.5

Peano 映射就是一个 Peano 模型,它将一维线段连续(即拓扑)地映射到并填满一个二维平面.不过它的模型没有具体表达式,只有一个逻辑运作序列(记为 $\{P_i\}$ 的程序记述,第一步 P_1 如图 11.5 中(P_1)首先将 I,D 分别四等分,然

后取各 $D_i, i=0,1,2,3$ 中点，并连成一马蹄形，则此“马蹄”便是 I 的一次拓扑象，记为 $P_1(I)$，这时视 $I_i, i=0,1,2,3$ 与相应的子区域 D_i 对应，并进入第二步映射 (P_2)，只需：

①在 I_i 和 $D_i, i=0,1,2,3$ 之间按(P_1)的方式如法炮制即可.

②注意到 I_i 映和 D_i 所成的新的(第 i)马蹄形之间应连成一个无斜边的、连续的，且不自交的(Jordan)折线. 如此继续下去，则说 $\{P_i\}$ 就是 Peano 模型. 此类只有逻辑程序，没有函数表达式的模型在 §4.2 节中提到过.

③对于 $\{P_i\}$，可以证明，D 中任指定一点，皆可找出一个相应的 n 使得 $P_n \in \{P_i\}$ 折线必过此点，由此证明 $P(I)$充满了 D.

例 6　一类可调整短缺经济模型

这里只给出建模过程，将看到其模型本身并没有典型的表达式，是一类特殊的模型形式(全例可参见:高隆昌. 一类可调整短缺经济系统中均衡点的存在性. 应用数学，1995，8(1)：60～64).

1. 社会经济丛界定

设 A 是可数集，叫做经济人集合；$i \in A$ 叫做经济人——对于任一经营单位或家庭，以一个经济法人作为代表参与社会经济活动者；

又设 X_i 为 i 的经济活动集，它包括消费和生产——负消费. 将看到，这样把消费和生产集中于一个 X 来表述，在数学上是十分便利的；

再设社会上有商品集 S，含 L 类商品，每一类商品 $l \in S$，有 m_l 种品种，取 $m = \max\{m_l \mid l \in S\}$，则容易得到如下包含关系：

$X = \bigcup\limits_{i \in A} X_i, \forall X_i \subset (R^m)^L$，从而也有 $X \subset (R^m)^L$

其中，R 为欧氏空间. 由此即假设了 $\partial X_i \leqslant L, \partial X \leqslant mL$ (这里 ∂ 表维数算子).

再设 X 具有 $(R^m)^L$ 上通常拓扑的子拓扑，因为 $A \subset X$，所以 A 具有 X 的相对“核拓扑”关系. 也可简单地指出 A、X 间的纤维丛关系 (A, π, X)，其纤维为 $\pi^{-1}: A \underset{i \to Xi}{\rightarrow} X$，即有 $X_i = \pi^{-1}(i)$.

2. 有界线性空间界定

鉴于 X_i 的实践意义，X_i 在 L 维欧氏空间 R^L 中是有界的，于其上可定义一个“有界线性空间”于下

(1)加法“ $\oplus$ ”映射：$\forall x_i, x_j \in X_i$，则 $x_i \oplus x_j = a x_i + (1-a) x_j, a \in [0, 1]$(这里的 $+$ 是通常的向量和)，$\oplus$ 满足结合律：$(x_1 \oplus x_2) \oplus x_3 = a_1(x_1 \oplus x_2)(1-a_1)x_3$

$= a_1[a_2 x_1 + (1-a_2)x_2] + (1-a_1)x_3$

$$= a_1a_2x_1 + (1-a_1a_2)\left[\left(1-\frac{1-a_1}{1-a_1a_2}\right)x_2 + \frac{1-a_1}{1-a_1a_2}x_3\right]$$

$$= \bar{a}x_1 + (1-\bar{a})[(1-\bar{\bar{a}})x_2 + \bar{\bar{a}}x_3]$$

$= x_1 \oplus (x_2 \oplus x_3)$，显然 $a_1a_2 \in [0,1]$，又因 $1-a_1 < 1-a_1a_2$，故 $\frac{1-a_1}{1-a_1a_2} \in [0,1]$ 特别当取定 a 时，$\oplus$ 运算即对应于唯一元素；

(2)不难证得 $\oplus$ 满足交换律 $x_i \oplus x_j = x_j \oplus x_i$；

(3)定义数乘

$$\alpha x_i, \alpha \in [0,1]: \alpha(x_1 \oplus x_2) = \alpha[ax_1 + (1-a)x_2] = \alpha a x_1 + (1-a)\alpha x_2 = \alpha x_1 \oplus \alpha x_2；$$

(4)显然也有 0 元素，此即 i 本身，或说视 i 为 X_i 子空间的原点；

(5)由于 R^{mL} 是向量空间，且据实践意义设在 $X_i \subset R^{mL}$ 中存在 $x_i \ni \| x_i \| = 1$，这是合理的，即 X_i 中存在幺元素.

把满足(1)～(5)的 X_i 叫做有界线性空间，这样的有界线性空间是个凸集，特别当 $X_i \geqslant 0$ 时是一个凸锥(convex cone). 由于 A 有有限势，所以总可以认为 X 也是有界线性空间.

3. 给出一组映射

设 $x^j = (x_1^j, x_2^j, \cdots, x_m^j), x_i = (x^1, x^2, \cdots, x^L)_i \in X_i$，
则 $x = (x^1, x^2, \cdots, x^L) \in X \subset R^{mL}$ 为一个经济状态，x_i 代表经济人 i 的一个消费水平；并取 $\tilde{x}_i = \{x \mid x \ominus x_i, x_i \in \tilde{x}_i \subset X_i\}$.

(1)设 $\beta_i: X_i \underset{x \to \beta_i(x)}{\to} X_i$ 有 $\beta: X \to X \ni \beta \in C^0(X), \beta(x) = (\beta_{(x)_1}, \beta_{(x)_2}, \cdots), \beta_{(x)_L}$，$\beta_{(x)j} = \sum_{i \in A} \beta_i(x)_j, \beta_{(x)j} \in R_+^m, \beta(x)$ 叫做 x 的生产可达水平，它表明社会的生产能力；

(2)设 $P: X \to X$ 及 $P_i: X_i \underset{x_i \mapsto P_i(x_i)}{\to} X_i \ni \partial P_i(x_i) = L, P_i(x^j) \in R^1$. 这时有

$$P(x) = \sum P_i(x_i) = (P_{(x)_1}, P_{(x)_2}, \cdots, P_{(x)_L}),$$

其中，$P(x)_j \in R^m, P(x)$ 叫做 A 对 x 的如下偏好水平：$P_{i(xi)}$ 是 $\tilde{x}_i$ 中一个满足 $J_i P_{i(xi)} \leqslant r_i$ 的偏好点，J_i 为价格向量；r_i 为消费能力.

(3)设 $e: X \times X \to X' \ni e(x,x), e(x,y) = f[\min(\| x - P_{(x)} \|, \| y - P_{(y)} \|)]$

$$= \begin{cases} x & If \ \| y - P(y) \| \ni \| x - P(x) \| \\ y & If \ \| x - P(x) \| \ni \| y - P(y) \| \end{cases}$$

，$e(x,y)$ 叫做经济状态 x, y 间以偏好 P 为目标，以可达水平 β 为约束的控制调整过程. 不失一般性，调整后的宏观量记为 $e(x,y)$.

注意:可见这里为实现其调整 e,不是通过价格自由浮动,而是比如通过政府的“适度”干预(包括政府的价格调整干预)来完成的.

4.模型

$\Gamma=(A,X,(\beta_i,P_i,e_i)_{i\in\wedge})$ 叫做一个可调整的经济系统,若 Γ 中 $\ni\beta_{(x)i}\in\beta(x)$ 及 $P_{(x)i}\in P_{(x)}\ni\beta_{(x)i}<P_{(x)i}$,叫做 Γ 为短缺系统,若总有 $P_{(x)}\leqslant\beta_{(x)}$,则叫 Γ 做非短缺经济系统,若有 $i\ni x_i<P_{(x)i}<\beta_{(x)i}$,叫做 Γ 处于暂时短缺状态.

这就是本例所建的模型,易见,这里核心模型就是“4”所表出的,具体即式 $\Gamma=(A,X,(\beta_i,P_i,e_i)_{i\in\wedge})$,单独看什么也看不懂,因为它是直接建立在“1、2、3”公理集的基础上的,必须结合“1～4”才能明白.该模型进一步加上“均衡”定义(公理)后,证明其存在均衡点(属于数理经济学领域),兹免证明过程.

例 7　解决问题的过程模型

根据 J. Deng 博士在一次报告中提到的,解决一般问题的一个基本处理过程和思维模式,可作如下整理.

首先,将问题分如下几个步骤来叙述,然后归结为图 11.6 展示出来.

(1)目标任务的确定 :也就是确定考察对象(系统).这时的任务可能是考察对象的某个方面特征,诸如系统功能、系统风险等,也可能是考察对象的全面、总体规律.从另一方面,也可分作计量(包括度量、测量)任务和分析任务两类.

(2)定性分析:至少对于分析型任务,需要运用较好的、适当的方法论对其对象围绕着目标任务进行定性认识,力求在脑子里解决一个“是什么”的问题.

(3)提出结论性猜测 :也叫结论性假设.对于分析型任务来说,这只是在定性分析和认识基础上,脑子里产生的初步飞跃,还不是最后的结论,所以只能叫它做猜测或假设的结论.

(4)实证分析 :一般把观察、测量和形式逻辑的推理、论证以及数理逻辑的推导、证明等总地叫做实证过程.因此相应地可把实证分析归为三种情形:

①如果提出的猜测可经观察、测量来获得实证,这样的结论叫做定律.

②如果提出的猜测是用形式逻辑方式,通过思辨、论证得到的结论就叫做一般结论.

③如果提出的猜测是用数理逻辑(包括希尔伯特证明论方式——可叫做广义的数理逻辑方式)做出推理、证明所得到的结论,一般叫做定理.

当然,对于定理的证明,一般需要建模,这种数学模型可以是狭义的和广义的;对于计量型任务也需要建模或直接采用既有的公式.

(5)应用 :以上各种渠道完成任务后,得到的结论都应该回到任务的本身或叫原对象系统去予以应用(实则试用)、做出解释,接受实践的检验.若成功了则算任务完成,否则当返回去重复这一过程,做出检验和修正,如此下去直至最终完成任务.

最后归结以上过程,可做出如图 11.6 的问题解决程式.

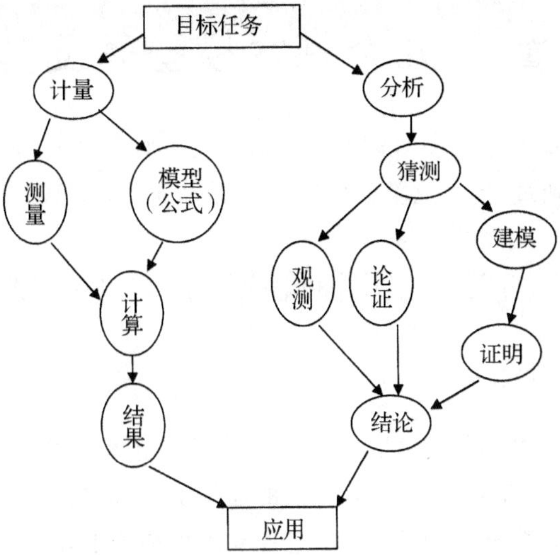

图 11.6

第十二章　几个基本模型类及其建模法

这里是从建模方法角度对模型类型做出的一种系统整理.有些问题在前面已从不同角度提到过,但凡这类问题往往是更为重要的,这里也不忌重提.

§12.1　几种现代建模基本手段

一、计算机与计算方法类

在现代建模与整个应用数学活动中,可以说除了思维主体——大脑的积极主动运用外,就是计算机——电脑手段的运用了.所以真正从客观手段来说,无疑计算机是最为重要的、基本的手段,它主要表现在如下几个方面:

(1) 计算机的机理本身就是"数字化的",一切东西只有数字化后才能被它接受.从这一意义讲,计算机似乎就是为了应用数学从而为了数学模型而创生的.即使其基本功能诸如数据库存、信息整理、数值计算、智能运作等也是经数学模型(经程序指令)再经0、1数字码而机器实现的.

(2) 可以看到现代科学乃至现代社会对计算机的依赖性越来越强了.除了直接的种种计算(包括数值计算和数学证明)外,还有各种设计(CAD)、制图、模拟(如驾驶、"战争"、游戏)等,当然这些首先是模型化了的,是逻辑模型的计算机(0、1码)语言实现.

(3) 正是在科技、社会的促进下,计算机科学迅猛发展,计算机世代逐步递进、功能越来越全、能力越来越强,主要表现在:

① 专家系统库存能力的升级和智能化信息处理系统的升级.虽然这只有20多年的历史,但在今天已较为成熟,运用面十分广、十分基础了.

② 计算方法的不断深化.今天的计算方法已不只是Basic类、C语言类了,早已在这些基础上深化、提升、开发出了诸如神经网络算法、遗传算法和仿真法等.

③ 计算机的所有功能都是以软件系统的形式产生和存在的.因此说"软件"是计算机的灵魂,"软件工程"是计算机工程科学的核心,但所有软件本身即是一套数学模型.其中一类软件还是处理数学模型的数学模型,那就是我们的数学软件.

④ 产生自20世纪90年代的计算机网络化是计算机科学又一场革命.

二、数据科学、数据社会与数据技术

(1) 在第十章讲到,“数据”在建模活动中的普遍性和重要性使得它在建模和模型分析中的地位已不只是“半边天”,甚至堪称“2/3‘边’天”了,因为即使现代(大)科学上几乎任何一个课题或项目都少不了要涉及数据,甚至须从亲自度量数据做起,然后还要处理数据、运用数据.不过也已指出,当前“数据”信息在整个(大)科学中的分布虽在推广,地位虽在猛增,但似嫌零散,特别缺乏理论上的深入探讨.因此应该作为一门“数据科学”来对待,以便适应科学的进一步发展,主动带动科学的发展需求.

这里将通过工程技术和社会生活两个方面,进一步说明“数据数学”强大的实践根基和客观背景,从而进一步解释为什么“数据”在建模中如此重要.

(2) 在自然科学与工程技术中,围绕着“数据”从以下几个方面表现出了它的特点:

① 为“精确”而奋斗.因为在整个自然科学、工程技术中,(基本)度量都已工具化,且其工具始终随着科学的发展而发展着,走在前沿.因此它有条件且需要为精确而奋斗.

② 数据技术的焦点在于“误差”.在今天不仅度量工具能标明“精确度”,度量结果也能算出误差,并从理论上认识误差、探讨误差,从技术和方法上去处理误差、缩小误差.

③ 数据“社会”的严密化.这是指围绕着数据、度量和误差,而产生的种种社会组织.主要的有科学研究机构,诸如计量研究机构、量具刃具研究机构、工程测量机构、计量学会等;数据产业组织,诸如量具刃具类企业、仪器仪表类企业等;数据管理机构,诸如计量标准局、计量检测局、国际计量组织等.

(3) 在社会科学与社会生活(简称社会系统)中.这里的数据、度量一样重要,但相对于科技度量来,表现出质的差异.其原理已熟知,是因为空间层次的差异决定的,这里不再赘述.现在仅针对前面三个特征,相应地列出社会系统中的数据特征.

① 为“满意”而奋斗.意即在社会系统中的度量,根本上在于描述这个社会系统,但这是很难的.其原因有四:一个是社会系统具有“非物质空间”性,不可能像纯物质对象(完全属于物质空间)那样做出度量;另一个是社会系统不可能像纯物质系统那样形体分明、边界明确,肉眼不一定能看清.特别(第三),社会对象即使在物质空间内的分布范围也往往超出人的视野,无法直观.比如一个社会、一个地区,甚至一个城镇也难以“一目尽览”,因此必须也只能归为用一组指标量,技术性地去描述它.这时离开了数据指标,社会治理者就成了盲人.此外,还有第四,描述一个社会系统的指标往往很多,至少大于它所在的物质空间的维

数,这些指标多系抽象指标,既难度量,更难量准,所以指标式地去描述一个社会系统,也还得努力奋斗才可能获得"满意".

② 其数据技术的焦点只是"方法". 比如为获得技术项目的基本数据,只需用度量工具,其次便是"导出度量"的公式. 但为了获得社科课题的数据,只能是一些"软"技术,叫做"方法". 它表现在基本度量上则是没有工具的"统计"方法. 表现在导出度量上,一般也没有像科技(导出)度量中那样典型的公式,而是更为复杂的一套套方法. 它们一般是建立在一套理论上的、由一系程序组成的操作过程. 诸如已谈到的物元分析(又叫可拓分析)法、灰色预测法、群度量(或专家度量)法、层次分析法、评价分析法等. 它们依据的是(基本)数据,求得的还是(导出)数据. 当然较之工程技术度量来,这些都是更"软"的,这些方法的掌控也较工程技术的"活".

③ 数据社会仍然是严密的. 这时与其说是"数据社会"不如说是社会数据. 因为这时更多的是在社会治理上反映出对数据的社会性重视,仍然表现在数据信息的科研机构、产业组织和管理机构等三个方面. 前者一般表现社会科学研究院所和政府部门附设的信息研究所、经济研究所等. 中者一般表现为企业性质的软科学、咨询公司、信息所等以及软课题的招投标机制,皆属产业性的度量社会(及其子系统)获取数据的存在形式. 这在西方社会更多,知名的如《福布斯》杂志社等. 尤其是后者 —— 专门的数据征集、管理的政府常设机构,在任何国家都是十分受重视的,在我国叫做"统计局",各级都有. 因为社会管理者仅凭其"统计局"这只"眼睛"来窥测社会,并调控社会.

三、统计学

已谈及,统计学是针对随机干扰的数据科学分支,其理论的基本原理是"均值原理"和"方差原理". 均值原理的核心是随机干扰的相互抵消,又叫"抵消原理";方差原理的核心是将随机干扰凸显、加强,可叫做"加强原理".

在传统的社会统计学中主要即用到"均值原理",而在现代社会统计学特别是数理统计学中则充分运用了此两大原理,更是两大原理基础上的扩充和引申.

现在针对"建模学",以数理统计学为基本对象,来谈谈统计学作为基本手段的特征.

(1) 容易建模. 不妨说统计学就是对含有随机干扰因素的数据求取其内在信息的数据处理技术. 或简单说成"统计学是对随机数据求取真实信息的方法". 之所以叫它"技术"、"方法",是因为可以说统计学中所有实用部分都已经公式化了或说模型化了的,使用者只需就既有的模型(公式)填入数据,按部就班地去做即可. 至少在一般的应用层面上,已经是这样的了. 诸如参数估计、非参数估计、各种假设检验以及方差分析、回归分析等等都是公式化的,即使其结论的判定也是公式(表格查询)化了的.如果说真要有个建模的话,也只有回归分析类问题需要"建模",但至少得说这里的建模也是十分容易的.因为其模型就是线性代数式 $Y = AX$ 型(公式化)的,其中 Y 从经济学讲叫产出,从系统学讲是目标,从数学讲是因变量,可以是 1 至 n(有限整数)维向量.相应的,X 是投入(同维)向量或指标向量、因变量组.A 是同阶矩阵,Y、X 是已知量,且是来自历史记录或实验所获样本集.A 是未知的,待运用回归分析既定方法和公式去算出的量.

由此可见,即使说回归分析中有个待定的模型,那也是定了型的形式,只需按部就班地去技术地完成各步即可.正因如此现在更有了种种软件来实现其技术步骤,更为方便.

这里说明三点:一个是当前使用的回归分析方法中模型的阶数还比较低,使用最频繁、最为成熟的还是一维,这给了我们建模者提高模型"精度"一个很宽的"空间".那就是提高线性系统的维数,把原来放弃了的认为次要的因素多捡回来一些(X 的维数相应提高),问题虽然仍是线性的,但显然更"精确"了.另一个是虽然回归模型还只是线性的,但也已扩张到处理可化为线性的一些非线性情形了.

此外,对于非线性回归和动态回归的公式化方法的推广和普及,也是有期可盼的.

特别在现代借助软件的计算功能,已从模拟角度使得按部就班地、技术化地建立某些非线性模型成为可能.

总之,不能不说统计学的建模是容易的,从建模的角度说,它回避了被认为是困难的"建模"这一关.这也是统计学方法得以迅速普及或说成为基本手段的一个重要原因.

(2) 容易精确.具体说是统计学容易在一定的精度和检验标准内判明所获模型是否精确或其猜测、估计的结论是否合理等.这些都有前人所算得的一劳永逸成果供我们对照.这即使对于科技工程类项目的精确需求都能满足,对于社会系统课题就更是令人高兴的了.

(3) 要求样本(数据)量大是统计方法的又一特点.理论表明(也容易直观)样本量越大、条件越充分越利于结论的精确性.只是相应的计算量大一些.这在过去没有计算机甚至计算机能力低的时代,成了一道难以逾越的障碍,但在计算机时代的今天和今后自然是不成问题的了.而且可信今后提取数据的社会能力更强,基本度量数据更多、更丰富、更能保证运用统计学的前提条件,因此可信今后运用统计学、运用统计学模型以及运用统计学于建模等活动中都将越来越多,方法也会越来越多、越来越成熟.

(4) 已有越来越多的软件支撑.这是尽人皆知的,无须赘言.这也从另一角度表明了数理统计方法的技术性特征,正是其较强的技术性特征使得它容易被软件化(技术实现).现只须说明,鉴于各种软件的不断创新和软件市场的复杂化,作为非软件工程人员没必要去跟风、赶前潮,只需选取一两种认为最适合自己业务的、较为成熟的、当前较为先进的软件,拥有它、熟悉它、坚持下去即可,在一定意义下熟练也是先进.

(5) 归结起来可以看到数理统计学中种种方法已经是一些既定的模型,在应用时能回避较难的建模阶段,因而技术性较强,也容易学习和掌握,加上现代成熟的软件技术应用面很广、十分普及,至少在知识界已成普及之势,所以这里也无须任何举例解释.不过也要看到毕竟统计学还不能解决所有问题,比如样本难求或样本不真的问题即难以得到"满意"的成果.又如一个非线性较强的问题按线性模型去作回归往往通不过,满足不了精度要求.这时即不能继续用线性模型了.特别,统计学模型仅属数据科学类、属实证分析问题类,比如对于带参数的数理分析模型即用不着它.

总之,所有这些分析说明统计学方法是应用数学和建模的基本手段之一,也是重要手段之一,但还不是全部.因此还有以下各节的讨论.

§12.2　系统学建模法

在第八章中讲到,一个完全系统有数学模型

$$y = F(x,A) \tag{12-1}$$

其中,y 为系统目标,x 为系统指标(影响因素),$x \in X, A \in X^*$,(X, X^*) 是目标 y 下的一个完全系统,目标 y 的"量值"即为 $F(\cdot)$,或说 F 是一种映射,可表为 $F: \underset{(x,a)\mapsto y}{X \times X^* \to Y}$.那么可根据式(12-1)的概念界定来具体建立模型(12-1),叫它做系统学建模法.

建模步骤如下:

以下整个过程都是基于系统的定性认识,并且始终贯穿着定性分析、综合思考的,不再专门列出.

(1) 确定目标 y.其实一般是先有了目标才产生的建模需求,这个目标就是课题、项目或下达的任务.不过这里应理解为具体要解决一个什么样的问题,或说使目标明确化.这是因为一个课题可能产生系列的建模工作或系列子课题,所以说在每一个建模工作之初需要明确任务、明确目标.

(2) 针对 y,确定其影响因素.事先可以在草稿纸上尽量罗列 y 的因素,然后根据重要性或主次关系标以带序号的自变量符号,比如记为 $x = (x_1, x_2, \cdots, x_n)$.一般说来,$x$ 的主次顺序或取舍决策是可以凭经验定性做出的,但有些问题的取舍决策或主次顺序很重要,也得作为一个子课题来建模完成.比如数理统计学上的主因素判定、评价学上因素间的权重度量等皆属这类问题.

(3) 确定映射式 $F(\cdot)$ 的结构. 这是关键的一步，由于这时是寻取映射 $F:X \to Y$ 使得 $\forall x \in X$，有 $y \in Y$ 满足 $y \approx F(x,A)$. 这里有一个"活动空间"，即只要求近似性，即 $y \approx F(x,A)$ 成立（通常记成"="）. 在此之下又有两个"活动空间"：一个是选择 F 的自由（非唯一性），另一个是在前两个"活动空间"之下，自然而定的参数 A 的确定.

为此，在确定 $F(\cdot)$ 上有着很多方法和创造，越来越丰富. 下面几节中谈到的方法仅属几种基本方法（依次见下），只给出相应形式.

(4) $F(\cdot)$ 的一种"逐级构建法". 这时首先给出粗模

$$F(x) = F(0) + \alpha \cdot x \tag{12-2}$$

然后细化 α. 这时可有以下几种情形：

① 当 y 与 x 之间成线性关系时，显然 $\alpha =$ 常数，这时模型最简单，也包括在统计学一般近似度下视为线性模型的情形.

② 当 y 与 x 不可能作线性描述时，视 α 为一个新的函数，用以提高 $F(\cdot)$ 的近似程度. 这时构建 α 函数有两条路子如下：

- 取 $\alpha = \alpha(x)$，构建 α 模型（进一步的见步骤(5)）；
- 取 $\alpha = \alpha(z)$，新的自变量 z 可以是标量，也可以是向量（进一步见步骤(6)）.

(5) 构建 $\alpha = \alpha(x)$，意即这时认为式(12-2) 中的 α 是随 x 的位置而变的. 比如当 $y = F(x)$ 是条抛物线时，正好是 $\alpha = ax$（a 是常数）. 当然一般说来我们可根据对具体问题的特征分析去选择 $\alpha(x)$ 的形式作探讨. 这里只须说明：

如果是建立实证模型（确定参数的），对函数 $F(\cdot)$ 结构的要求要宽一些，对于不同形式的 $F(\cdot)$ 可通过不同的参数去提高精确性，而这时的参数确定可通过模拟和数据统计都行. 例如这时可取

$$\alpha(x) = ax^{r-1} \quad a, r \in R \tag{12-3}$$

a，r 为待定参数，将式(12-3) 代回式(12-2) 即有

$$y = F(X) = ax^r \tag{12-4}$$

皆知 r 是个"弹性系数"，可以通过 (x,y) 的观察数据用"弹性公式"去得到. 对于 a，如果式(12-4) 是个经济系统、社会系统，a 叫做"管理系数"，顾名思义它是系统在管理层次上的关系所决定的. 如果式(12-4) 是个工程技术系统，a 叫做技术进步因子（实质上也是管理因子），纯数学地说式(12-4) 中 a 叫做调整平衡的参数，皆可通过模拟法（计算机上实验）来得到.

(6) 构建 $\alpha = \alpha(z)$，这点请参见 §8.2 节.

§12.3　展式建模法

微积分学告诉我们，任何函数（仍记为 $F(x)$）只要在 x_0 的适当邻域（记为

$N(x_0)$) 内充分可导(设为 n 阶连续可导) 即可在 x_0 处表作相应阶数的泰勒展开式

$$F(x)=F(x_0)+\frac{\partial F}{\partial x}(x-x_0)+\frac{1}{2!}\frac{\partial^2 F}{\partial x^2}(x-x_0)^2+\cdots+\frac{1}{n!}\frac{\partial^n F}{\partial x^n}(x-x_0)^n$$
$$+0((x-x_0)^n),x\in N(x_0) \qquad (12\text{-}5)$$

式(12-5) 中各阶导数皆在 x_0 处取值，因此各项系数皆为常数，再注意到余项 $0((x-x_0)^n)$ 是高阶无穷小，则近似地可表作多项式

$$F(x)=a_0+a_1(x-x_0)+a_2(x-x_0)^2+\cdots+a_n(x-x_0)^n \qquad (12\text{-}6)$$

特别，一般常取 $x_0=0$，即成为麦克劳林多项式，在结合到式(12-1) 则有

$$y=F(x)=a_0+a_1x+a_2x^2+\cdots+a_nx^n=\sum_{i=0}^{n}a_ix^i \qquad (12\text{-}7)$$

也就是说，不管在客观上 $F(\cdot)$ 是个多么奇特难以构造的函数，但只要它充分可导都可以表成形式(12-7)，只是系数不同而已. 换句话说，只需针对不同的问题，确定出式(12-7) 中相应的系数，即可得到相应函数的一个(近似) 表示.

此外，式(12-7) 仅是对 x 为标量的形式表出的，当 x 为向量时有相应的展开式，比如设 $x=(x_1,\cdots,x_r)$ 时其麦克劳林展式如下：

$$\begin{aligned}y&=F(x_1,\cdots,x_r)\\&=F(0)+\sum_{i=1}^{r}\frac{\partial F(0)}{\partial x_i}x_i+\frac{1}{2!}\sum_{i,j=1}^{r}\frac{\partial^2 F(0)}{\partial x_i\partial x_j}x_ix_j+\cdots\\&\quad+\frac{1}{n!}\sum_{\substack{i_1\cdots i_r=1\\(k_1+k_2+\cdots+k_r=n)}}^{r}\frac{\partial^n F(0)}{\partial x_{i_1}^{k_1}\partial x_{i_2}^{k_2}\cdots\partial x_{i_r}^{k_r}}x_{i_1}^{k_1}x_{i_2}^{k_2}\cdots x_{i_r}^{k_r}+0(x^n)\\&=a_0+\sum_{i=1}^{r}a_ix_i+\sum_{i_1,i_2=1}^{r}a_{i_1i_2}x_{i_1}x_{i_2}+\cdots+\sum_{\substack{i_1\cdots i_r=1\\(k_1+\cdots+k_r=n)}}^{r}a_{i_1\,i_2\cdots i_r}^{k_1\,k_2\cdots k_r}x_{i_1}^{k_1}x_{i_2}^{k_2}\cdots x_{i_r}^{k_r}\end{aligned} \qquad (12\text{-}8)$$

总之现在的关键变成确定系数向量 a(二重向量). 正统的方法还没有产生，即使有充足的样本，也还没有相应的普及性统计方法.

为此给出一种“经验判别法”(以式(12-8) 为例) 其步骤如下：

(1) 对每个 $x_i\in x$ 逐一考察其取 0 值($x_i=0$) 时 y 是否不存在或是否为 0，抑或变得十分微小(近似为 0). 若是这样，则 x_i 在模型中只能以乘积因子的形式出现，所以就没有其相应独立项存在了. 此即这时式(12-8) 中 a_ix_i，$a_{ii}x_i^2$，$\cdots a_{i_1i_1\cdots i_1}x_{i_1}{}^n$ 等皆为 0. 反之，若 x_i 取 0 时 y 仍然存在、非零，则说明其他因素可以不依赖于 x_i 而独立对 y 产生作用(可正可负). 由于 x_i 的确是一因素，所以 x_i 也必有独立贡献，亦即式(12-8) 中 x_i 的独立项中存在非零项.

(2) 对两两组合因素 x_ix_j($x_i,x_j\in x$) 进行考察，看其对 y 的(正负) 贡献是否存在且明显，若虽然存在但很微弱，则在模型要求的容许范围内也可以视为无贡献而被省略掉. 否则，在模型中应留下式(12-8) 中所有含 x_ix_j 及其各种指数形式的项.

(3) 同理，继续对三三组合，四四组合直至 rr 组合(全部) 组合做出考察，以决定在式(12-8) 中各项的取舍. 这样下来，最后得到的模型即是经过“经验” 判别处理的、只待确定(剩下) 的参数(若需要的话) 的简化模型了.

综合以上考察和处理之后的模型可能有如下三种类型，在各类中还可以继续实施进一步的建模手段，如下：

① 若所有 x_i 皆对 y 存在独立贡献. 这时至少式(12-8) 中线性项全部非 0 存在. 特别当所需阶数 n 不大时，且需要建立具有确定参数的实证模型(非数理分析模型) 时，根据模型的近似性原理(第五章) 和参数确定法对模型结构简化中造成的失真损失，具有弥补作用(§9.2 节) 等原理，可以将模型定为线性式

$$y = a_0 + \sum_{i=1}^{r} a_i x_i \tag{12-9}$$

$a_0 = F(0)$ 可直接作经验判定，于是问题变成了流行的线性评价模型，只须选用适当方法来确定系数向量 $a = (a_1, a_2, \cdots, a_r)$ 即可.

② 所有 x_i 皆不独立对 y 产生(正或负) 贡献(令每个 $x_i = 0$ 时皆使得 y 为 0 或十分微小). 亦即必须(两两、三三 …… 地) 组合起来才能对 y 产生贡献. 这时在式(12-8) 中首先是没有了线性项，其次也没有了所有非线性的独立项，剩下的只有混合(组合) 项了. 即这时的式(12-8) 变成(取 $a_0 = 0$ 计)

$$y = \sum_{\substack{i1i2=1 \\ i1\neq i2}}^{r} a_{i1i2} x_{i1i2} + \sum_{\substack{i1,i2,i3=1 \\ i1\neq i2\neq i3}}^{r} a_{i1i2i3} x_{i1} x_{i2} x_{i3} + \cdots + a_{1k_1 2k_2 \cdots r^{k_r}} \prod_{i=1}^{r} x_i^{k_i} \tag{12-10}$$

特别地，即使经步骤(2)、(3) 去掉了(12-10) 中一些项，基本形式仍是如此. 这时一般的处理方法可见(本节) 例 2，这里介绍一个特殊方式如下.

仍然依据参数对模型因简化而受到的失真具有一定的“弥补性” 原理，可以把 (12-10) 简化为

$$y = \tilde{a} x_1^{r_1} x_2^{r_2} \cdots x_r^{r_r} \tag{12-11}$$

这时 $\tilde{a}$ 和 $r_1, r_2, \cdots, r_r$ 皆属新的待定参数. 原则上它们不会等同于(12-10) 中系数和参数. 从而可使(12-11) 能保持仍接近于(12-10) 的精确度.

为求 $\tilde{a}$ 和 $r_1, r_2, \cdots, r_r$ 可有多种方法，一个方法即统计回归法. 这时可以先(比如用专家评估法) 度量出 $\tilde{a}$，然后将式(12-11) 作对数变换，使之线性化成为

$$\ln y - \ln\tilde{a} = r_1 \ln x_1 + \cdots + r_r \ln x_r \tag{12-12}$$

这在具备或能具备较为充分的样本数据组(y, x)，从而知道$(\ln y - \ln\tilde{a}, \ln x)$ 的条件下即可采用统计回归法公式化地计算出来了.

另一种方法是用“弹性系数”公式求 $r_1, r_2, \cdots, r_r$，因为有 $\dfrac{\mathrm{d}y}{\mathrm{d}x_i} \cdot \dfrac{x_i}{y} = r_i, i = 1, 2, \cdots, r$.

从技术性角度讲,只要分别对各 x_i 作增量实验,考察出相应的 y 值后,用一般的"点弹性"公式即可算出. 当然这时的 α 仍得单独去度量. 比如仍可用"群度量"法去做出.

第三种方法是在样本数据或实验条件也不具备时,比如 y 和 x 都是比较抽象的社会事物时,对 x_i 的直接度量和取增量实验等都较难把握. 这时宜用社会度量学中流行的"评价"方法,直接去度量 $x_1,x_2,\cdots,x_r$ 间的权重值,比如用层次分析法、模糊评价法、可拓评价法等等,方法很多,选自己熟悉的方法即可.

③ 混合型,即部分因素存在独立作用,部分因素必须作适当形式的组合才能起作用(交叉项非 0). 当然这种情况要复杂一些,不过经步骤(2)、(3) 的模型简化后,有一些交叉项成为 0 了,即使非零项中,贡献量很弱的项被辨出来后也将被略去,这一来模型项数常常变得更少了,这时即使没有样本可依,也可以在计算机上作模拟(实验),获得满意的(计量) 模型.

例 1　现在来模拟 C-D 生产函数的建模过程

设考察目标为生产量 y,分析决出影响产量 y 的因素为 $x=(L,K)=($人力,资金$)$. 这时有粗模 $y=F(L,K)$ 但进一步确定 $F(\cdot)$ 难,于是采用"展式法",初步得到

$$\begin{aligned} y &= 0+\frac{\partial F(0)}{\partial L}L+\frac{\partial F(0)}{\partial K}K+\frac{1}{2}\frac{\partial f(0)}{\partial L^2}L^2+\frac{\partial^2 f(0)}{\partial L\partial K}LK \\ &\quad +\frac{1}{2}\frac{\partial^2 F(0)}{\partial K^2}K^2+\cdots+\frac{1}{n!}\sum_{i=0}^{n}\frac{\partial^n F(0)}{\partial L^i\partial K^{n-i}}L^iK^{n-i} \\ &= a_1L+a_2K+a_{11}L^2+a_{12}LK+a_{22}K^2+\cdots+\sum_{i=0}^{n}a_{\underset{(i)}{1\cdots1},\underset{(n-i)}{2\cdots2}}L^iK^{n-i} \end{aligned} \tag{12-13}$$

经验判别出 $a_1,a_2,a_{11},a_{22},\cdots,a_{1\cdots1},a_{2\cdots2}$ 皆为 0,只剩下交叉项. (12-13) 变成

$$y=a_{12}LK+a_{112}L^2K+a_{122}LK^2+\cdots+\sum_{i=0}^{n-1}a_{\underset{(i)}{1\cdots1},\underset{(n-i)}{2\cdots2}}L^iK^{n-i} \tag{12-14}$$

特别地,根据式(12-11) 的相关思想,这里也可假设为

$$y=bL^gK^{m-g}\qquad (m,g\text{ 为正整数}) \tag{12-15}$$

当用式(12-12) 等三方法之一求得 b 和 m,g 后,可进一步表作

$$y=b\bar{L}^{\alpha}\bar{K}^{\beta},\alpha+\beta=1,\bar{L}=L^r,\bar{K}=K^r \tag{12-16}$$

这就是有名的 C-D 生产函数.

例 2　讨论一个较式(12-10) 更为一般的存在单个对 y 的贡献项的情形,不过为简明计这里取 $r=3$,于是有下式

$$y=\sum_{i=1}^{3}a_ix_i+\sum_{\substack{i,j=1\\ i\neq j}}^{3}a_{ij}x_ix_j+a_{123}x_1x_2x_3 \tag{12-17}$$

现在的任务是求各项系数，鉴于其困难性现改用另一种方法，即求其(归一化) 权重系数，方法如下，

现记$\sum_{i=1}^{3}a_i+\sum_{\substack{i,j=1\\i\neq j}}^{3}a_{ij}+a_{123}=D$，则有

$$\frac{y}{D}=\sum_{i=1}^{3}\frac{a_i}{D}x_i+\sum_{i=1}^{3}\frac{a_{ij}}{D}x_ix_j+\frac{a_{123}}{D}x_1x_2x_3$$

这是个变换，改记为

$$\overline{y}=\sum_{i=1}^{3}\overline{a}_ix_i+\sum_{i=1}^{3}\overline{a}_{ij}x_ix_j+\overline{a}_{123}x_1x_2x_3 \tag{12-18}$$

其中$\sum_{i=1}^{3}\overline{a}_i+\sum_{\substack{i,j=1\\i\neq j}}^{3}a_{ij}+a_{123}\triangleq a^1+a^2+a^3=1$，即所有系数都成归一化的权重值了，不过仍未求出(只是变得更容易求了). 为求出它们可分作两层(比如) 用层次分析(AHP) 法来求. 即先求出 a^1,a^2,a^3，然后再用同一(AHP) 法分别求向量$(\overline{a}_1,\overline{a}_2,\overline{a}_3)$，$(\overline{a}_{12},\overline{a}_{13},\overline{a}_{23})$，已有 $\overline{a}_{123}=a^3$，不再求. 于是(定系数) 实证模型在式(12-17)“权重系数” 意义下建毕. 表成矩阵式即为

$$y=(a^1,a^2,a^3)\begin{pmatrix}a_1 & a_2 & a_3 & 0 & 0 & 0 & 0\\0 & 0 & 0 & \overline{a}_{12} & \overline{a}_{13} & \overline{a}_{23} & 0\\0 & 0 & 0 & 0 & 0 & 0 & 1\end{pmatrix}\begin{pmatrix}x_1 & 0 & 0\\x_2 & 0 & 0\\x_3 & 0 & 0\\0 & x_1x_2 & 0\\0 & x_1x_3 & 0\\0 & x_2x_3 & 0\\0 & 0 & x_1x_2x_3\end{pmatrix} \tag{12-19}$$

§12.4　微分建模法与微分模型类

一、微分建模法

在 §8.3 节谈到，为要直接构建模型

$$y=F(x) \tag{12-20}$$

中的 $F(x)$，常常比较难，可是退一步求其微分要容易一些，比如假若 $F(x)$ 是个多项式，必然越微分越简单. 受此启发德里松(Dennison) 提出他的微分建模法. 这里进一步指出微分建模法可有两种形式. 一种形式形如 $y=F(x)=\int F'(x)\mathrm{d}x=\int f(x)\mathrm{d}x$. 若能获知 $f(x)$ 即成. 比如为求路程，只需求得(平均)速度、为求成本函数 $C=C(Q)$ 只需求得它的边际成本变化率$\frac{\Delta C}{\Delta Q}$即可积分得到

等等.另一方法的思想深刻一些.

即为求 $y = F(x)$,先求下型导数(设 x 为标量)

$$\frac{\mathrm{d}y}{\mathrm{d}x} = f(x,y) \tag{12-21}$$

注意到式(12-21)右端应为 y,x 的函数,且要承认 $y = F(x)$ 只是 $F(x)$ 未知.这是因为将式(12-20)变形可得

$$y - F(x) \overset{\triangle}{=} V(x,y) = 0 \tag{12-22}$$

由式(12-22)求全微分得

$$\frac{\partial V}{\partial y}\mathrm{d}y + \frac{\partial V}{\partial x}\mathrm{d}x = 0$$

从而有

$$\frac{\mathrm{d}y}{\mathrm{d}x} = -\frac{\partial V}{\partial x}\Big/\frac{\partial V}{\partial y} \overset{\triangle}{=} f(x,y) \tag{12-23}$$

这也是一种 Dennison 微分建模法的原理,亦即变直接求 $F(x)$ 成为求 $f(x,y)$,再解方程(12-23)而得到所要求的函数(12-20).不过在 $F(\cdot)$ 中只有一个变量 x,这里一般地变成了两个(x,y),究竟是否更容易,看来不一定总是如此.但至少增加了一些思路,比如可在系统定性分析基础上去界定 $\mathrm{d}y/\mathrm{d}x$(y 对 x 的相对变化速度)是正还是负,或者继续考察其二阶导数符号等.

现在讨论一般的情形,为方便计,设 $x = (x_1,x_2)$,则式(12-22)的全微分为

$$\frac{\partial V}{\partial y}\mathrm{d}y + \frac{\partial V}{\partial x_1}\mathrm{d}x_1 + \frac{\partial V}{\partial x_2}\mathrm{d}x_2 = 0$$

从而有

$$\frac{\partial V}{\partial y}\frac{\mathrm{d}y}{\mathrm{d}x_1} + \frac{\partial V}{\partial x_1} + \frac{\partial V}{\partial x_2}\frac{\mathrm{d}x_2}{\mathrm{d}x_1} = 0 \tag{12-24}$$

注意到 x_1,x_2 是独立变量,因此$\dfrac{\mathrm{d}x_1}{\mathrm{d}x_2} = 0$,所以由式(12-24)有

$$\frac{\mathrm{d}y}{\mathrm{d}x_1} = -\frac{\partial V}{\partial x_1}\Big/\frac{\partial V}{\partial y} \overset{\triangle}{=} f_1(x_1,x_2,y)$$

同理可得

$$\frac{\mathrm{d}y}{\mathrm{d}x_2} = -\frac{\partial V}{\partial x_2}\Big/\frac{\partial V}{\partial y} \overset{\triangle}{=} f_2(x_1,x_2,y) \tag{12-25}$$

亦即对于高维情形,需要寻求相应阶数的微分方程组,似乎又有了新的难处.这只能说明 Dennison 法并非总是更方便,但正如式(12-23)的情形一样,总是有其方便的时候,比如

二、动力系统建模法

显然可以说一切事物都是时间(t)的函数,但并非一切事物都需要从时间角

度去考虑.当需要考虑某对象(y)的时变规律 $y=y(t)$ 时,常常宜于(实则上述微分建模法),先求出 y 的时变速度($\frac{\mathrm{d}y}{\mathrm{d}t}\triangleq\dot{y}$)的函数表达式,然后求解而得到所要的 $y=y(t)$ 函数.这就是动力系统建模问题,关于动力系统概念如§11.4节,这里只对动力系统建模问题再谈两点:

1. 动力系统是"微分建模法"的引申

先看特殊情形,假如在式(12-20)中有 $x=t$(时间),这一来与式(12-23)相应的即有

$$\frac{\mathrm{d}y}{\mathrm{d}t}=\dot{y}=f(t,y) \tag{12-26}$$

这时做(12-26)动态系统,仅当其中不显含 t 而成为 $f(x)$ 时才叫做动力系统.但已说过,动态系统很容易化为动力系统,只要在(12-26)中令变换 $t=x(\tau)$,只需它可微,则(12-26)即可形式化为

$$\frac{\mathrm{d}y}{\mathrm{d}\iota}\frac{\mathrm{d}x}{\mathrm{d}\iota}=f(x,y)=\frac{f_1(x,y)}{f_2(x,y)}$$

进一步记 t 为 x,记 τ 为 t,则有

$$\begin{cases}\dot{y}=f_1(x,y)\\ \dot{x}=f_2(x,y)\end{cases} \tag{12-27}$$

显然式(12-27)即是动力系统了,这是个二阶连续动力系统.动力系统只有一个公共的自变量 t,余下的变量都是因变量.

再看一般情形,根据上述原理可以把(12-23)直接变成(12-27)的动力系统形式.因为由(12-23)有

$$\frac{\mathrm{d}y}{\mathrm{d}x}=\frac{\mathrm{d}y/\mathrm{d}t}{\mathrm{d}x/\mathrm{d}t}=\frac{\dot{y}}{\dot{x}}=f(x,y)=\frac{f_1(x,y)}{f_2(x,y)} \tag{12-28}$$

由此即成.

2. 动力系统是一类特有的模型类型

对于需要考察时变规律的动力系统问题,一般不再经"微分法"去引申,而只需直接就各因变量的时间变动率给出函数式即可,总的形式为

$$\dot{X}=F(X) \tag{12-29}$$

其中,$X=(x_1,x_2,\cdots,x_n)^{\mathrm{T}}$,$F(X)=(f_1(X),f_2(X),\cdots,f_n(X))^{\mathrm{T}}$,这是现代连续动力系统的一般形式,或可表作

$$\dot{x}_i = f_i(X, A_i), \quad i = 1, 2, \cdots, n \tag{12-30}$$

且已知，其离散型为

$$\frac{x_{i,n+1} - x_{i,n}}{(n+1) - n} = f_i(X_n, A_i)$$

这是现代离散动力系统(简称动力系统)一般形式. 或

$$x_{i,n+1} = f_i(X_n, A_i), \quad i = 1, 2, \cdots, n \tag{12-31}$$

§ 12.5　L- 模型：一类基本而重要的动力系统模型

一、一般简介

所谓"L- 模型"即 logistic 模型，是一类十分简洁又十分基础的动力系统，其连续形式与离散形式分别为

$$\dot{x} = ax(b - x) \qquad a, b \in \mathbf{R} \tag{12-32}$$

$$x_{n+1} = \mu x_n(r - x_n) \triangleq \varphi(x_n) \qquad \mu, r \in \mathbf{R} \tag{12-33}$$

1. 连续型：(12-32)

对模型(12-32) 容易积分，有

$$\frac{\mathrm{d}x}{x(b - x)} = a\mathrm{d}t$$

$$\frac{1}{b}\int\left(\frac{1}{x} + \frac{1}{b - x}\right)\mathrm{d}x = a\int \mathrm{d}t$$

$$\ln\frac{x}{b - x} = abt + c$$

(c 为积分常数)

$$\frac{x}{b - x} = c_0 \mathrm{e}^{abt} \quad c_0 = \mathrm{e}^c$$

从而有

$$x = \frac{b\, c_0 \mathrm{e}^{abt}}{1 + c_0 \mathrm{e}^{abt}} = \frac{b}{1 + c\mathrm{e}^{-abt}} = x(t) \tag{12-34}$$

式(12-34) 是一族积分曲线，如图 12.1 中仅表出感兴趣的 $x = 0$ 到 $x = b$ 之间的部分，叫做 logistic 曲线族，曲线在 x 轴上的初始点为 $\frac{b}{a + c}$，曲线随 $\bar{c} = \mathrm{e}^{-c}$ 的不同而不同.

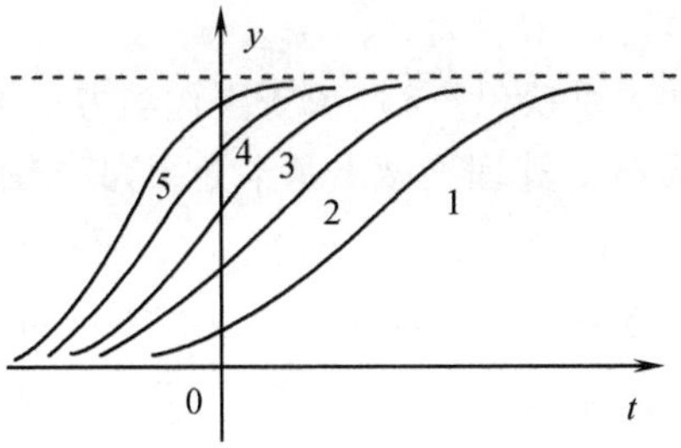

图 12.1

恰好,这样的简洁模型(logistic 方程)和简单曲线(logistic 曲线)最为广泛而深刻地描述了客观世界种种事物的时序发展特征.

2. 离散型:(12-33)

对式(12-32)仿(12-31)方式离散化即得(12-33)型,这一来非同小可,它具有如下几大特色:

(1) 现代动力系统理论主要即针对"离散动力系统"的研究(相应连续型(12-32)叫做经典动力系统),所以(12-32)属于现代动力系统模型.

(2) 显然模型(12-32)十分简洁(甚至还可以取 r 为特殊值 1 来讨论),关键在于它的右端刚好是个简洁的非线性式,即一个二次式(又叫单峰函数).而动力系统对于其右端为线性的情形则十分平凡,不具研究价值,一旦成为非线性,即有了很奇特的性质,也就有了复杂性(例见图 12.2).

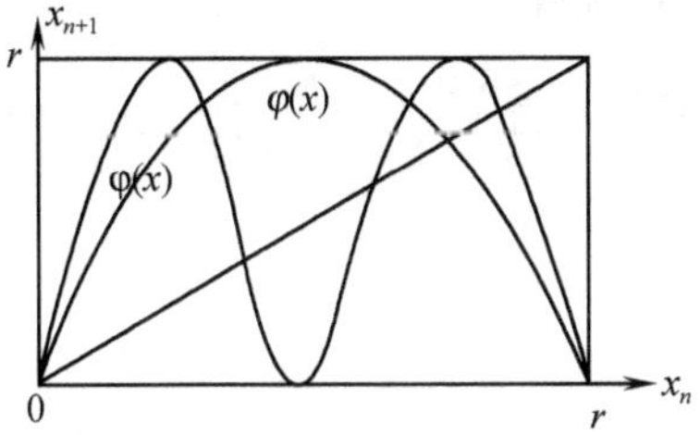

图 12.2

(3) 特别,由于(12-33)是个迭代系统,正是这点使得只需(12-33)右端函数有一个峰,即可通过迭代产生多峰,乃至任意的 2^n 个峰.于是复杂性就在其中了.

例 3 在(12-33)中取 $n=0$ 有 $x_1=\mu x_0(r-x_0)$, $x_0\in[0,1]$,经一次迭代后有

$$x_2=\mu x_1(r-x_1)=\mu^2 x_0(r-x_0)[r-\mu x_0(r-x_0)]=\varphi(\varphi(x_0))=\varphi^2(x_0)$$

成为四次多项式,有两个峰,依次类推,$\varphi^n(x_0)$ 有 2^n 个峰.

(4) 也的确,随着(12-33)中 μ 的取值不同,可以产生十分丰富的复杂现象乃

至“混沌”现象.

(5) 因此,logistic 动力系统(12-33) 成了现代动力系统理论中十分基本而重要的一类模型,这里不可能对其理论做出基本介绍,其应用方法续见“二”

(6) 顺便指出,我们曾在 §11.4 节中提到动力系统连续型与离散型的相互转换条件,指出离散型对应着高阶的连续型,这在本段再一次体现出来了. 比如显然式(12-33) 与(12-32) 都是一阶的,可是(12-33) 却有比(12-32) 复杂得多的特性,即表明了这一点. 不过也仅仅是从总体上指出“离散系统对应高阶的连续系统”这点,至于从细节上来解释,为什么图 12.2 中的迭代就会产生比图 12.1 复杂的现象?它们的对应关系、过程是如何变的?很难直观得到解释. 比如如果将连续型(12-32) 的解(12-33) 离散化,令 $t_n = n, \Delta t = 1$,则有 $\Delta t = t_{n+1} - t_n$,及

$$x(t_{n+1}) = x(t_n + \Delta t) = x(n + \Delta t) = \frac{bc_0 e^{ab(n+\Delta t)}}{1 + c_0 e^{ab(n+\Delta t)}} = \frac{b c_0 e^{abn}}{e^{-ab} + c_0 e^{abn}}, \tag{12-35}$$

注意 $\Delta t = 1$.

同理有

$$x_n = \frac{bc_0 e^{abn}}{1 + c_0 e^{abn}} \tag{12-36}$$

又(12-32) 的离散形式为

$$x_{n+1} = x_n[(ab+1) - ax_n] \tag{12-37}$$

将(12-36) 代入(12-37) 右端有

$$x_{n+1} = \frac{bc_0 e^{abn}}{1 + c_0 e^{abn}}\left(\frac{(ab+1)(1 + c_0 e^{abn}) - abc_0 e^{abn}}{e^{-ab} + c_0 e^{abn}}\right) = \frac{bc_0 e^{abn}(ab + 1 + c_0 e^{abn})}{(1 + c_0 e^{abn})^2} \tag{12-38}$$

令(12-36) 右端与(12-38) 右端相等,却得到

$$(ab + 1 + c_0 e^{abn})[e^{-ab} + c_0 e^{abn}] = (1 + c_0 e^{abn})^2$$

或

$$(ab + 1 + c_0 e^{abn}) = e^{ab} + c_0 e^{ab(n+1)}(1 - ab) \tag{12-39}$$

原则上(12-39) 应该是恒等式,但事实上不可能,那么这里的问题出在哪里呢?为什么连续型(12-32) 的解的离散型不能直接代入其离散系统(12-37)?

二、L- 模型的应用

1. 对(12-33) 的动力学性质认识

式(12-33) 右端有 $\mu x_n(r - x_n) = \mu r x_n\left(1 - \frac{x_n}{r}\right)$,若令变换 $\frac{x_n}{r} = y_n$ 则 $x_n =$

$ry_n, x_{n+1} = ry_{n+1} = \mu r^2 y_n(1-y_n)$，约定记 μr 为 μ 即有

$$y_{n+1} = \mu y_n(1-y_n) \tag{12-40}$$

动力系统理论对(12-40)(式(12-33))的等价简式有充分的研究，现举几点如下：

(1) y_n 的变域为[0,1]，这是因为(12-33)中 r 在实践中是饱和量，因而 $\frac{x_n}{r} = y_n$ 是个百分比，所以它囿于[0,1]中.

(2) 对 $\mu > 0$ 的有关数字段所对应的系统(12-40)的轨道结构都已经明确且较为简单，特别当 $\mu > 3$ 以后，则按单调序列 μ_n 的上升而逐步产生轨道的倍周期分岔现象，直至 $\mu = 3569\cdots$ 到 $\mu = 4$ 进入所谓"混沌区"，以后则随着 μ 的上升而出现倒分岔的"窗口"现象. 这些研究对实践是有指导意义的，它至少定性地说明，一个离散的L-模型动力系统既可以有正常发展状态，又可能产生混沌状态. 从模型上看皆取决于参数 μ，而这一参数在客观系统中来自系统的对偶空间 X^*，从管理的角度看 μ 即对应着管理效应，也就是除了系统实象 y 以外的一切因素的综合效应. 换句话说一个系统管理得好，产生正常发展，管理的不好，产生混沌. 当然对于有些系统，混沌并非坏事，有些系统就是要在适度的混沌之中才能得到突破和发展. 总之，(12-40)的参数研究告诉我们，当其需要混沌时，可通过管理措施(实质即调整参数)来实现；当需要回避混沌时也可通过管理来实现.

(3) 对于系统(12-40)中参数 μ 取序列 $\{\mu_n\}$ 的研究还得出一个普适常数，叫做费根鲍姆(Feigenbaum)常数，记为 δ_∞ 有

$$\delta_\infty = \lim_{n\to\infty} \frac{\mu_n - \mu_{n-1}}{\mu_{n+1} - \mu_n} = 4.669\ 201\ 609\cdots \tag{12-41}$$

2. 求饱和量 b

现在讨论(12-32)，其中 b 的含义仍然是饱和量，作为应用之一例，我们可就(12-32)的解(12-34)来讨论

首先，在(12-34)中，记 ab 为 A 则有 $x(t) = \dfrac{b}{1+\bar{c}e^{-At}}$，从而有

$$\bar{c}e^{-At} = \frac{b}{x(t)} - 1 \overset{\triangle}{=} e^{y(t)} \tag{12-42}$$

在式(12-42)两端取对数则有

$$\begin{cases} y(t) = \ln\bar{c} - At \overset{\triangle}{=} r - At \\ y(t) = \ln\left(\dfrac{b}{x(t)} - 1\right) \end{cases} \tag{12-43}$$

这时给定一个 $b \overset{\triangle}{=} b_1$，及序列 $t = 1,2,\cdots,n = \{i\}$，相应地分别度量出 $\{x(i)\}$

和$\{y(i)\}$则可以用回归分析法对(12-43)中r,A做出估值,记为$\hat{r},\hat{A}$

同一方法分别对$b=b_2,b_3,\cdots,b_m$,分别得出r,A的估值,得

$$y(t)=\hat{r}_j-\hat{A}_jt+e_j,j=1,2,\cdots,m \tag{12-44}$$

对(12-44)求多重可决系数R^2值:

$$R_j{}^2=1-\frac{\sum e_j{}^2}{\sum(y(t)-\bar{y}(t))^2},\quad j=1,2,\cdots,m$$

选取$\max R_j^2\overset{\triangle}{=}R_{j0}^2$,则$j_0$方案所对应的$b_{j0}$即为所求.

3. Heavelmo 实证模型

在(12-32)中可有

$$\begin{aligned}\frac{\dot{x}}{x}&=(ab-ax)\\&=\alpha-\beta\frac{x}{Q}\qquad\left(将 a 表作分式\frac{\beta}{Q}\right)\end{aligned} \tag{12-45}$$

哈维莫(Heavelmo)的发现在于当(12-45)中取x为某种经济投入[一般化作资金投资且无量纲化(取环比指数即成)],并取式中Q为相应经济产出量(环比指数)时,结合生产函数

$$Q=Ax^r \tag{12-46}$$

可以使(12-45)成为确定参数的实证模型,具体将Q代入(12-45)得到

$$\dot{x}=x\left[\alpha-\frac{\beta}{A}x^{1-r}\right] \tag{12-47}$$

其离散形式为

$$\begin{aligned}x_{n+1}&=x_n\left[(1+\alpha)-\frac{\beta}{A}x_n^{1-r}\right]\\&=(1+\alpha)x_n\left[1-\frac{\beta}{A(1+\alpha)}x_n^{1-r}\right]\end{aligned} \tag{12-48}$$

这时将(12-48)结合式(12-46),利用适当的样本数据$\{(x_i,Q_i)\},i=1,2,\cdots,k$,再用现有统计学软件(比如MATLAB软件)即可统计出A,r,α,β值来,从而使(12-48)成为参数确定的实证模型.可用于系统预测等.

顺便指出,哈维莫模型(12-48)已不同于原始的L-模型(12-33),因为令$\frac{\beta}{A(1+\alpha)}x_n^{1-r}=y_n^{1-r}$,则有$y_n=\left[\frac{\beta}{A(1+\alpha)}\right]^{\frac{1}{1-r}}x_n$及$x_{n+1}=\left[\frac{A(1+\alpha)}{\beta}\right]^{\frac{1}{1-r}}y_{n+1}$,从而将(12-48)变成

$$y_{n+1}=(1+\alpha)y_n(1-y_n^{1-r}) \tag{12-49}$$

显然(12-49)与(12-33)应有不同性质的解,所以它们不同.原因在于哈氏

在(12-45)中令 $a=\dfrac{\beta}{Q}$,且让 $Q=Q(t)$,并作为产出量.这一假设使(12-32)特殊化了,只适用于经济增长类模型.

三、L-模型认识:生命曲线论

1.从建模看L-模型的广泛性

虽然L-模型出自生态学的"虫口"繁殖实验,但它的应用却十分广泛.现看(12-32)的建模过程即可说明这点.对于任意一种对象的时序发展过程,一般的记其为 $x=x(t)$,当其不能直接给出函数 $x(t)$ 时,不妨先给出 x 的变化率 $\dot{x}$ 的函数式(常常比直接给出 $x(t)$ 易),然后积分得到.当把 $\dot{x}$ 看作单位时间内 x 的增量时易知 $\dot{x}$ 与总量 x 成正比.同时知,当 x 增加到一定的所谓"饱和"量(记为 b)时 $\dot{x}$ 则停止增长,从而有式(12-32).

由此看出,我们在建模过程中未涉及任何具体对象,而是只要具有时序增长性,且有顶峰者皆满足(12-32),仅是参数 a,b 的不同罢了.

的确,实践中满足(12-32)特征的动态系统十分普遍,不仅一切生命(个体、种群)也包括人的成长过程都是这样.即使一个企业的发展过程也是这样,连汽车的发动过程、柴火的燃烧过程等等都符合这些特征.

2.L-曲线的主要特征.

如图12.1中L-曲线族的示意,可看出如下两个主要特征.

(1) 对于任一条L-曲线,在不计 t 的正负性条件下,都可以看到,它们对 t 的增长,最初总是增长很慢,可谓积势期,到一定程度后则开始高速增长,增长到一定程度之后则开始减速乃至最后逼近饱和水平,叫这样的曲线为发展曲线.当然,每一条发展曲线的积势期长短、高速期的速度和重新转为低增速的转折点等都是不一样的,得依具体对象具体测定.

(2) 若仅以 $t\geqslant 0$ 而论,则图12.1中曲线族以 $t=0$ 为初始点的初始状态是不一样的.比如曲线1、2基本上都有三个阶段,而比如曲线4、5则一开始就进入"边际变化率"递减的过程(第三阶段).

(3) 生命曲线及其性质.当把L-曲线 $x(t)=\dfrac{b}{1+c\mathrm{e}^{-abt}}$ 与 $b-x(t)=\dfrac{bc\,\mathrm{e}^{-abt}}{1+c\mathrm{e}^{-abt}}=\dfrac{b}{1+c_0\mathrm{e}^{abt}}$ 相乘得到

$$x(b-x)=\frac{b^2}{(1+c\mathrm{e}^{-abt})(1+c_0\mathrm{e}^{abt})}=\frac{b^2}{2+c\mathrm{e}^{-abt}+c_0\mathrm{e}^{abt}}\tag{12-50}$$

式(12-50)(如图 12.3 中"1")是一条类似于概率论的"密度函数"曲线(如图 12.3 中"2",形如 $x(t)=ae^{\frac{-(t-t_0)^2}{\sigma^2}}$)或拓扑学中"钟罩形"曲线(如图 12.3 中"3").形如

$$x(t)=ae^{\frac{-(t-t_0)^2}{\sigma(t,t_0)}},\sigma^2(t,t_0)=\begin{cases}(t-t_0)^2, & |t-t_0|\leqslant r\\(t-t_0)^4, & |t-t_0|>r\end{cases},r\text{ 已知}.$$

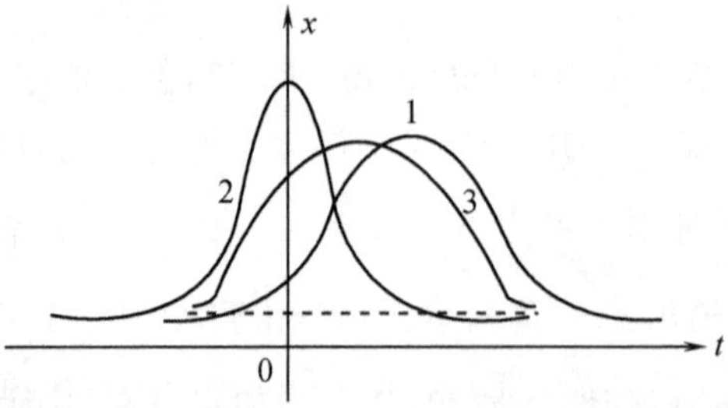

图 12.3

我们叫式(12-50)做"生存曲线",因为它可以描绘一切有生命和无生命对象都有的生、兴、盛、衰、灭过程.

实际上,生存曲线的延续可形成"周期"曲线,还可描述生命的世代替续过程.

四、L- 方程的推广:多元情形

1. 二元动力系统,比如对于一个十分简单的二元(x,y)动力系统模型

$$\begin{cases}\dot{x}=ax(1-y)\\\dot{y}=by(1-x)\end{cases}\qquad(12\text{-}51)$$

首先指出,这是类似(单元)logistic 方程的方程,叫它做 L- 方程的推广.正因为它们是相互影响的,已不容易同时解出$(x(t),y(t))$解来.

其次指出,这是x,y二元间的一种竞争情形,因为模型表明它们是相互遏制的.比如随y的增加,前式中因子$(1-y)$变小,也就是使$\dot{x}$变小,x的增长受到遏制,反之则反是.

再则,指出式(12-51)两个因子$(1-y)$与$(1-x)$中还可以取$+$号,这时表示的是x,y间的合作关系,或叫互惠关系、互长关系.当然还可以两个因子里取的运算符号相反,这就表明一个对另一个是支持的,反之另一个是遏制这一个的(读者自明,不必写出).

事实上,(12-51)或上述各种情形都归于x,y间的一个关系——"二象"对偶关系,它们是既对立又统一的,包括因子中取不同的$+$、$-$号,无非表示对立与统一关系中不同的权重比和不同的形式罢了.

2. 多元动力系统建模中的一点注记

仍以(12-51)为例,首先注意到系统中 x,y 可以是十分不同的两个对象,既可以是猫与老鼠、虎与兔子,也可以是渔民与鱼、蜜蜂与菜花. 当然也可以是两个企业,既可以是同一产品的两企业(竞争),也可以是上下游产品的企业(合作)等等. 因此在所建模型中,量之间的对比关系很重要. 比如两企业,一大一小竞争. 本来是要看哪个企业的管理好,发展态势好,这应该与它的现有规模无关,可是在 $\dot{x},\dot{y}$—— 单位时间增长量中(绝对数字),却只能大企业的大、小企业的小,这显然达不到考察目的.

于是人们想到用"单位增长率"(也就是 $\dot{x}/x,\dot{y}/y$)这一概念,即解决问题了. 这时不管谁的原有规模如何,都变成比较其单位量的增长率了,于是在这一前提下,只需分别考察 $\dot{x}/x,\dot{y}/y$ 受哪些因子影响了. 显然这时最为简单的是

$$\begin{cases}\dfrac{\dot{x}}{x}=a_1-a_2y\\[2mm]\dfrac{\dot{y}}{y}=b_1-b_2x\end{cases}\tag{12-52}$$

其中引入的参数可以调节量纲和等式的平衡.

像式(12-52)中就"单位增长率"来建模的思想在多元动力系统建模中常常有用.

3. 短 L-曲线的存在性

采用常微分方程定性理论,容易求出(12-51)的均衡点($\dot{x}=\dot{y}=0$ 的点)为 $M_0(0,0)$,$M_1(1,1)$,并且容易判定出 M_0 为不稳定结点,M_1 为鞍点(概念可参见任何"常微分方程定性理论"书籍).

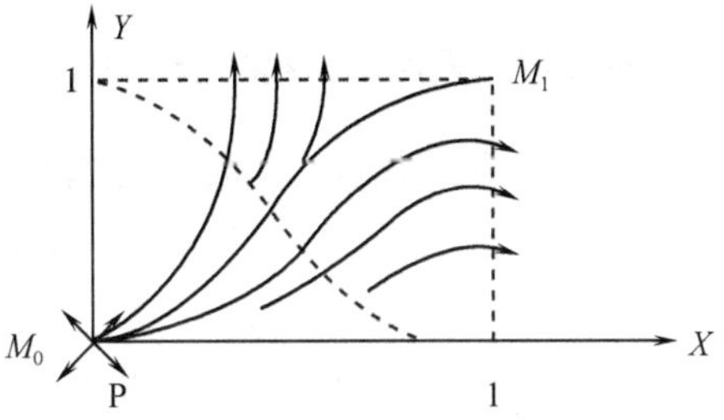

图 12.4

如图 12.4,由 M_0 发出的轨线只有一条能达到 M_1,叫做短 L-曲线. 这条曲线自 M_0 通达 M_1 的轨迹特征是随参数 a,b 而变的. 若能变得如图 12.4 中粗轨线,记为 $y=f(x)$,它正与 L-曲线特征相似,再做出 $1-y=1-\phi(x)$ 曲线如图中虚线,则叫虚实二曲线做"二象"对偶曲线. 它们在任何 x 点处两个函数值之和保持为 1,但其(归一化)权重却是变动着的,它正好体现了"二象"对偶空间的对立统一演化特征.

4. 多元竞争模型及一种简化公式

设有 $x_1,x_2,\cdots,x_n$ 是个竞争主体(比如市场上的 n 个商家竞争),根据

(12-52) 的建模(取平均增长率) 思想可有

$$\frac{\dot{x}_i}{x_i} = a_i - \sum_{\substack{j=1 \\ j\neq i}}^{n} a_{ij}x_j, \quad i = 1,2,\cdots,n \tag{12-53}$$

其中,如果 $a_{ij} \geqslant 0, i \neq j, j = 1,\cdots,n$,模型(12-53) 全部都处于相互竞争状态.

如果 $a_{ij} \leqslant 0, j = 1,\cdots,n$,模型(12-53) 表示全都处于合作状态.

如果$\begin{cases} a_{ij_r} \geqslant 0, r = 1,2,\cdots,r_0 < n \\ a_{ij_k} < 0, a_{ij_k} \in \{\{a_{ij}\}、\{a_{ij_r}\}\} \end{cases}$,则模型(12-53) 表示竞争市场中有联盟的情形.

注意到多元($n > 2$) 动力系统分析方法还不够成熟,最为成熟的是 $n = 2$ 的情形,恰好这也是竞争模型的基本形式.所以可想办法利用它,比如当只需站在某商家角度来考虑问题时,即可以把问题简化成为二元竞争问题.这只要把市场上(除自己外) 所有商家视为一家——一个竞争对手(一般以其"均值"来代表竞争对手的有关量,必要时也可以其总量来代表).这一来既使得模型有现成的数学成果可供参考,又能达到预期效果,具体例子可见 §7.6 节.

§12.6　"二象"对偶模型类

第八章讲到,从系统学观点看任一模型皆由其典型的对偶"二象" 构成.本节是讨论从非典型对偶"二象" 或复合的对偶"二象" 间关系的模型类.

一、多目标决策问题:复合对偶关系

多目标决策问题就是要同时满足多个指标的优化问题,其中常常出现三类目标:一类是矛盾的或叫对立的目标,形成"二难" 或"多难" 决策问题.虽然典型的"多难"(或叫复合"二难") 不超过两对,但存在二难或复合二难的情形总是多的.另一类是更一般的情形,也叫同时具有既对立(二难) 又统一(相融) 关系的"对偶" 目标对.第三类是相互独立也叫相互无关的目标对.

已经谈过(§1.1 节),对于二难问题,只有两类情形,一类是以"中庸" 为最优策略的问题,这是兼顾二难双方的决策,但条件是允许有"中庸"(即属[0,1] 问题),否则属另一类,即{0,1} 问题,这是没有中间道路(中庸) 可走的,诸如一场战争打还是不打,一项经济投资投还是不投,多个恋人只能选一个,选举中赞成还是不赞成(如果不许弃权) 等决策只能居其一,即属{0,1} 问题.当然已说过,生活中遇到的更多的是[0,1] 问题,其决策则是求其"中庸",问题在于"中庸" 点是游动在(0,1) 间的,要能准确确定它是十分困难的.

至于(第二类) 具有"既对立又统一" 的指标关系对和(第三类) 相互独立的指标对,皆属一般问题,解决的办法仍然是个"中庸".即如何选取权重比,使得各

自都能受到重视.只是重视的程度往往不一样,有轻有重,有缓有急,应视其建模者对具体问题和具体现实的理解而定.

总之,归结起来可把问题分作两步来认识:

(1) 对任意一个两目标问题来说,不管此二目标间是二难问题、独立问题还是一般的“对偶”问题,更多的是属于“中庸”问题,亦即(0,1)问题,余下的属{0,1}问题.(0,1)问题需要求出一个兼顾各方的决策.但要知道,兼顾各方的策略容易,而兼顾各方的最优策略则难.因为前者只要决策点位于(0,1)内即成,而后者则只是(0,1)中的“一个”点.这个点将因对象而异,还因时间而异,最优状态点随时都在动,需要“适时”变动,属于“适时”控制问题.相对来说,{0,1}问题反倒容易一些,尽管单独看来{0,1}决策常常令人举棋难定也罢.

(2) 对于多于二的多目标决策问题,莫非是上述两目标问题的复合和综合,可能各种关系都存在,自然是把{0,1}性决策对象剔出来单独处理,剩下的全都属于(0,1)问题.其一般形式可化为

$$\begin{cases}(u_1(x),u_2(x),\cdots,u_k(x))\to\max\\ s\cdot t:\begin{cases}f_i(x)\leqslant(\geqslant)a_i, i=1,2,\cdots,J\\ x\geqslant 0\end{cases}\end{cases}\tag{12-54}$$

流行的办法是先确定 $u=(u_1(x),\cdots,u_k(x))$ 的一个权重向量 $\alpha=(\alpha_1,\cdots,\alpha_k)$,然后构成函数,$u=\sum_{i=1}^{n}\alpha_i u_i(x)$ 则式(12-54)变成

$$\begin{cases}u(x)\to\max\\ s\cdot t:\begin{cases}f_i(x)\leqslant(\geqslant)a_i, i=1,\cdots,J\\ x\geqslant 0\end{cases}\end{cases}\tag{12-55}$$

此即一般规划模型了,若属线形规划问题,已较成熟,有不少软件可用.对于非线形规划问题,也有不少分析方法可资借用.比如运用经典的求条件极值的方法即可采用,只要极值点在论域内且可微性存在就行.

二、二象“均衡”建模法及其应用

首先我们注意到,严格说客观世界一切系统都处在非均衡状态,因此才始终处在运动之中.可是对客观世界的研究,所关注的却是其不动点又叫均衡点或叫均衡状态,运动也被视为一种均衡.这是为什么?原因是客观世界本来即存在于运动与均衡这一“二象”对偶中,运动总是围绕着某个不动(点)状态而进行的,所以研究均衡是掌握运动规律的“牛耳”,这已成为科学界的共识,应作为定律来接受它.

经济学中在20世纪80年代兴起了一个“非均衡”理论,满以为更符合实际,结果也因难以建立自己独立的一套理论而不得不仍然回复到原来的以“均衡”

状态研究为特征的经济学上来. 原因是在均衡与非均衡这一“二象”对偶中均衡象更容易把握,有了一象就容易把握另一象了.

一般说均衡概念在力学上即合力为 0,在数学上是由等式来表示的. 不过数学等式也有两种,一种可叫“称谓公式”,例如有这样的函数式 $y = f(x)$,右端才是函数的具体表达式,左端只是右端 $f(x)$ 的一个简记、标记或称谓,没有右端 y,数学过程一样可以进行,这时的等式叫做“称谓公式”. 另一种叫做“约束公式”,这时“=”起着约束的作用. 比如,令 $f(x) = 0$ 或让 $f(x) = g(x)$ 等等都是使 $f(x)$(或叫 $y = f(x)$)受到一种制约,所表征的均衡等式属于制约型. 约束或叫制约等式所起到的作用之一是使系统空间降维.

所谓“均衡”建模法即属“约束公式”问题,是利用两个实在(具有实质性内容)的量间相等关系所表出的模型. 这类模型可分为静态和动态两种情形.

(1) 关于静态的“均衡”建模类型,比如宏观经济学中有供需均衡式 $\sum_{i=1}^{l} x_i = \sum_{i=1}^{l} e_i + \sum_{j=1}^{m} y_j$ 即是一例. 其中 x_i 表第 i 消费者(共 l 人)的消费量,e_i 为第 i 消费者的存量, y_j 是第 j 生产者的供给量.

又如记总收入为 w,储蓄为 g,消费为 u,投资为 I,则有

$$w = u + g + I \tag{12-56}$$

式(12-56) 亦属静态的“均衡”模型. 特别,比如对(12-56) 容易作简单变形:$1 = \frac{u}{w} + \frac{g}{w} + \frac{I}{w}$,$1 - \frac{u}{w} = \frac{1}{w}(I + g)$ 和 $w = \frac{1}{1 - \frac{u}{w}}(I + g)$. 后者可解释为投资+储蓄(大投资) 的“乘数效应”,这是货币在市场经济流转中所产生的经济效益的反映.

(2) 关于动态的“均衡”建模类型,可从两个方面谈:

一方面是来自静态“均衡”模型的动态. 比如分别在上述静态均衡模型(12-56) 中记以脚标 k 和 $k + 1$,再相减即有.

$$w_{k+1} - w_k = \Delta w = u_{k+1} + g_{k+1} + I_{k+1} - u_k - g_k - I_k = \Delta u + \Delta g + \Delta I \tag{12-57}$$

或在凯恩思均衡($g = I$) 之下,有形式

$\frac{\Delta w}{w} = \frac{\Delta wI}{wI} = \frac{\Delta wg}{wI} = \frac{g}{w}\Big/\frac{I}{\Delta w} = \frac{\Delta u}{w} + I\frac{\Delta I}{w}$,抑或$\frac{g}{w} = \frac{I}{w}\Big/\frac{\Delta w}{\Delta u} + I\frac{\Delta I^2}{\Delta w^2}$,这些都是有它们经济意义的,兹免.

另一方面是动力系统理论中研究的“均衡点”特征. 我们知道,关于动力系统相空间中的轨道族定性理论,其均衡点(又叫奇点) 研究是核心问题. 一个动力系统特别是连续动力系统相空间中 ,均衡点只有有限个,其他的都是正常(或

叫正则)点,可是只要知道了这有限个均衡点的类型及邻近的轨道特征,整个相空间轨道族的定性结构也就明白了(例见 §11.4 节).此外可见在博弈论中最关心的也是其 Nash 均衡点,它的解也为均衡点,自然求其最优解就是求其最优的均衡点.

三、对偶"二象"与权重"二象"模型类

1. 对偶"二象"模型

此即模型中只有两个对象者,或叫二元系统,它们构成一般对偶(即非典型对偶)关系的情形.通常的有两类,一类是二阶动力系统情形,包括连续动力系统与离散动力系统,其中有二元竞争型、二元合作型和既有竞争又有合作的情形等;另一类是博弈论,其基础是二人博弈或叫二元博弈,尽管说现代博弈可以是多元的,但它们仍是以二元博弈为基础的,多元只是其复合形式.

2. 权重"二象"模型

这常常用于"二象"评价模型,即从二象结构角度对系统进行逐级分层,每级皆二象,利用这一"太极"结构原理对系统进行多级评价时,每一级都涉及二象的权重配置,因此需要每级中每个二象结构都是一个"二象"权重度量(例见 §10.5 节).其实不仅在实用方法上,即使在"二象"理论中,其权重关系也很重要.这时权重比是一个一元(归一的)权重函数,对此权重函数"偶"的研究也是有待深入的.

四、概率"二象"情形

这是对一个对偶系统二象间未来可能产生的比例关系的一种度量方式.比如一项投资 S 在未来(所考察的下一观察时刻)的收益 $\bar{S}$ 是一随机变量,总的可能有赔和赚两种结局,分别记为 S_f 和 S_z,若能统计出获得 S_f 的概率为 p,则获得 S_z 的概率为 $(1-p)$,从而未来的本利总资金 (S_0) 即为 $S_0 = pS_f + (1-p)S_z$,这时发生 S_f 与发生 S_z 的可能性大小比例即为其概率比 $p:(1-p)$.

又如设经济人 A,现有资金 e_0,在组合投资 $\sum_{i=1}^{k}\alpha_i x_i$($x_i$ 是现在第 i 种证券价格,α_i 是购买 i 证券量)之后,剩余 $e_0 - \sum_{i=1}^{k}\alpha_i x_i \triangleq c_0 > 0$ 用于消费,记其效用函数为 $u(c_0)$,那么预测 A 应作何种投资组合,到时候才可能有个最好的效用?

该问题也归结为对下期(未来,不确定预卜)的概率度量,这得用历史资料查阅和专家调查等等创造性方法去统计得到.设统计得好效益的概率为 p,则有

相应的消费资金(记为)$e_p+\sum_{i=1}^{k}\alpha_i x_{ip}\triangleq c_p$ 和效用 $u(c_p)$,相应地有 $1-p\triangleq q$ 的概率产生坏效益,视为 $e_q+\sum_{i=1}^{k}\alpha_i x_{iq}\triangleq c_q$ 及 $u(c_q)$,从而有优化模型

$$\begin{cases} U_{(c_0;c_p,c_q)}=u(c_0)+pu(c_p)+(1-p)u(c_q)\to\max \\ s\cdot t:\begin{cases} e_0-\sum_{i=1}^{k}\alpha_i x_i\geqslant 0 \\ e_p+\sum_{i=1}^{k}\alpha_i x_{ip}\geqslant 0 \\ e_q+\sum_{i=1}^{k}\alpha_i x_{iq}\geqslant 0 \end{cases} \end{cases} \tag{12-58}$$

这是属于进一步的概率"二象"情形. 只要就 $U_{(c_0;c_p,c_q)}$ 对自变量 $\alpha_i, i=1,\cdots,k$ 分别求导并令其等于0(即一阶条件)在联立"$s\cdot t$"三个条件(皆取"="号)方程,根据"一般均衡"原理,通常是有解的. 不过当效用函数非线形时,解析解(12-58)的难度常常较大,只得借助计算机求近似解.

§12.7 几个常用初等函数类型简例

出于数学模型(Ms)相对于 Rs 的近似性,实践中所用到的模型函数常常是基本初等函数和(基本初等函数经有限次初等运算所成的)初等函数,以及少数特殊形式函数等有限种类. 因此对它们的基本形式、基本图形或其简单的运算关系,一些特殊处理技巧等都是值得去熟悉的. 当然,本节谈到的作图皆指数学分析意义下的示意图,又叫定性作图(区别于工程制图). 由于这里谈到的都是初等的,因此不必细述,仅作简要罗列,以供参考.

一、几类基本函数及其图形类型

以下对前几个图形免于画出.

1. 幂函数

$$y=x^n, n\in Z(\text{整数集}),\text{或一般的 } y=(x-a)^n, n\in Z, a\in R$$

2. 指数函数

$$y=a^x, a>0,\text{或一般的 } y=ae^{bx}, a,b\in R$$

3. 对数函数

$$y=\log_a x,\text{或一般的 } y=k\ln x$$

4. 三角函数

$$y=\cos x, y=\sin x, \text{或一般的(例如)} y=a\cos(x+\varphi), a,\varphi\in R$$

5. 符号函数(仅举几例)

(1)$[x]$—— 取整函数又叫阶梯函数

$$[x]=i,\quad i\in N(\text{自然数}), i\leqslant x<i+1$$

(2) 符号函数

$$\operatorname{sgn}(x-a)=\begin{cases}1 & x>a\\ 0 & x=a\\ -1 & x<a\end{cases}$$

(3) 绝对值函数

$$|x-a|=\sqrt{(x-a)^2}=\begin{cases}x-a & x\geqslant a\\ a-x & x\leqslant a\end{cases}$$

(4)δ 函数(又叫克洛列克函数)

$$\delta(x-a)=\begin{cases}1 & x\geqslant a\\ 0 & x<a\end{cases}\qquad \text{或}\qquad \delta i_j=\begin{cases}1, & i=j\\ 0, & i\neq j\end{cases}$$

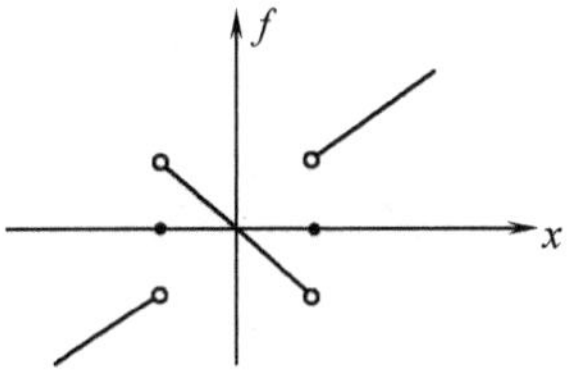

图 12.5

例 4　已知 $f(x)=\begin{cases}x & |x|>1\\ 0 & |x|=1\\ -x & |x|<1\end{cases}$，则有 $f(x)$ 的统一式：$f(x)=\lim\limits_{n\to\infty}\dfrac{(x^{2n}-1)x}{1+x^{2n}}$ 或 $f(x)=x\operatorname{sgn}(|x|-1)$. 如图 12.5.

6. 双曲函数

$$f(x)=\frac{1}{x+a}$$

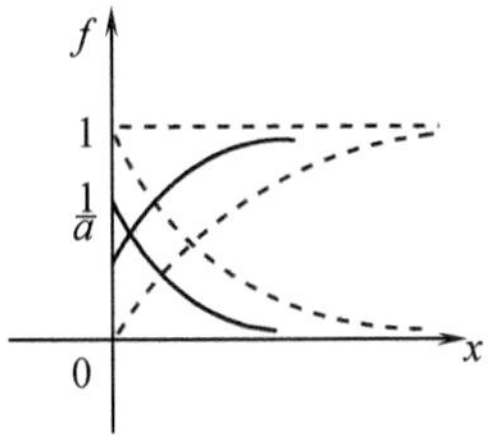

图 12.6　(实线：$a>1$；虚线：$a=1$)

推广例　$f(x)=1-\dfrac{a}{x+a}=\dfrac{x}{x+a}$. 如图 12.6.

7. Logistic 函数

$x=\dfrac{b}{1+a\mathrm{e}^{-kt}}$，参见 §12.5 节，不再赘述. 但由于这是一类建模中容易用得上的重要函数，所以不得不也在这里列作一类.

8. Gauss 函数

$f(x)=ae^{\frac{-x^2}{\sigma^2}}$ 或 $f(x)=ae^{\frac{-(x-x_0)^2}{\sigma^2}}$，这在统计学中已很熟悉，这里免作 Gauss 曲线图及基本讨论.

9. 钟罩函数

$$f(x)=\varepsilon+ae^{\frac{-(x-x_0)^2}{\sigma(x,x_0)}},\ \sigma(x,x_0)=\begin{cases}(x-x_0)^2, & |x-x_0|\leqslant r\\(x-x_0)^0, & |x-x_0|>r\end{cases}$$

或 $f(x)=1-\varphi\in(|x|-r)$

$$\varphi\in(|x|-r)=\lambda(|x|-r)[\lambda(|x|-r)+\lambda(\varepsilon-|x|+r)]^{-1}$$

$\lambda(|x|-r)=e^{-(|x|-r)^{-2}}\cdot\delta(|x|-r)$

$\delta(|x|-r)$—— 克洛列克函数

如图 12.7.

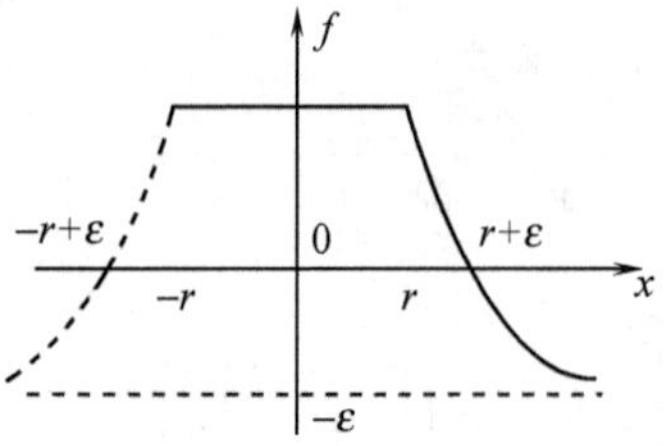

图 12.7

10. 圆锥曲线欣赏

设二维曲面的全局如地球表面，再设 0 纬度线与 0 经度线的近交点为坐标原点，0 纬度线与 0 经度线的远端交点为 ∞ 远点（这在数学中已被证实是合乎逻辑的，叫做加点紧致）. 那么在此意义下可看出圆锥曲线（椭圆、抛物线、双曲线）皆为封闭曲线. 如图 12.8（请读者用极限观点，自己作出解释）.

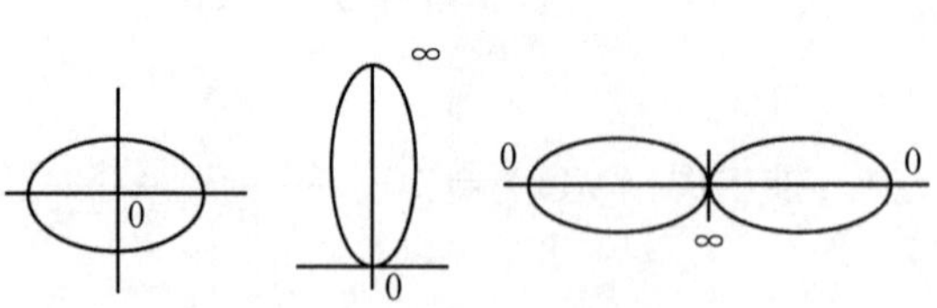

图 12.8

二、图形的一种四则运算：分解作图法

在作函数图象时，往往将函数视作一些基本初等函数的初等（具体说即四则）运算，从而分别作出各基本初等函数图，并作出图的四则运算即可获得所要

的总体函数图. 在作图时只需注意减运算可视作加“负”运算，除运算视作乘“反演式”运算. 这里仅以两例示之.

例 5　做出下图：$y=\dfrac{x^3}{(x-1)^2}$

1°　做出 $y_1=\dfrac{1}{x-1}$

2°　做出 $y_2=y_1{}^2$

3°　做出 $y_3=x^3$

4°　做出渐进线，得到 $y_4=x+2x=1$

注意：作渐进线：① 观察可得只有竖直渐进线 $x=1$；② 一般渐进线：形如 $y=ax+b$，为确定 a,b 作

$$\lim_{x\to\infty}\frac{y}{x}=\lim_{x\to\infty}\left(a+\frac{b}{x}\right)=\lim_{x\to\infty}\left(\frac{x}{x-1}\right)^2=a=1;$$

$$\lim_{x\to\infty}(y-ax)=\lim_{x\to\infty}\left[\frac{x^3}{(x-1)^2}-x\right]=\lim_{x\to\infty}\left[\frac{x^2}{(x-1)^2}-1\right]x=\lim_{x\to\infty}\frac{2x-1}{(x-1)^2}\Big/\frac{1}{x}$$
$$=b=2$$

5°　做出 $y=y_3\cdot y_2$，并参照 4° 即得如图 12.9 中实线.

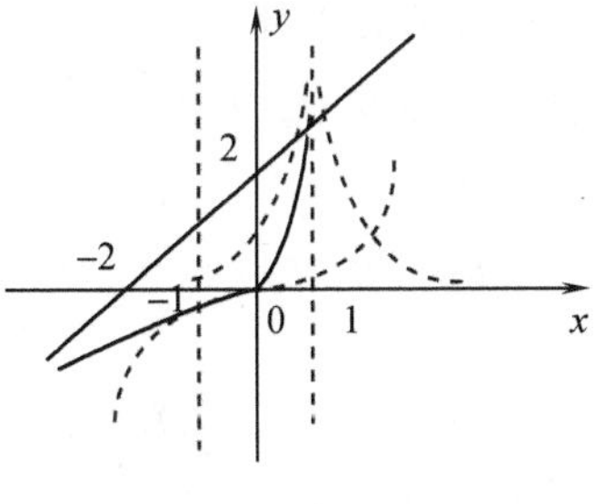

图 12.9

例 6　今有积分函数

$A(h)=\int_0^{\arccos(h-1)}\sqrt{1-(h-\cos x)^2}\cdot(h-\cos x)\mathrm{d}x$，需要判定 $h=1-\dfrac{\sqrt{3}}{2}$ 时 $A(h)$ 的正负性，由于不能直接积分，曾经用计算机也难以判定出来. 对此我们用“分解复合作图法”加上有关多边形面积比较，解决了问题. 基本步骤十分简单，此即

1°　作出 $\varphi_1=h-\cos x$

2°　作出复合(记号“o”) 函数 $\varphi_2 o\varphi_1(x)=\sqrt{1-\varphi_1^2(x)}$

3°　作出复合函数 $\varphi_3 o\varphi_2 o\varphi_1(x)=\varphi_2\cdot\varphi_1$

再对 φ_3 积分(即考察 φ_3 与 $x=0,x=\arccos(h-1)$ 围成的面积代数和) 与相关多边形面积代数和做比较转换成图 12.10 中阴影三角形面积而成.

不过在每一步作图及最后判定时都得充分注意到曲线的分析特征及曲线间

的位置关系以及是否相交、相切等等判定.

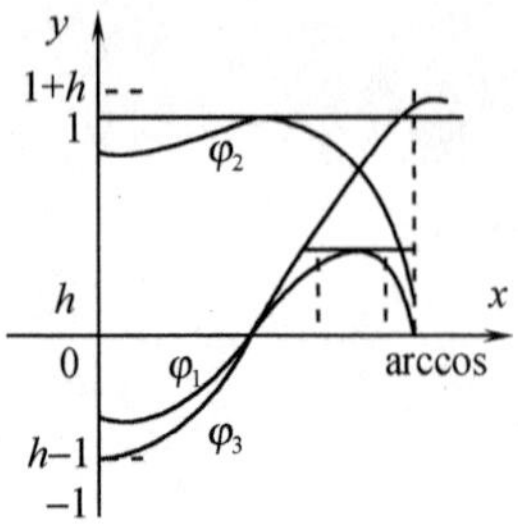

图 12.10

总之,通过图上论证,最后得出 $A(h) < 0$ 的正确结论,简要图示见图 12.10.

三、"实质性隐函数"一类作图法

若函数 $f(x,y)=0$ 不能表成任一变量的显示,且不能表成因式之积,叫此做"实质性隐函数".现问,如何作出它的图形来?

总的说来可分作两大步:

1° 求出特殊点.主要的比如判其是否过(0,1)点;求出曲线与 y 轴的交点($x=0$ 时求或判 $f(0,y)=0$ 的根);同理,求或判出 $y=0$ 时 $f(x,0)=0$ 的根.

2° 求(判)出曲线上一般点的轨迹.具体比如代 $y=kx$,($k\in R$,k 为斜率)入 $f(x,y)=0$,成为 $f(x,kx)=f(x,k)=0$,求出 $x=x(k)$ 再对 k 作讨论,由此即可作出图形了.现举一例示之.

例 7　作 $x^2y^2-x^3y+y^2-3xy+x^2=0$ 的图形.

基本步骤是:

1° (0,0) 在图形曲线上,且是多重的.

2° 曲线与 x 轴和 y 轴无非 0 交点.

3° 代 $y=kx$ 进入后成为:

$$k^2x^4-kx^4+k^2x^2-3kx^2+x^2=x^2[(k^2-k)x^2+(k^2-3k+1)]=0$$

从而有

$$x_{1,2}=0,\quad x_{3,4}=\pm\sqrt{\frac{k^3-3k+1}{k-k^2}}=\pm\sqrt{\frac{\left(k-\dfrac{3+\sqrt{5}}{2}\right)\left(k-\dfrac{3-\sqrt{5}}{2}\right)}{k(1-k)}}$$

可见 $k=0,k=1$(即 $y=0,y=x$)皆是其无穷渐进线.而 $y=\dfrac{3+\sqrt{5}}{2}x$ 与 $y=\dfrac{3-\sqrt{5}}{2}x$ 是该曲线在原点处的切线.

最后,根据曲线的光滑性得知该曲线是在 $0<k<\dfrac{3-\sqrt{5}}{2}$ 与 $1<k<\dfrac{3+\sqrt{5}}{2}$ 两个锥域中分别以 $y=0$ 和 $y=x$ 为渐进线的两支曲线.如图 12.11.

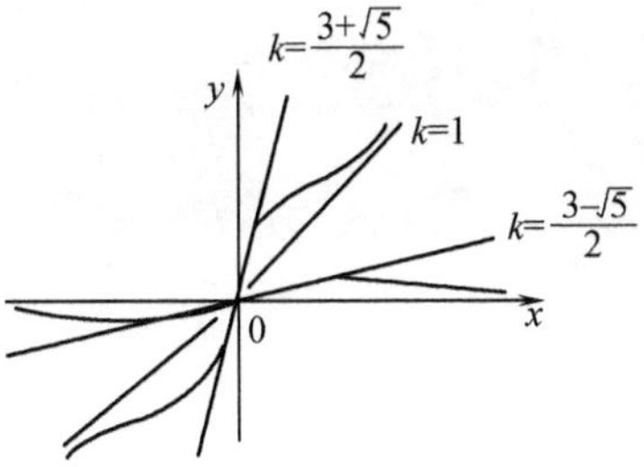

图 12.11

四、关于多项式判根

皆知 n 次多项式 $P_n(x)$(或 n 次代数方程 $P_n(x)=0$) 当 $n\geqslant 5$ 时没有一般的求根公式. 即使 $n=3,4$ 一般也很少借用其繁冗的求根公式. 常用的是"判根",特别在作 $P_n(x)=0$ 图象时,"判根" 法更是有力的. 现举一例以示之.

例 8 对 $P_3(x)=x^3+2x^2-x+1$,试画出示意图并判定其根.

解:1° 求特殊值:$P_3(0)=1$, $P'_3(0)=-1$, $P_3''(0)=4$.

2° 求出 $P_3'(x)=0$ 的根,即解 $3x^2+4x-1=0$ 得

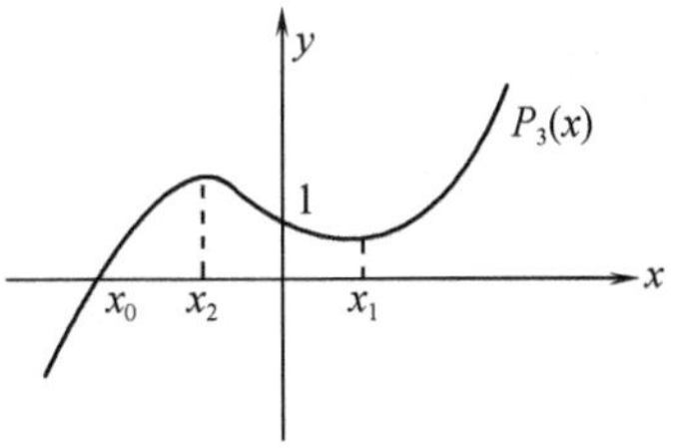

图 12.12

$$x_{1,2}=\frac{-4\pm\sqrt{28}}{6}=\frac{-2\pm\sqrt{7}}{3},x_1>0,x_2<0$$

且知 $P_3(x_1)>0,P_3(x_2)<0$.

3° 求 $\lim\limits_{x\to\infty}P_3(x)=+\infty$, $\lim\limits_{x\to-\infty}P_3(x)=-\infty$.

从而得到曲线 $y=P_3(x)$. 因此得知必有唯一实根 $x_0<\frac{-2-\sqrt{7}}{3}$. 如图 12.12.